新起点电脑教程

Photoshop CC 中文版图像处理基础教程

文杰书院　编著

清华大学出版社
北　京

内 容 简 介

本书是“新起点电脑教程”系列丛书的一个分册，以通俗易懂的语言、精挑细选的实用技巧、翔实生动的操作案例，全面介绍 Adobe Photoshop CC 基础知识以及应用案例。本书主要内容包括 Photoshop CC 快速入门、Photoshop 文件基本操作、图像的基本编辑与操作、图像选区的应用、图像的修饰与修复、调整图像色调与色彩、设置颜色与画笔应用、图层及图层样式、文字工具的应用、矢量工具与路径、蒙版与通道、滤镜、Web 图形处理、动作与任务自动化等方面的知识及技巧。

本书配套一张多媒体全景教学光盘，收录了本书全部知识点的视频教学课程，同时还赠送 4 套相关视频教学课程，可以帮助读者循序渐进地学习、掌握和提高。

全书结构清晰、图文并茂，以实战演练的方式介绍知识点，让读者一看就懂，一学就会，学有所成。本书适合无基础又想快速掌握 Adobe Photoshop CC 的读者，同时对有经验的 Adobe Photoshop CC 使用者也有很高的参考价值，更适合广大电脑爱好者及各行各业人员作为自学手册使用，特别适合作为初、中级电脑培训班的培训教材或者学习辅导书。

图书在版编目(CIP)数据

Photoshop CC 中文版图像处理基础教程/文杰书院编著. —北京：清华大学出版社，2016
(新起点电脑教程)
ISBN 978-7-302-44292-9

Ⅰ. ①P…　Ⅱ. ①文…　Ⅲ. ①图像处理软件—教材　Ⅳ. ①TP391.41

中国版本图书馆 CIP 数据核字(2016)第 164299 号

责任编辑：魏　莹　李玉萍
封面设计：杨玉兰
责任校对：张彦彬
责任印制：李红英
出版发行：清华大学出版社
网　　址：http://www.tup.com.cn, http://www.wqbook.com
地　　址：北京清华大学学研大厦 A 座　　邮　　编：100084
社 总 机：010-62770175　　邮　　购：010-62786544
投稿与读者服务：010-62776969, c-service@tup.tsinghua.edu.cn
质量反馈：010-62772015, zhiliang@tup.tsinghua.edu.cn
印 装 者：三河市金元印装有限公司
经　　销：全国新华书店
开　　本：185mm×260mm　　印　张：20.5　　字　数：496 千字
(附 DVD 1 张)
版　　次：2016 年 8 月第 1 版　　印　次：2016 年 8 月第 1 次印刷
印　　数：1~3000
定　　价：49.00 元

产品编号：068504-01

致 读 者

“全新的阅读与学习模式 + 多媒体全景拓展教学光盘 + 全程学习与工作指导”三位一体的互动教学模式，是我们为您量身定做的一套完美的学习方案，为您奉上的丰盛的学习盛宴！

创造一个多媒体全景学习模式，是我们一直以来的心愿，也是我们不懈追求的动力，愿我们奉献的图书和光盘可以成为您步入神奇电脑世界的钥匙，并祝您在最短时间内能够学有所成、学以致用。

全新改版与升级行动

“新起点电脑教程”系列图书自2011年年初出版以来，其中的每个分册多次加印，创造了培训与自学类图书销售高峰，赢得来自国内各高校和培训机构，以及各行各业读者的一致好评，读者技术与交流QQ群已经累计达到几千人。

本次图书再度改版与升级，汲取了之前产品的成功经验，针对读者反馈信息中常见的需求，我们精心改版并升级了主要产品，以此弥补不足，希望通过我们的努力能不断满足读者的需求，不断提高我们的服务水平，进而达到与读者共同学习和共同提高的目的。

全新的阅读与学习模式

如果您是一位初学者，当您从书架上取下并翻开本书时，将获得一个从一名初学者快速晋级为电脑高手的学习机会，并将体验到前所未有的互动学习的感受。

我们秉承“打造最优秀的图书、制作最优秀的电脑学习软件、提供最完善的学习与工作指导”的原则，在本系列图书编写过程中，聘请电脑操作与教学经验丰富的老师和来自工作一线的技术骨干倾力合作编著，为您系统化地学习和掌握相关知识与技术奠定扎实的基础。

轻松快乐的学习模式

在图书的内容与知识点设计方面，我们更加注重学习习惯和实际学习感受，设计了更加贴近读者学习的教学模式，采用“基础知识讲解+实际工作应用+上机指导练习+课后小结与练习”的教学模式，帮助读者从初步了解与掌握到实际应用，循序渐进地成为电脑应用的高手与行业精英。“为您构建和谐、愉快、宽松、快乐的学习环境，是我们的目标！”

赏心悦目的视觉享受

为了更加便于读者学习和阅读本书，我们聘请专业的图书排版与设计师，根据读者的阅读习惯，精心设计了赏心悦目的版式。全书图案精美、布局美观，读者可以轻松完成整个学习过程。“使阅读和学习成为一种乐趣，是我们的追求！”

更加人文化、职业化的知识结构

作为一套专门为初、中级读者策划编著的系列丛书，在图书内容安排方面，我们尽量摒弃枯燥无味的基础理论，精选了更适合实际生活与工作的知识点，帮助读者快速学习、快速提高，从而达到学以致用的目的。

- 内容起点低，操作上手快，讲解言简意赅，读者不需要复杂的思考，即可快速掌握所学的知识与内容。
- 图书内容结构清晰，知识点分布由浅入深，符合读者循序渐进与逐步提高的学习习惯，从而使学习达到事半功倍的效果。
- 对于需要实践操作的内容，全部采用分步骤、分要点的讲解方式，图文并茂，使读者不但可以动手操作，还可以在大量的实践案例练习中，不断提高操作技能和经验。

精心设计的教学体例

在全书知识点逐步深入的基础上，根据知识点及各个知识板块的衔接，我们科学地划分章节，在每个章节中，采用了更加合理的教学体例，帮助读者充分了解和掌握所学知识。

- 本章要点：在每章的章首页，我们以言简意赅的语言，清晰地表述了本章即将介绍的知识点，读者可以有目的地学习与掌握相关知识。
- 知识精讲：对于软件功能和实际操作应用比较复杂的知识，或者难以理解的内容，进行更为详尽的讲解，帮助您拓展、提高与掌握更多的技巧。
- 实践案例与上机指导：读者通过阅读和学习此部分内容，可以边动手操作，边阅读书中所介绍的实例，一步一步地快速掌握和巩固所学知识。
- 思考与练习：通过此栏目内容，不但可以温习所学知识，还可以通过练习，达到巩固基础、提高操作能力的目的。

多媒体全景拓展教学光盘

本套丛书配套的多媒体全景拓展教学光盘，旨在帮助读者完成“从入门到提高，从实践操作到职业化应用”的一站式学习与辅导过程。

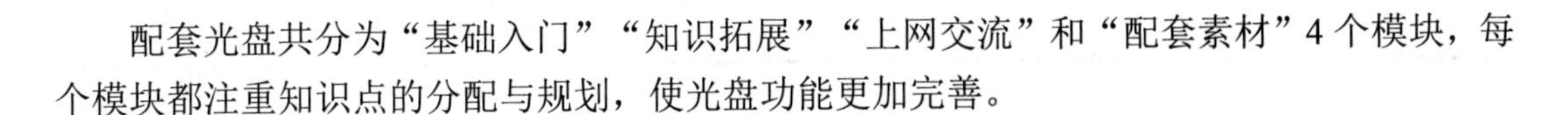

配套光盘共分为“基础入门”“知识拓展”“上网交流”和“配套素材”4个模块，每个模块都注重知识点的分配与规划，使光盘功能更加完善。

基础入门

在基础入门模块中，为读者提供了本书重要知识点的多媒体视频教学全程录像。

知识拓展

在知识拓展模块中，为读者免费赠送了与本书相关的4套多媒体视频教学录像。读者在学习本书视频教学内容的同时，还可以学到更多的相关知识，读者相当于买了一本书，即可获得5本书的知识与信息量！

上网交流

在上网交流模块中，为读者提供了“清华大学出版社”和“文杰书院”的网址链接，读者可以快速地打开相关网站，为学习提供便利。

配套素材

在配套素材模块中，为读者免费提供了与本书相关的配套学习资料与素材文件，帮助读者有效地提高学习效率。

图书产品与读者对象

“新起点电脑教程”系列丛书涵盖电脑应用各个领域，为各类初、中级读者提供了全面的学习与交流平台，帮助读者轻松实现对电脑技能的了解、掌握和提高。本系列图书具体书目如下。

分　类	图　书	读者对象
电脑操作基础入门	电脑入门基础教程(Windows 7+Office 2013 版)	适合刚刚接触电脑的初级读者，以及对电脑有一定的认识、需要进一步掌握电脑常用技能的电脑爱好者和工作人员，也可作为大中专院校、各类电脑培训班的教材
	五笔打字与排版基础教程(第2版)	
	Office 2013 电脑办公基础教程	
	Excel 2013 电子表格处理基础教程	
	计算机组装·维护与故障排除基础教程(第2版)	
	电脑入门与应用(Windows 8+Office 2013 版)	

续表

分　类	图　书	读者对象
电脑基本操作与应用	电脑维护・优化・安全设置与病毒防范	适合电脑的初、中级读者，以及对电脑有一定基础、需要进一步学习电脑办公技能的电脑爱好者与工作人员，也可作为大中专院校、各类电脑培训班的教材
	电脑系统安装・维护・备份与还原	
	PowerPoint 2010 幻灯片设计与制作	
	Excel 2013 公式・函数・图表与数据分析	
	电脑办公与高效应用	
图形图像与辅助设计	Photoshop CC 中文版图像处理基础教程	适合对电脑基础操作比较熟练，在图形图像及设计类软件方面需要进一步提高的读者，适合图像编辑爱好者、准备从事图形设计类的工作人员，也可作为大中专院校、各类电脑培训班的教材
	会声会影 X8 影片编辑与后期制作基础教程	
	AutoCAD 2016 中文版基础教程	
	CorelDRAW X6 中文版平面创意与设计	
	Flash CC 中文版动画制作基础教程	
	Dreamweaver CC 中文版网页设计与制作基础教程	
	Creo 2.0 中文版辅助设计入门与应用	
	Illustrator CS6 中文版平面设计与制作基础教程	
	UG NX 8.5 中文版基础教程	

全程学习与工作指导

为了帮助您顺利学习、高效就业，如果您在学习与工作中遇到疑难问题，欢迎来信与我们及时交流与沟通，我们将全程免费答疑。希望我们的工作能够让您更加满意，希望我们的指导能够为您带来更大的收获，希望我们可以成为志同道合的朋友！

您可以通过以下方式与我们取得联系。

QQ 号码：18523650

读者服务 QQ 群号：185118229 和 128780298

电子邮箱：itmingjian@163.com

文杰书院网站：www.itbook.net.cn

最后，感谢您对本系列图书的支持，我们将再接再厉，努力为您奉献更加优秀的图书。衷心地祝愿您能早日成为电脑高手！

编　者

前言

Adobe Photoshop CC 继承了以往版本的优良功能，作为应用最广泛的平面设计软件，已广泛应用到广告设计、包装设计、影像创意、插画绘制、艺术文字、网页设计、界面设计、效果图后期处理和绘制或处理三维材质贴图等应用领域。为帮助读者快速掌握与应用 Adobe Photoshop CC 软件的功能，我们精心编写了本书，希望用户在今后日常工作学习中，能学以致用。

本书为读者快速地入门 Photoshop CC 提供了一个崭新的学习和实践平台。无论从基础知识安排还是实践应用能力的训练，都充分考虑了用户的需求，帮助读者快速达到理论知识与应用能力的同步提高。

本书在编写过程中根据电脑初学者的学习习惯，采用由浅入深、由易到难的方式讲解。读者还可以通过随书赠送的多媒体视频教学光盘进行学习。全书结构清晰，内容丰富，主要内容包括以下 5 个方面。

1. 基础操作与应用技巧

第 1～4 章，分别介绍 Photoshop CC 快速入门、Photoshop 文件基本操作、图像的基本编辑与操作和图像选区应用方面的知识。

2. 图像修饰与画笔

第 5～7 章，全面介绍图像的修饰与修复、调整图像色调与色彩，以及设置颜色与画笔应用的方法与技巧。

3. 图层与文字工具

第 8～9 章，讲解图层与图层样式、文字工具的应用方面的知识。

4. 图像处理的高级应用

第 10～12 章，全面介绍矢量工具与路径、蒙版与通道、滤镜等方面的知识与具体操作方法。

5. 网页设计与自动化

第 13～14 章，全面介绍 Web 图形处理、动作与任务自动化应用技巧方面的知识。

本书由文杰书院组织编写，参与本书编写工作的有李军、袁帅、文雪、肖微微、李强、高桂华、蔺丹、张艳玲、李统财、安国英、贾亚军、蔺影、李伟、冯臣、宋艳辉等。

我们真切希望读者在阅读本书之后，可以开阔视野，增长实践操作技能，并从中学习和总结操作的经验和规律，达到灵活运用的水平。鉴于编者水平有限，书中纰漏和考虑不周之处在所难免，热忱欢迎读者予以批评、指正，以便我们日后能为您编写更好的图书。

如果您在使用本书时遇到问题，可以访问网站 http://www.itbook.net.cn 或发邮件至 itmingjian@163.com 与我们交流和沟通。

编　者

新起点
电脑教程

目　录

第 1 章

Photoshop CC 快速入门

本章要点

- 初步认识 Photoshop CC
- 图像处理基础知识
- 工作界面
- 工作区
- 辅助工具

本章主要内容

本章主要内容包括：初步认识 Photoshop CC、图像处理基础知识、工作界面、工作区和辅助工具方面的知识与技巧。在本章的最后还针对实际工作需求，讲解了使用智能参考线、在工作区启用对齐功能、查看 Photoshop CC 系统信息以及查看 Photoshop 帮助文件和支持中心的方法。通过本章的学习，读者可以掌握 Photoshop CC 快速入门方面的知识，为深入学习 Photoshop CC 知识奠定基础。

1.1 初步认识 Photoshop CC

2013 年 7 月，Adobe 公司推出新版本 Photoshop CC(Creative Cloud)。在 Photoshop CS6 功能的基础上，Photoshop CC 新增相机防抖动功能、CameraRAW 功能改进、图像提升采样、属性面板改进、Behance 集成等功能。

1.1.1 Photoshop CC 的应用领域

Photoshop CC 作为目前最为主流的一种专业图像编辑软件，已经被广泛应用到社会的各个领域。下面详细介绍 Photoshop CC 行业应用方面的知识。

1. 人像处理

在拍摄照片后，因为使用 Photoshop CC 处理人像，用户可以修饰人物的皮肤，调整图像的色调，同时还可以合成背景，使拍摄出的影像更加完美，如图 1-1 所示。

图 1-1

2. 广告设计

使用功能强大的 Photoshop CC，用户可以进行广告设计等操作，设计出精美绝伦的广告海报、招贴等。广告设计是 Photoshop CC 应用最为广泛的一个领域，如图 1-2 所示。

图 1-2

3. 包装设计

通过对 Photoshop CC 的使用，用户还可以设计出各种精美的包装样式，如环保袋、礼品盒、图标等，如图 1-3 所示。

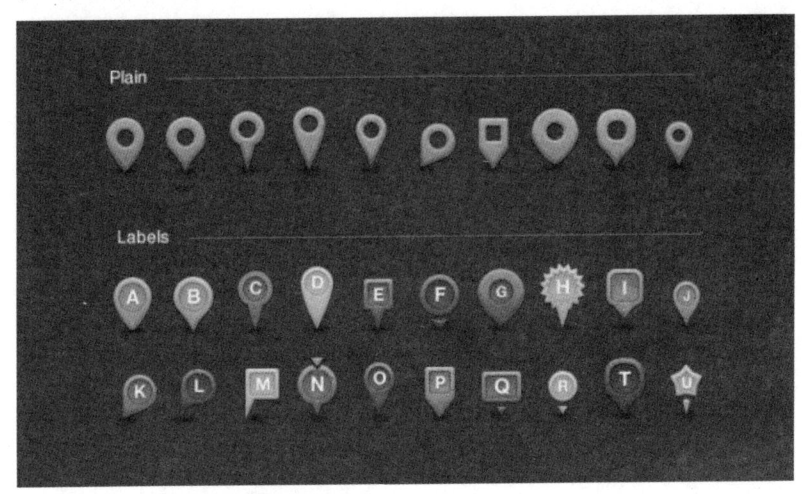

图 1-3

4. 插画绘制

使用 Photoshop CC，用户可以绘制出风格多样的电脑插画，并将其应用到广告、网络、T 恤印图等领域，如图 1-4 所示。

图 1-4

5. 艺术文字

使用 Photoshop CC，用户还可以制作各种精美的艺术字体。艺术字体被广泛应用于图书封面、海报设计、建筑设计、标识设计等领域中，如图 1-5 所示。

6. 网页设计

使用 Photoshop CC，用户还可以制作网站中的各种元素，如网站标题、框架、背景图片等，如图 1-6 所示。

图 1-5

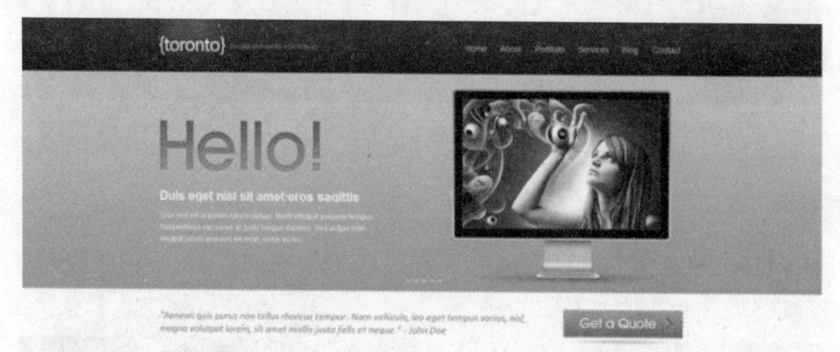

图 1-6

7. 界面设计

使用 Photoshop CC，用户还可以设计出精美的软件界面、游戏界面、手机界面、电脑界面等，如图 1-7 所示。

图 1-7

8. 效果图后期处理

在 Photoshop CC 中，用户在制作建筑效果图时，渲染出的图片通常都要做后期处理，如房屋、人物、车辆、植物、天空等，如图 1-8 所示。

图 1-8

9. 绘制三维材质贴图

使用 Photoshop CC，用户还可以对三维图像进行三维材质贴图的操作，使图像更为逼真的展示，如图 1-9 所示。

图 1-9

知识精讲

Photoshop 在处理图像时，对操作系统的配置要求很高，尤其是电脑内存的好坏决定着 Photoshop CC 处理图像的速度。因此，在使用 Photoshop CC 处理图像时，应避免使用低速度的硬盘虚拟内存，提高 Photoshop CC 可用内存量，运用合理的方法，降低 Photoshop 运行时对内存的需求量。

1.1.2 Photoshop CC 的功能特色

Photoshop CC 可帮助用户更好地实现完美的平面设计作品。同时，随着 Photoshop 软件版本的不断升级，其功能也越来越完善。Photoshop CC 功能特色包括以下几个方面。

1. 链接智能对象的改进

用户可以将链接的智能对象打包到 Photoshop 文档中，以便将它们的源文件保存在计算机的文件夹中。Photoshop 文档的副本会随源文件一起保存在文件夹中。

用户可以将嵌入的智能对象转换为链接的智能对象。在转换时，应用于嵌入的智能对象的变换、滤镜和其他效果将保留。

工作流程改进：尝试对链接的智能对象执行操作时，如果其源文件缺失，则会提示用户必须栅格化或解析智能对象。

2. 智能对象中的图层复合

考虑一个带有图层复合的文件，且该文件在另外一个文件中以智能对象储存。当用户选择包含该文件的智能对象时，【属性】面板允许用户访问在源文档中定义的图层复合。

此功能允许用户更改图层等级的智能对象状态，但无须编辑该智能对象。

3. 使用 Typekit 中的字体

通过与 Typekit 相集成，Photoshop 为创意项目的排版创造了无限可能。用户可以使用 Typekit 中已经与计算机同步的字体。这些字体显示在本地安装的字体旁边。还可以在【文本工具】选项栏和【字符】面板的【字体】列表中选择仅查看 Typekit 中的字体。

如果打开的文档中某些字体缺失，Photoshop 还允许用户使用 Typekit 中的等效字体替换这些字体。

4. 选择位于焦点中的图像区域

Photoshop CC 允许用户选择位于焦点中的图像区域或像素。用户可以扩大或缩小默认选区。将选区调整到满意的效果之后，请确定调整后的选区应成为选区或当前图层上的蒙版还是生成新图层或文档。

5. 带有颜色混合的内容识别功能

在 Photoshop CC 中，润色图像和从图像中移去不需要的元素比以往更简单。以下内容识别功能现已加入算法颜色混合：内容识别填充；内容识别修补；内容识别移动；内容识别扩展。

6. Photoshop 生成器的增强

Photoshop CC 推出以下增强生成器功能。

用户可以选择将特定图层/图层组生成的图像资源直接保存在资源文件夹下的子文件夹中，包括子文件夹名称/图层名称；还可以为生成的资源指定文件默认设置，创建空图层时，其名称以关键词默认开始，然后指定默认设置。

7. 3D 打印

Photoshop CC 显著增强了 3D 打印功能。

- 【打印预览】对话框现在会指出哪些表面已修复。
- 用于【打印预览】对话框的新渲染引擎，可提供更精确的具有真实光照的预览，新渲染引擎光线能够更准确地跟踪 3D 对象。
- 新重构算法可以极大地减少 3D 对象文件中的三角形计数。
- 在打印到 Mcor 和 Zcorp 打印机时，可更好地支持高分辨率纹理。

8. 启用实验性功能

Photoshop 现在附带以下可启用以供试用的实验性功能。

- 对高密度显示屏进行 200%用户界面缩放。
- 启用多色调 3D 打印。

9. 同步设置改进

Photoshop CC 提供了改进的【同步设置】体验，该功能具有简化的流程和其他有用的增强功能。

- 用户现在可以指定同步的方向。
- 用户可以直接从【首选项】→【同步设置】选项卡中上传或下载设置。
- 现在用户可以同步工作区、键盘快捷键和自定义菜单。

1.2 图像处理基础知识

图像是 Photoshop 的基本元素，是 Photoshop 进行处理的主要对象。使用 Photoshop CC，用户可以对图像进行处理，增加图像的美感，同时还可以将图像保存为各种格式。下面详细介绍图像处理基础方面的知识与操作技巧。

1.2.1 点阵图与矢量图

在处理图像文件时，用户可以将图像分为点阵图和矢量图两类。一般情况下，在 Photoshop CC 软件中进行处理的图像多为点阵图，同时 Photoshop CC 软件也可以处理矢量图。下面介绍有关点阵图与矢量图方面的知识。

1. 点阵图

点阵图也称为位图，就是最小单位由像素构成的图，缩放会失真。构成位图的最小单位是像素。位图就是由像素阵列的排列来实现其显示效果的。每个像素有自己的颜色信息。所以处理位图时，应着重考虑分辨率，分辨率越高，位图失真率越小。如图 1-10 所示是点阵图失真前后的对比。

图 1-10

2. 矢量图

矢量图也叫作向量图，就是缩放不失真的图像格式。矢量图是通过多个对象的组合生成的，对其中的每一个对象的记录方式，都是以数学函数来实现的。所以，即使对画面进行倍数相当大的缩放，其显示效果仍不失真。如图 1-11 所示是矢量图缩放前后的对比。

图 1-11

1.2.2 图像的像素

像素是用来计算数码影像的单位。图像无限放大后，会发现图像是由许多小方格组成的，这些小方格就是像素。一个图像的像素越高，其色彩越丰富，越能表达图像真实的颜色，如图 1-12 所示。

图 1-12

1.2.3 图像分辨率

分辨率的英文全称是 resolution，就是屏幕图像的精密度，是指显示器所能显示的像素的多少。由于屏幕上的点、线和面都是由像素组成的，显示器可显示的像素越多，画面就越精细，同样的屏幕区域内能显示的信息也越多，如图 1-13 所示。

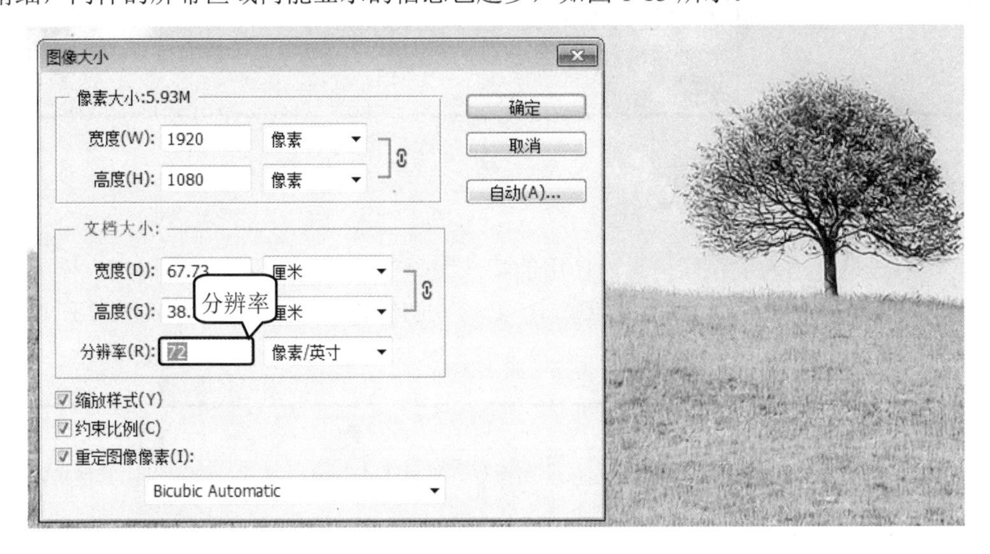

图 1-13

1.2.4 颜色模式

颜色模式是将某种颜色表现为数字形式的模型。在 Photoshop CC 中，常用图像颜色模式可分为：位图模式、灰度模式、双色调模式、索引色模式、RGB 颜色模式、CMYK 颜色模式、Lab 颜色模式、多通道模式等。下面详细介绍颜色模式方面的知识，如表 1-1 所示。

表 1-1

颜色模式名称	特　点
位图模式	位图模式又称黑白模式，是一种最简单的色彩模式，属于无彩色模式。位图模式图像只有黑白两色，由 1 位像素组成，每个像素用 1 位二进制数来表示。文件占据存储空间非常小
灰度模式	灰度模式图像中没有颜色信息，色彩饱和度为 0，属于无彩色模式，图像由介于黑白之间的 256 级灰色所组成
双色调模式	双色调模式是通过 1～4 种自定义灰色油墨或彩色油墨创建一幅双色调、三色调或者四色调的含有色彩的灰度图像
索引色模式	索引色模式只支持 8 位色彩，是使用系统预先定义好的最多含有 256 种典型颜色的颜色表中的颜色来表现彩色图像的
RGB 颜色模式	RGB 颜色模式采用三基色模型，又称为加色模式，是目前图像软件最常用的基本颜色模式。三基色可复合生成 1670 多万种颜色

续表

颜色模式名称	特 点
CMYK 颜色模式	CMYK 颜色模式采用印刷三原色模型，又称减色模式，是打印、印刷等油墨成像设备即印刷领域使用的专有模式
Lab 颜色模式	Lab 颜色模式是一种色彩范围最广的色彩模式，它是各种色彩模式之间相互转换的中间模式
多通道模式	多通道模式图像包含多个具有 256 级强度值的灰阶通道，每个通道包含 8 位深度

1.2.5 图像的文件格式

文件格式是电脑为了存储信息而使用的特殊编码方式，主要用于识别内部存储的资料。常用的文件格式包括 PSD、JPG、PNG、BMP 等。图像文件格式的特点如表 1-2 所示。

表 1-2

文件格式名称	特 点
PSD	PSD 格式是 Photoshop 图像处理软件的专用文件格式，它可以比其他格式更快速地打开和保存图像
BMP	BMP 是一种与硬件设备无关的图像文件格式，被大多数软件所支持，主要用于保存位图文件，BMP 文件格式不支持 Alpha 通道
GIF	GIF 格式为 256 色 RGB 图像格式，其特点是文件尺寸较小，支持透明背景，适用于网页制作
EPS	EPS 是处理图像工作中最重要的格式，主要用于在 PostScript 输出设备上打印
JPEG	JPEG 是一种压缩效率很高的存储格式，但当压缩品质过高时，会损失图像的部分细节，其被广泛应用到网页制作和 GIF 动画
PDF	PDF 是由 Adobe Systems 创建的一种文件格式，允许在屏幕上查看电子文档，PDF 文件还可被嵌入到 Web 的 HTML 文档中
PNG	PNG 是用于无损压缩和在 Web 上显示图像的一种格式，与 GIF 格式相比，PNG 格式不局限于 256 色
TIFF	TIFF 支持 Alpha 通道的 RGB、CMYK、灰度模式以及无 Alpha 通道的索引、灰度模式、16 位和 24 位 RGB 文件，可设置透明背景

1.3 工 作 界 面

为了更好地使用 Photoshop CC 进行图像编辑操作，用户应了解 Photoshop CC 的工作界面。本节将重点介绍 Photoshop CC 工作界面方面的知识。

1.3.1　工作界面组件

Photoshop CC 工作界面包括菜单栏、工具选项栏、工具箱、文档窗口、状态栏、面板组等部分，如图 1-14 所示。

图 1-14

1.3.2　文档窗口

在 Photoshop CC 中，打开一个图像，便会创建一个文档窗口，如图 1-15 所示。当打开多个图像时，文档窗口将以选项卡的形式显示。文档窗口一般显示正在处理的图像文件。如果准备切换文档窗口，用户可以选择相应的标题名称，按 Ctrl+Tab 组合键即可按照顺序切换窗口。

图 1-15

1.3.3 工具箱

在 Photoshop CC 中，使用工具箱中的工具可以进行创建选区、绘图、取样、编辑、移动、注释、查看图像等操作，同时还可以更改前景色和背景色，并可以采用不同的屏幕显示模式和快速模板模式进行编辑，如图 1-16 所示。

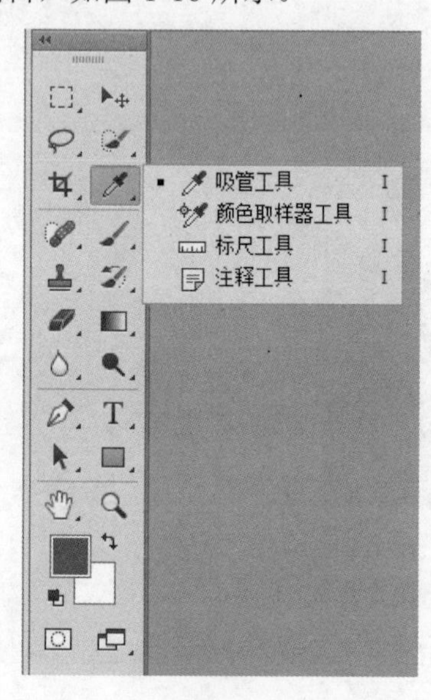

图 1-16

1.3.4 工具选项栏

工具选项栏简称选项栏，用于显示当前所选工具的选项。不同工具的选项栏，其功能也各不相同。单击并拖动工具选项栏可以使它成为浮动的工具选项栏。如果准备将其拖到菜单栏下方，用户可以在出现蓝色条时释放鼠标，便可以重新归回原位。如图 1-17 所示为 Photoshop CC 套索工具选项栏。

图 1-17

1.3.5 菜单栏

Photoshop CC 中共有 10 个主菜单，每个主菜单内都包含一系列对应的操作命令。如选择【图像】主菜单，在弹出的下拉菜单中，用户可以选择相应菜单项，设置相应的文件命令。如果在选择菜单命令时，某些命令显示为灰色，表示该命令在当前状态下不能使用，如图 1-18 所示。

图 1-18

1.3.6 面板

面板组可以用来设置图像的颜色、色板、样式、图层、历史记录等。在 Photoshop CC 中，面板组包含 20 多个面板，同时面板组可以浮动展示，如图 1-19 所示。

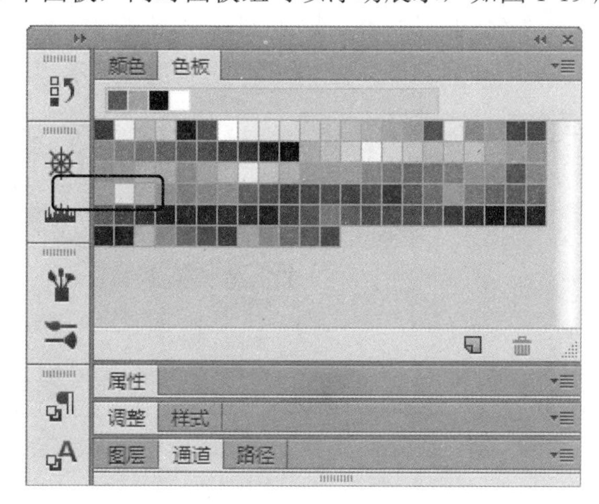

图 1-19

1.3.7 状态栏

Photoshop CC 中文版的状态栏位于文档窗口底部，它可以显示文档窗口的缩放比例、文档大小、当前使用工具等信息，如图 1-20 所示。

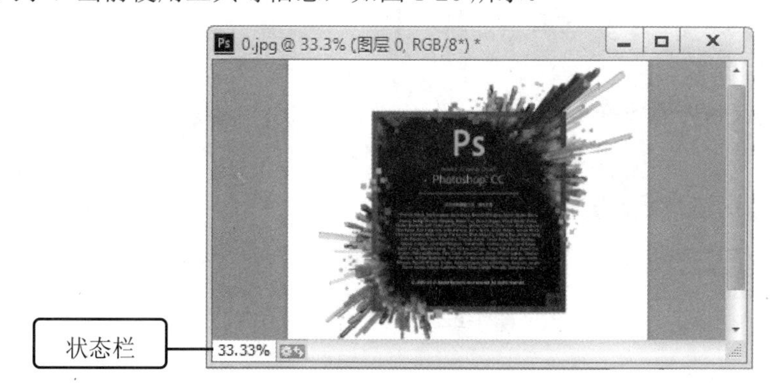

图 1-20

1.4 工 作 区

在 Photoshop CC 中，用户可以对工作区进行自定义设置，这样程序可以根据用户不同的编辑要求，帮助用户快速选择不同的编辑工作模式。本节将重点介绍 Photoshop CC 工作区方面的知识。

1.4.1　工作区的切换

在 Photoshop CC 中，用户可以根据图像编辑的需要，快速切换至不同类型的工作区，方便用户操作。下面将介绍工作区切换的方法。

第 1 步 在 Photoshop CC 中打开图像文件，**1.** 单击【窗口】主菜单，**2.** 在弹出的菜单中选择【工作区】菜单项，**3.** 在弹出的子菜单中选择【摄影】菜单项，如图 1-21 所示。

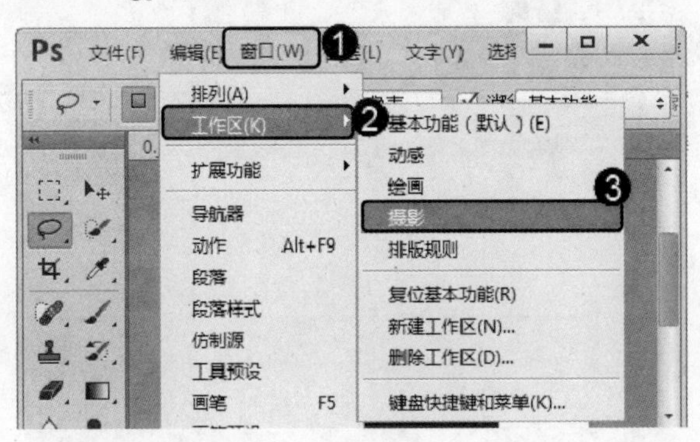

图 1-21

第 2 步 通过以上方法即可完成切换工作区的操作，如图 1-22 所示。

图 1-22

1.4.2　定制自己的工作区

在 Photoshop CC 中，如果程序自带的工作区不能满足用户的工作需要，用户还可以定制自己的工作区界面。下面介绍定制自己工作区的方法。

第 1 步 启动 Photoshop CC 程序，**1.** 单击【窗口】主菜单，**2.** 在弹出的菜单中选择【工作区】菜单项，**3.** 在弹出的子菜单中选择【新建工作区】菜单项，如图 1-23 所示。

第 2 步 弹出【新建工作区】对话框，**1.** 在【名称】文本框中输入保存的工作区名称，**2.** 单击【存储】按钮即可完成定制自己工作区的操作，如图 1-24 所示。

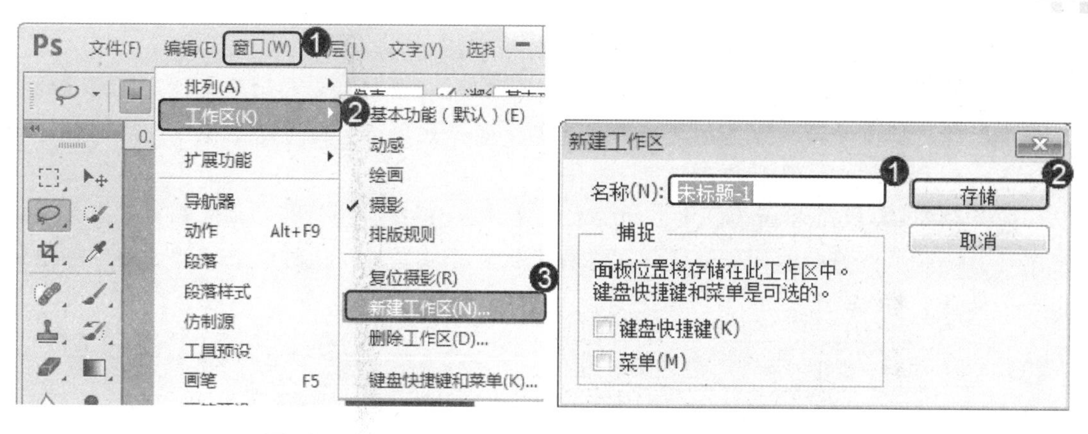

图 1-23　　　　图 1-24

1.5　辅 助 工 具

使用 Photoshop CC 中的辅助工具，用户可以更好地对图像进行编辑操作，本节将重点介绍 Photoshop CC 的辅助工具方面的知识。

1.5.1　使用标尺

在 Photoshop CC 中，标尺一般出现在工作区窗口的顶部和左侧，用户可以使用标尺精确定位图像或元素的位置。下面介绍使用标尺的操作方法。

第 1 步　启动 Photoshop CC 程序，*1.* 单击【视图】主菜单，*2.* 在弹出的菜单中选择【标尺】菜单项，如图 1-25 所示。

第 2 步　在图像文档窗口顶部和左侧显示标尺刻度器，通过以上方法即可完成启动标尺的操作，如图 1-26 所示。

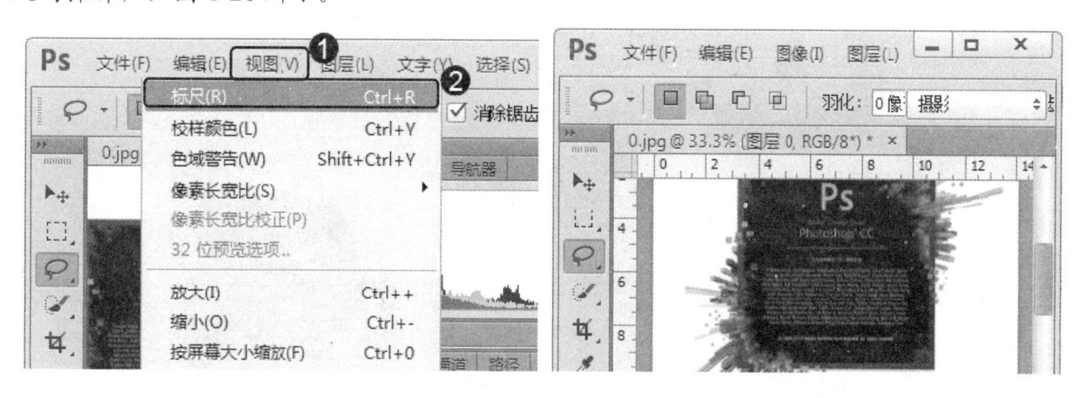

图 1-25　　　　图 1-26

1.5.2　使用参考线

参考线用于精确定位图像或元素的位置，用户可以移动和移去参考线，同时还可以锁定参考线，使其不可移动。下面介绍使用参考线的操作方法。

第 1 步 在 Photoshop CC 中启动标尺刻度器后，将鼠标指针移动至文档窗口顶端的标尺刻度器处，单击并向下方拖动鼠标，在指定位置释放鼠标。通过以上操作方法即可绘制出一条水平参考线，如图 1-27 所示。

第 2 步 在 Photoshop CC 中启动标尺刻度器后，将鼠标指针移动至文档窗口左侧的标尺刻度器处，单击并向右侧拖动鼠标，在指定位置释放鼠标。通过以上操作方法即可绘制出一条垂直参考线，如图 1-28 所示。

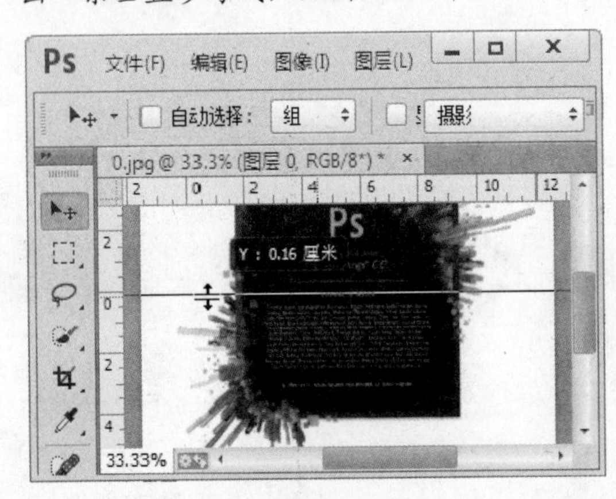

图 1-27

图 1-28

1.5.3 使用网格

在 Photoshop CC 中，用户可以利用显示网格的方法，对图像进行对齐操作。下面介绍使用网格的操作方法。

第 1 步 启动 Photoshop CC 程序，*1.* 单击【视图】主菜单，*2.* 在弹出的菜单中选择【显示】菜单项，*3.* 在弹出的子菜单中选择【网格】菜单项，如图 1-29 所示。

第 2 步 通过以上方法即可完成显示网格的操作，如图 1-30 所示。

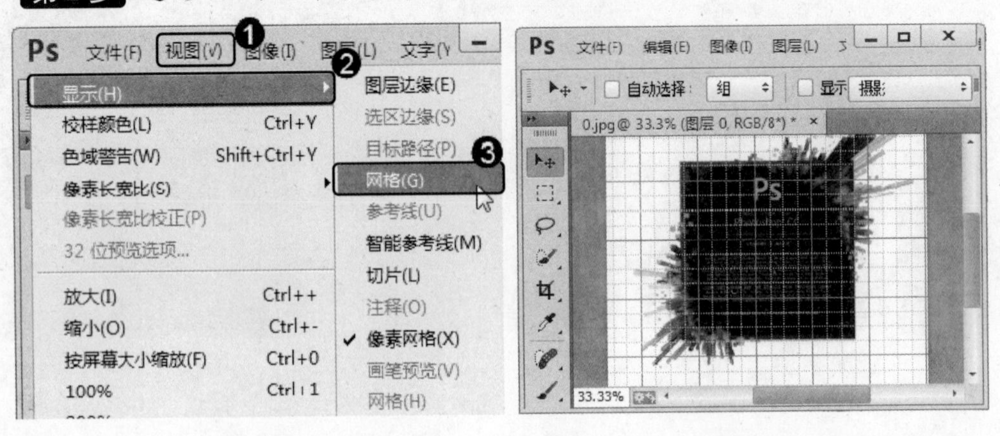

图 1-29

图 1-30

1.5.4　显示或隐藏额外内容

在 Photoshop CC 中，启动标尺、网格、参考线等辅助工具后，用户可以根据编辑需要将启动的辅助工具进行暂时隐藏或再次显示。下面介绍显示与隐藏额外内容的操作方法。

第 1 步 在 Photoshop CC 中启用网格工具，**1.** 单击【视图】主菜单，**2.** 在弹出的菜单中，将【显示额外内容】菜单项前的选择符号取消，如图 1-31 所示。

第 2 步 此时，在文档窗口中网格等辅助工具已经隐藏。通过以上方法即可完成隐藏额外内容的操作，如图 1-32 所示。

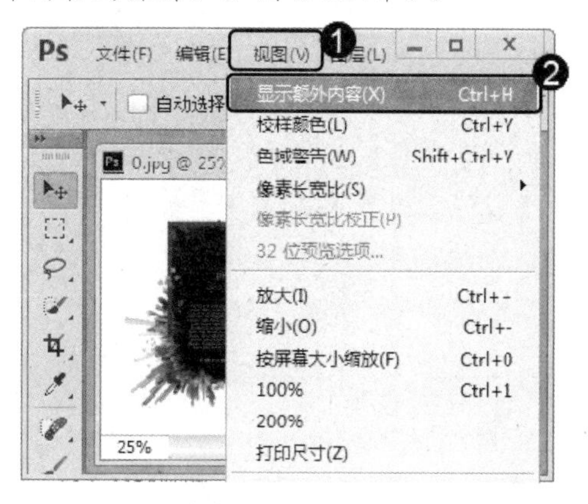

图 1-31

图 1-32

第 3 步 隐藏额外内容后，**1.** 单击【视图】主菜单，**2.** 在弹出的菜单中将【显示额外内容】菜单项前的选择符号重新选择，如图 1-33 所示。

第 4 步 此时，在文档窗口中网格辅助工具已经再次显示。通过以上方法即可完成显示额外内容的操作，如图 1-34 所示。

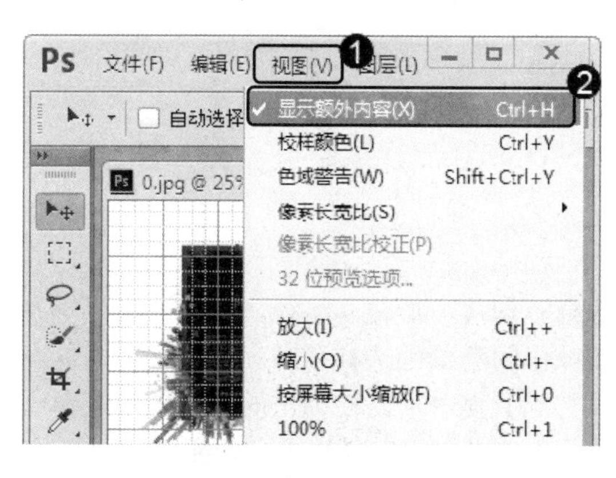

图 1-33

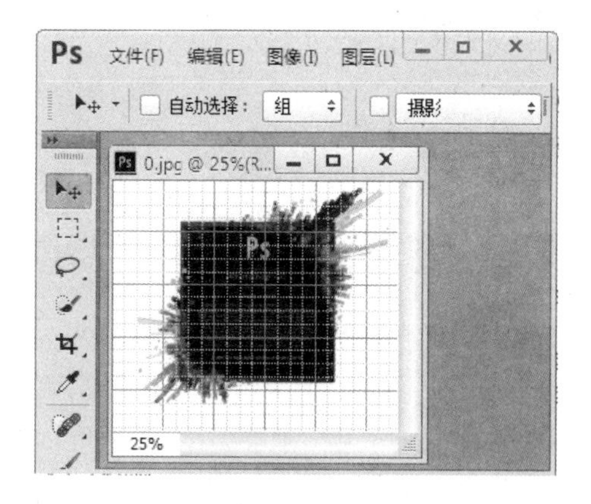

图 1-34

知识精讲

用户还可以通过快捷键来实现显示或隐藏额外内容的操作，显示或隐藏额外内容的快捷键为 Ctrl+H。

1.6 实践案例与上机指导

通过本章的学习，读者基本可以掌握 Photoshop CC 快速入门的知识以及一些常见的操作方法。下面通过练习操作，以达到巩固学习、拓展提高的目的。

1.6.1 使用智能参考线

在 Photoshop CC 中，在进行图像移动操作时使用智能参考线，用户可以对移动的图像进行对齐形状、选取和切片的操作。下面介绍使用智能参考线的操作方法。

第 1 步 在 Photoshop CC 中打开图像，1. 单击【视图】主菜单，2. 在弹出的菜单中选择【显示】菜单项，3. 在弹出的子菜单中选择【智能参考线】菜单项，如图 1-35 所示。

第 2 步 启动智能参考线功能后，移动图像，在拖动图像的过程中，文档窗口中显示智能参考线。通过以上方法即可完成使用智能参考线的操作，如图 1-36 所示。

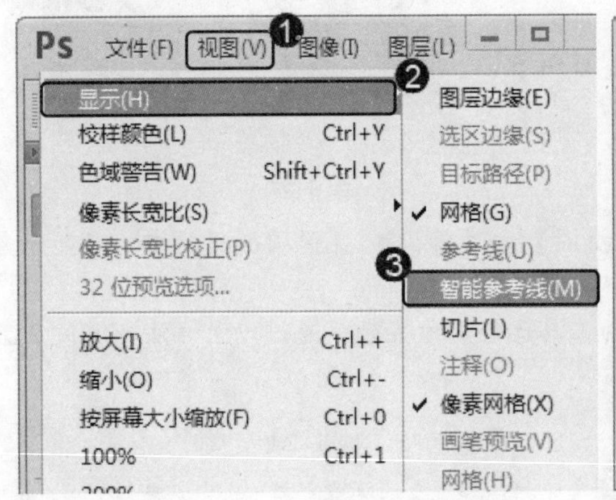

图 1-35

图 1-36

1.6.2 在工作区启用对齐功能

对齐功能有助于精确地放置选区、剪裁选框、切片、形状和路径。如果要启用对齐功能，需要在菜单栏中单击【视图】主菜单，在弹出的菜单中选择【对齐】菜单项，再次单击【视图】主菜单，在弹出的菜单中选择【对齐到】菜单项，在弹出的子菜单中选择一个对齐选项，如图 1-37 所示。带有“√”标记的菜单项表示启用了该对齐功能。

- 【参考线】：使对象与参考线对齐。
- 【网格】：使对象与网格对齐。网格被隐藏时不能选择该菜单项。
- 【图层】：使对象与图层中的内容对齐。
- 【切片】：使对象与切片的边界对齐。切片被隐藏时不能选择该选项。
- 【文档边界】：使对象与文档的边缘对齐。
- 【全部】：可以选择所有“对齐到”选项。

➤ 【无】：表示取消所有“对齐到”选项的选择。

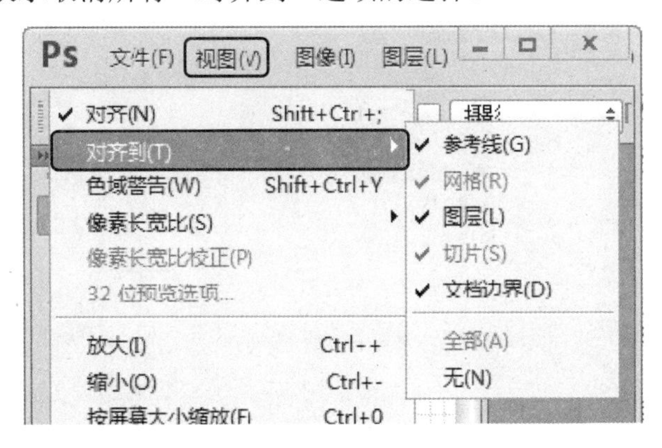

图 1-37

1.6.3　查看 Photoshop CC 系统信息

在 Photoshop CC 中，用户可以查看 Adobe Photoshop 的版本、操作系统、处理器速度、Photoshop 可用的内存、Photoshop 占用的内存和图像高速缓存级别等信息。下面介绍查看 Photoshop CC 系统信息的操作方法。

第 1 步 启动 Photoshop CC，1. 单击【帮助】主菜单，2. 在弹出的菜单中选择【系统信息】菜单项，如图 1-38 所示。

第 2 步 弹出【系统信息】对话框，通过以上方法即可完成查看系统信息的操作，如图 1-39 所示。

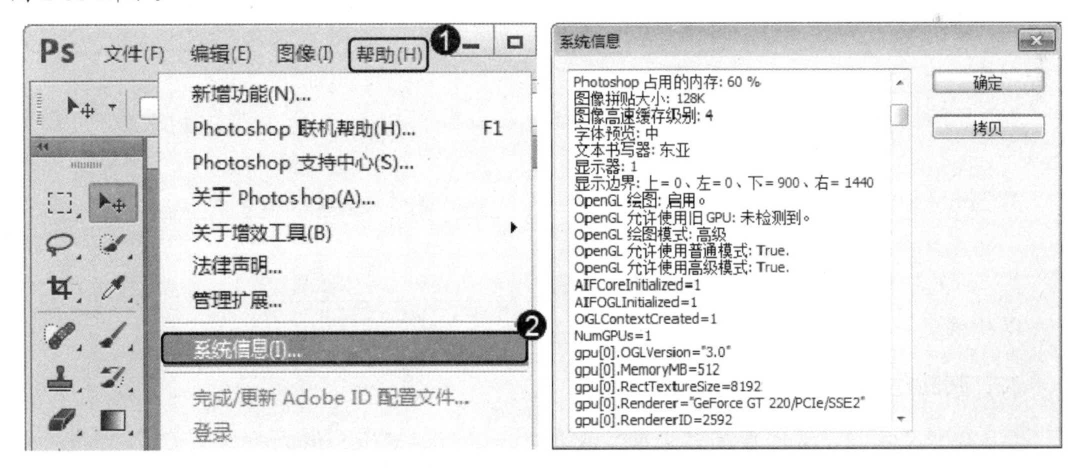

图 1-38　　　　图 1-39

1.6.4　查看 Photoshop 帮助文件和支持中心的方法

Adobe 提供了描述 Photoshop 软件功能的帮助文件。在菜单栏中单击【帮助】主菜单，在弹出的菜单中选择【Photoshop 联机帮助】菜单项或【Photoshop 支持中心】菜单项，可以连接到 Adobe 网站的帮助社区查看帮助文件，如图 1-40 所示。

图 1-40

Photoshop 帮助文件还包含 Creative Cloud 教学课程资料库，单击链接地址，可在线观看由Adobe专家录制的各种Photoshop功能的演示视频，学习其中的技巧和特定的工作流程，还可以获取最新的产品信息、培训、咨询、Adobe 活动和研讨会的邀请函，以及附赠的安装支持、升级通知、其他服务等。

1.7 思考与练习

一、填空题

1. 使用 Photoshop CC，用户可以进行________、编辑修改、________、广告创意、________等操作。

2. 点阵图也称为________，就是最小单位由________构成的图，缩放会________。

3. Photoshop CC 工作界面包括________、工作选项栏、________、文档窗口、状态栏和________等部分。

4. 标尺一般出现在工作区窗口的________和________，使用标尺，用户可以精确定位图像或元素的________。

二、判断题

1. 分辨率是指屏幕图像的精密度，是指显示器所能显示的像素的多少。 ( )

2. Photoshop CC 中，共有 13 个主菜单，每个主菜单内都包含一系列对应的操作命令。 ( )

3. 在 Photoshop CC 中，用户不可以根据编辑需要将启动的辅助工具进行暂时隐藏的操作。 ( )

4. 颜色模式是将某种颜色表现为数字形式的模型。 ( )

5. 矢量图也叫作向量图，就是缩放不失真的图像格式。矢量图是通过多个对象的组合生成的，对其中的每一个对象的记录方式，都是以数学函数来实现的，所以，即使对画面

进行倍数相当大的缩放，其显示效果仍不失真。　　(　　)

三、思考题

1. 如何在 Photoshop CC 中切换工作区？
2. 如何在 Photoshop CC 中使用标尺？

第 2 章

Photoshop 文件基本操作

本章要点

- 新建与保存图像文件
- 打开与关闭图像文件
- 查看图像
- 置入文件
- 导入与导出文件

本章主要内容

本章主要介绍新建与保存图像文件、打开与关闭图像文件、查看图像、置入文件方面的知识与技巧，同时还讲解如何导入与导出文件。在本章的最后还针对实际工作需求，讲解自定义菜单命令的颜色、自定义工作区以及自定义快捷键的方法。通过本章的学习，读者可以掌握 Photoshop 文件基本操作方面的知识，为深入学习 Photoshop CC 知识奠定基础。

2.1 新建与保存图像文件

在使用 Photoshop CC 进行图像编辑之前，用户首先需要掌握新建与保存文件的操作方法，以便用户可以对图像进行编辑操作。本节将重点介绍新建与保存图像文件的方法方面的知识与操作技巧。

2.1.1 新建空白图像文件

在 Photoshop CC 中，用户可以根据编辑图像的需要，创建一个新的图像空白文件。下面介绍新建图像文件的方法。

第 1 步 启动 Photoshop CC 程序，*1.* 单击【文件】主菜单，*2.* 在弹出的下拉菜单中选择【新建】菜单项，如图 2-1 所示。

第 2 步 弹出【新建】对话框，*1.* 在【名称】文本框中输入新建图像的名称，*2.* 在【宽度】和【高度】下拉列表框中输入新建文件的宽度值和高度值，*3.* 单击【确定】按钮，如图 2-2 所示。

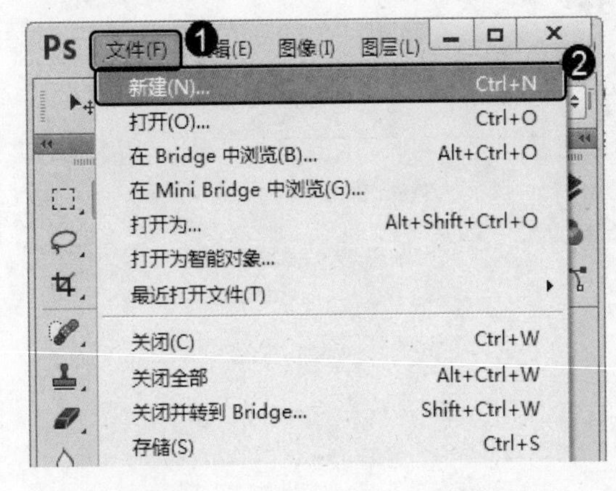

图 2-1

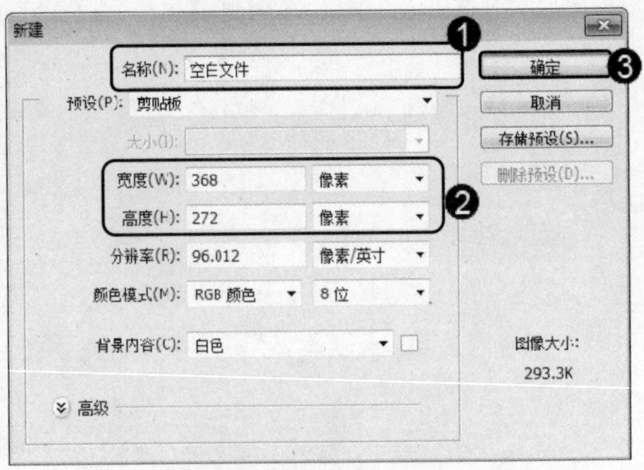

图 2-2

第 3 步 通过以上方法即可完成创建一个空白图像文件的操作，如图 2-3 所示。

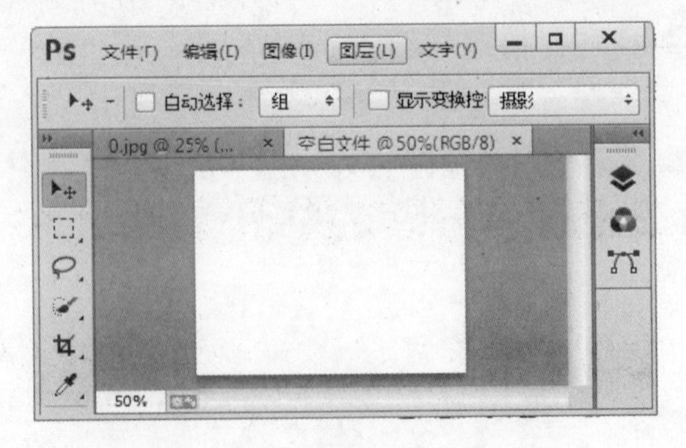

图 2-3

2.1.2　保存图像文件

使用 Photoshop CC 绘制或编辑图像后，用户应将其及时保存，这样可以避免文件丢失。下面介绍保存编辑后的图像文件的方法。

第 1 步 启动 Photoshop CC，**1.** 单击【文件】主菜单，**2.** 在弹出的下拉菜单中选择【存储】菜单项，如图 2-4 所示。

第 2 步 弹出【另存为】对话框，**1.** 选择图像文件保存的位置，**2.** 在【文件名】下拉列表框中输入图像文件的名称，**3.** 在【保存类型】下拉列表框中选择准备应用的保存格式，**4.** 单击【保存】按钮，如图 2-5 所示。

图 2-4

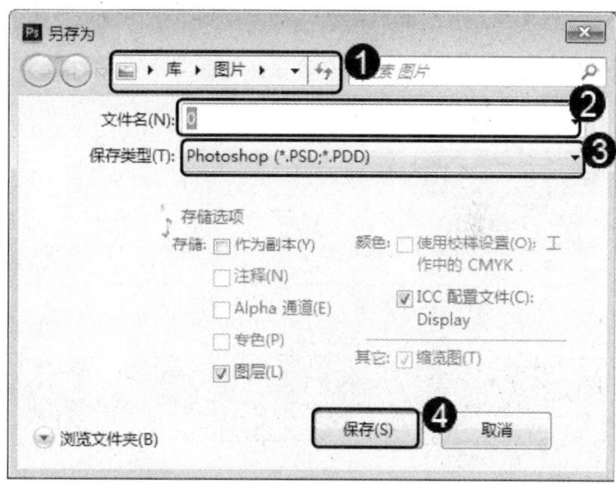

图 2-5

第 3 步 弹出【Photoshop 格式选项】对话框，单击【确定】按钮，即可完成保存编辑后的图像文件的操作，如图 2-6 所示。

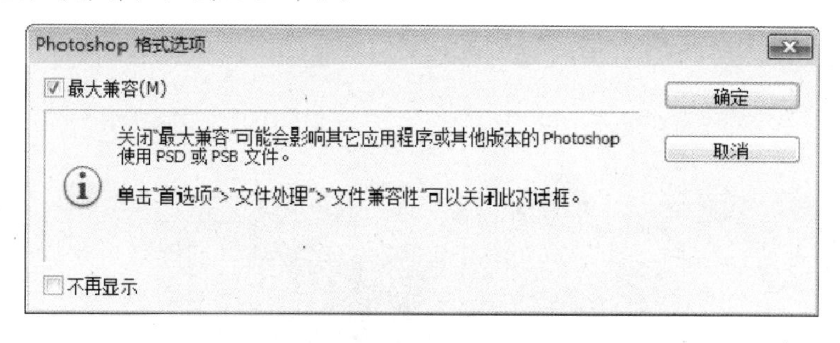

图 2-6

2.2　打开与关闭图像文件

在 Photoshop CC 中，用户打开图像文件可以快速进行素材的选择与使用。同时为节省存储空间，可以关闭不再准备使用的图像文件。本节将重点介绍打开与关闭图像文件方面的知识。

2.2.1 使用【打开】菜单项打开文件

在 Photoshop CC 中，用户可以使用【打开】菜单项快速打开准备编辑的图像文件。下面介绍使用【打开】菜单项打开文件的方法。

第 1 步 启动 Photoshop CC 程序，1. 单击【文件】主菜单，2. 在弹出的下拉菜单中选择【打开】菜单项，如图 2-7 所示。

第 2 步 弹出【打开】对话框，1. 在查找范围下拉列表框中，选择图像文件存放的位置，2. 在【图片库】区域中，选择准备打开的图像文件，3. 单击【打开】按钮，如图 2-8 所示。

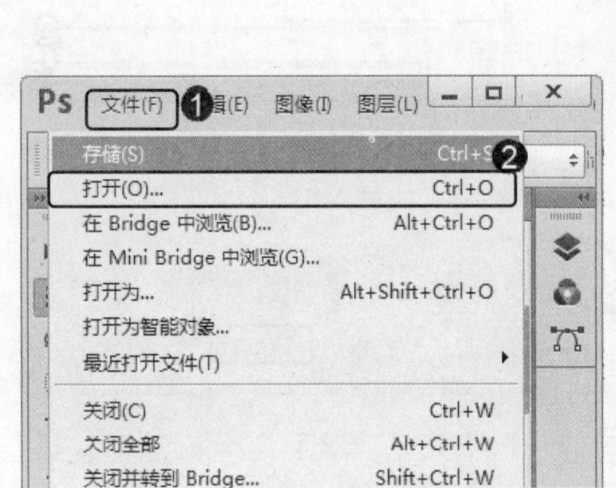

图 2-7

图 2-8

第 3 步 通过以上操作方法即可完成使用【打开】菜单项打开文件的操作，如图 2-9 所示。

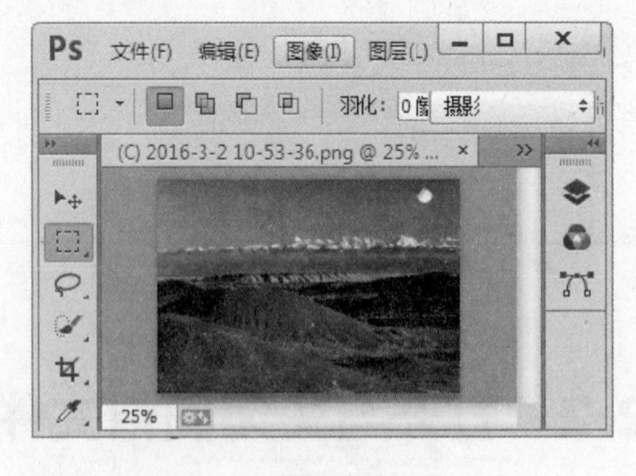

图 2-9

2.2.2 使用【打开为】菜单项打开文件

在 Photoshop CC 中，使用【打开为】菜单项打开文件，需要指定特定的文件格式，非指定格式的文件将无法打开。下面介绍使用【打开为】菜单项打开文件的操作方法。

第 1 步 启动 Photoshop CC 程序，1. 单击【文件】主菜单，2. 在弹出的下拉菜单中选择【打开为】菜单项，如图 2-10 所示。

第 2 步 弹出【打开】对话框，1. 选择文件存放的磁盘位置，2. 选中准备打开的图像文件，3. 单击【打开】按钮，如图 2-11 所示。

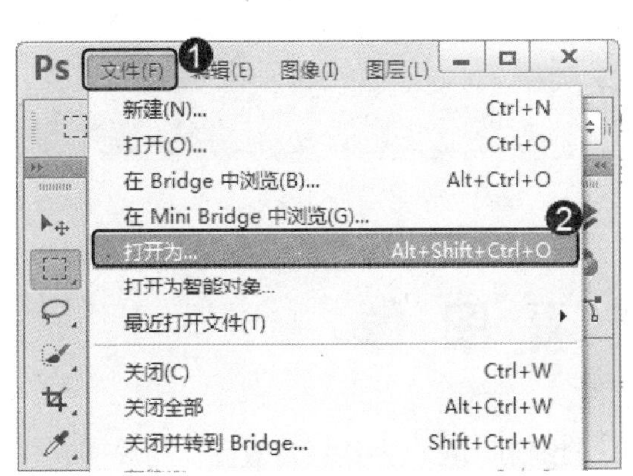

图 2-10

图 2-11

第 3 步 通过以上操作方法即可完成使用【打开为】菜单项打开图像文件的操作，如图 2-12 所示。

图 2-12

2.2.3 使用【关闭】菜单项关闭文件

在 Photoshop CC 中，当图像编辑完成后，用户可以将不需要编辑的图像关闭，这样可以节省存储空间。下面介绍使用【关闭】菜单项关闭图像文件的操作方法。

第 1 步 在 Photoshop CC 中打开图像文件，1. 单击【文件】主菜单，2. 在弹出的下拉菜单中选择【关闭】菜单项，如图 2-13 所示。

第 2 步 通过以上操作方法即可完成使用【关闭】菜单项关闭图像文件的操作，如图 2-14 所示。

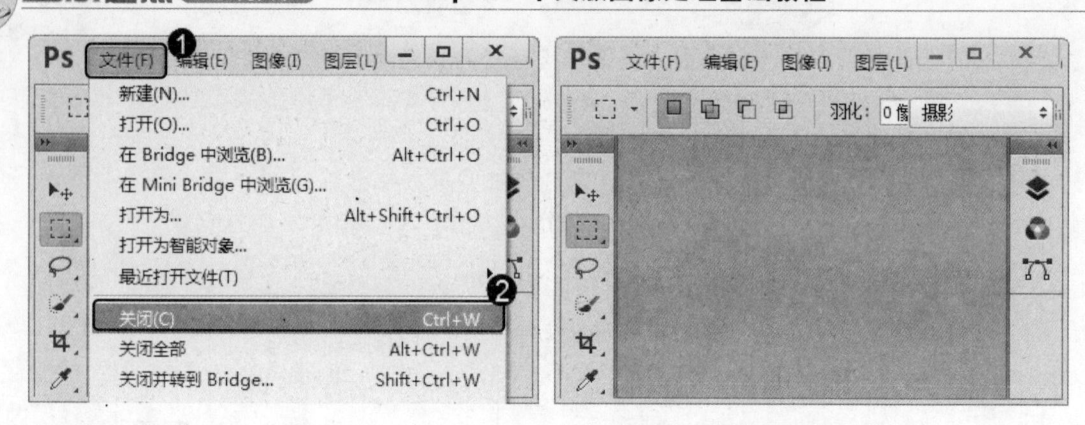

图 2-13　　图 2-14

2.3 查看图像

在 Photoshop CC 中，通过查看图像文件的细节，可以方便用户对图像的局部或整体进行处理和编辑。本节将重点介绍查看图像文件细节方面的知识。

2.3.1 使用【导航器】面板查看图像

在 Photosho CC 中，使用【导航器】面板对图像进行查看操作，用户可以快速选择准备查看的图像部分。下面介绍使用【导航器】面板查看图像的方法。

第 1 步 在 Photoshop CC 中打开图像文件，*1.* 单击【窗口】主菜单，*2.* 在弹出的下拉菜单中选择【导航器】菜单项，如图 2-15 所示。

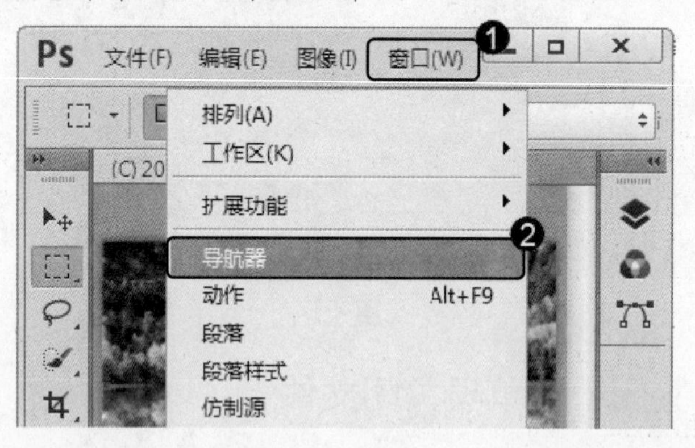

图 2-15

第 2 步 在预览窗口中，将鼠标拖动到准备查看的图像部分，通过以上方法即可完成使用【导航器】面板查看图像的操作，如图 2-16 所示。

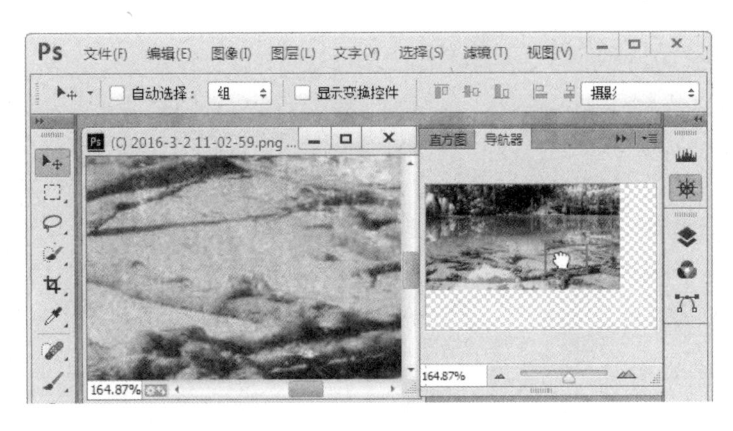

图 2-16

2.3.2　使用抓手工具查看图像

在 Photoshop CC 中，图像被放大后，用户可以使用抓手工具查看图像的局域部分。下面介绍使用抓手工具查看图像的方法。

第 1 步　在 Photoshop CC 中打开图像文件，**1.** 在左侧的工具箱中单击【抓手工具】按钮，**2.** 当鼠标指针变成后，单击图像并拖动到目标位置，如图 2-17 所示。

第 2 步　通过以上方法即可完成使用抓手工具查看图像的操作，如图 2-18 所示。

图 2-17

图 2-18

2.3.3　使用缩放工具查看图像

在 Photoshop CC 中，如果想查看图像文件中的某个部分，用户可以使用缩放工具对图像文件进行放大或缩小来查看图像。下面介绍使用缩放工具放大或缩小查看图像的方法。

第 1 步　在 Photoshop CC 中打开图像文件，**1.** 在左侧的工具箱中单击【缩放工具】按钮，**2.** 当鼠标指针变成后，在图像文件中单击准备放大查看的图像，如图 2-19 所示。

第 2 步　通过以上方法即可完成使用缩放工具放大图像的操作，如图 2-20 所示。

图 2-19

图 2-20

2.3.4 用旋转视图工具旋转画布

用户可以根据需要将图像进行旋转，旋转画布的操作非常简单。下面详细介绍旋转画布的操作方法。

第 1 步 在 Photoshop CC 中打开图像文件，*1.* 单击【图像】主菜单，*2.* 在弹出的下拉菜单中选择【图像旋转】菜单项，*3.* 在弹出的子菜单中选择一个旋转方式，如图 2-21 所示。

第 2 步 通过以上方法即可完成使用旋转视图工具旋转画布的操作，如图 2-22 所示。

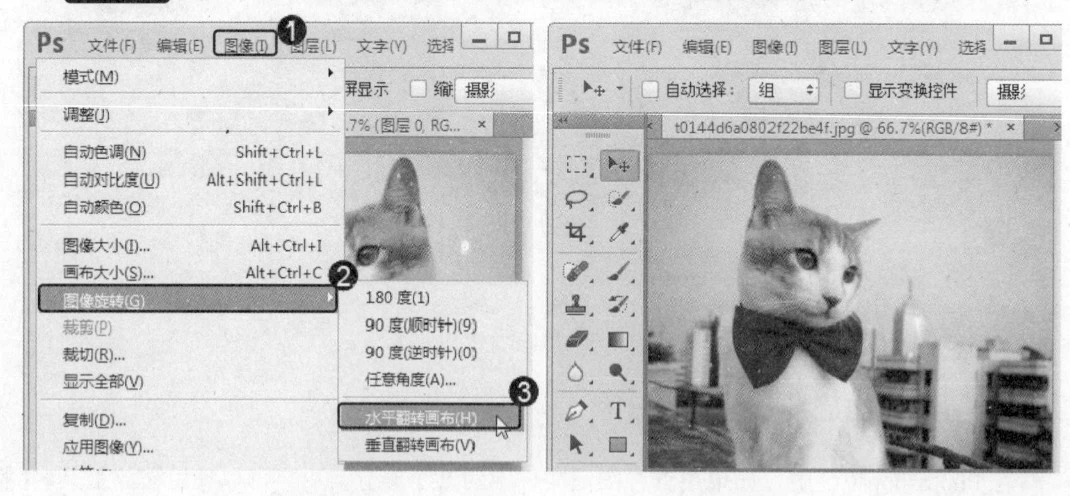

图 2-21　　图 2-22

2.3.5 在不同的屏幕模式下工作

单击工具箱底部的屏幕模式按钮，可以显示一组用于切换屏幕模式的按钮，包括【标准屏幕模式】按钮、【带有菜单栏的全屏模式】按钮和【全屏模式】按钮。下面详细介绍这几种屏幕模式的样式。

- 标准屏幕模式：默认的屏幕模式，可以显示菜单栏、标题栏、滚动条和其他屏幕元素，如图 2-23 所示。
- 带有菜单栏的全屏模式：显示有菜单栏和 50%灰色背景，无标题栏和滚动条的全屏窗口，如图 2-24 所示。

图 2-23

图 2-24

- 全屏模式：显示黑色背景，无标题栏、菜单栏和滚动条的全屏窗口，如图 2-25 所示。

图 2-25

智慧锦囊

按 F 键可以在各个屏幕模式之间切换，按 Tab 键可以隐藏或显示工具箱、面板和工具选项栏；按 Shift+Tab 组合键可以隐藏或显示面板；按 Esc 键可以退出全屏模式。

2.3.6　在多个窗口中查看图像

如果同时打开了多个图像文件，可以通过【窗口】菜单下的【排列】菜单项中的命令控制各个文档窗口的排列方式，如图 2-26 所示。

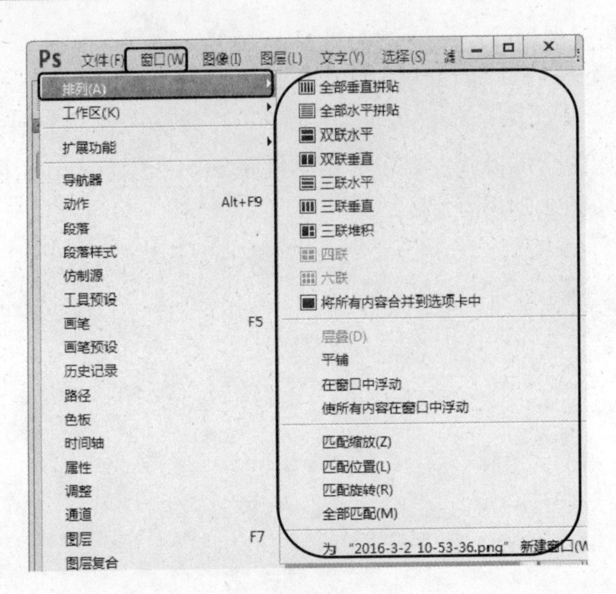

图 2-26

➢ 【层叠】：从屏幕的左上角到右下角以堆叠和层叠的方式显示为停放的窗口，如图 2-27 所示。
➢ 【平铺】：以边靠边的方式显示窗口，如图 2-28 所示。关闭一个图像时，其他窗口会自动调整大小，以填满可用空间。

图 2-27

图 2-28

➢ 【匹配缩放】：将所有窗口都匹配到与当前窗口相同的缩放比例，例如当前窗口的缩放比例为 100%，另外一个窗口的缩放比例为 50%，选择该方式后，该窗口的显示比例会自动调整到 100%。
➢ 【匹配位置】：将所有窗口中的图像显示位置都匹配到与当前窗口相同。
➢ 【匹配旋转】：将所有窗口中画布的旋转角度都匹配到与当前窗口相同。
➢ 【在窗口中浮动】：允许图像自由浮动(可拖曳标题栏移动窗口)，如图 2-29 所示。
➢ 【使所有内容在窗口中浮动】：使所有文档窗口都浮动，如图 2-30 所示。
➢ 【将所有内容合并到选项卡中】：如果想要恢复默认的视图状态。即全屏显示一个图像、其他图像最小化到选项卡中，可以选择该方式，如图 2-31 所示。

图 2-29

图 2-30

图 2-31

2.4　置入文件

置入文件是指打开一个图像文件后，将另一图像文件直接置入到当前打开的图像文件当中，方便用户对当前图像和置入图像进行结合编辑的操作。本节将重点介绍置入图像文件方面的知识。

2.4.1　置入嵌入的智能对象

在 Photoshop CC 中，用户可以将 eps 格式的文件直接置入当前打开的图像文件当中。下面介绍置入 eps 格式文件的操作方法。

第 1 步 启动 Photoshop CC，**1.** 单击【文件】主菜单，**2.** 在弹出的下拉菜单中选择【置入嵌入的智能对象】菜单项，如图 2-32 所示。

第 2 步 弹出【置入嵌入对象】对话框，**1.** 选择文件存放的磁盘位置，**2.** 选中准备打开的 eps 文件，**3.** 单击【置入】按钮，如图 2-33 所示。

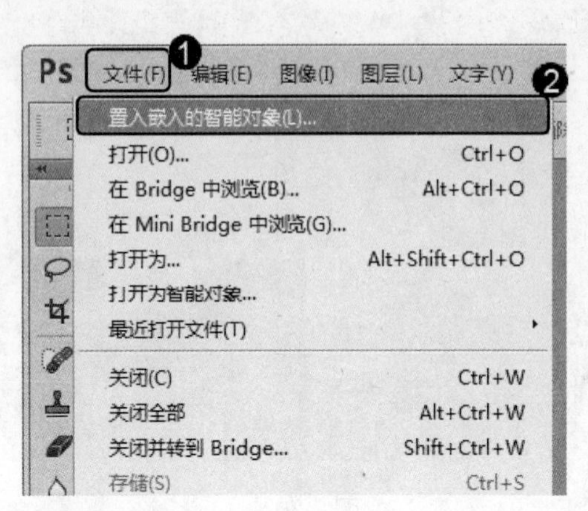

图 2-32

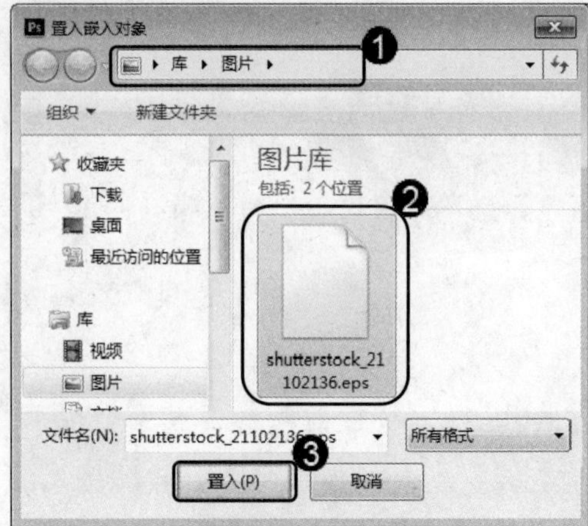

图 2-33

第 3 步 通过以上方法即可完成置入 eps 格式文件的操作，如图 2-34 所示。

图 2-34

2.4.2 置入链接的智能对象

在 Photoshop CC 中，还可以创建从外部图像文件引用其内容链接的智能对象。当来源图像文件更改时，链接智能对象的内容也会更新。例如，在 Photoshop CC 中置入 AI 文件，置入文件以后，用 Illustrator 修改源文件时，Photoshop CC 中的图像也会自动更新到修改后的状态。

2.5 导入与导出文件

在 Photoshop CC 中，用户还可以导入和导出文件。本节将详细介绍导入与导出文件的相关知识。

2.5.1 导入文件

Photoshop 可以编辑变量数据组、视频帧到图层、注释和 WIA 支持等内容。当新建或打开图像文件后，可以通过【导入】命令，将这些内容导入到 Photoshop 中进行编辑，如图 2-35 所示。

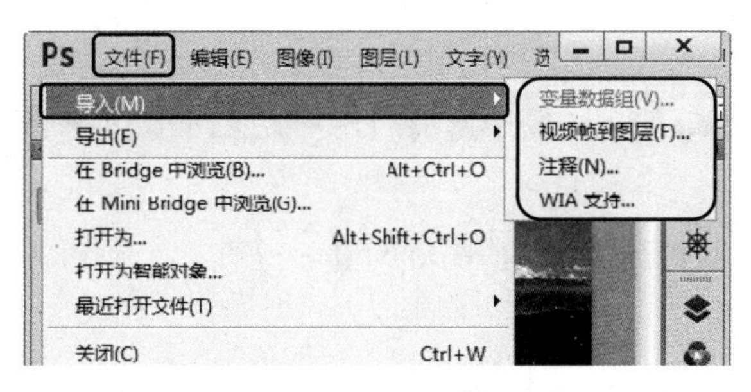

图 2-35

将数码相机与计算机连接后，在 Photoshop 中单击【文件】菜单项，在弹出的下拉菜单中选择【导入】菜单项，在弹出的子菜单中选择【WIA 支持】菜单项，可以将照片导入到 Photoshop 中。如果计算机配置有扫描仪并安装了相关的软件，则可以在【导入】菜单中选择扫描仪名称，使用扫描仪制作商的软件扫描图像，并将其存储为 TIFF、PICT、BMP 格式，然后在 Photoshop 中打开这些图像。

2.5.2　导出文件

在 Photoshop 中创建和编辑好图像后，可以将其导出到 Illustrator 或视频设备中。单击【文件】菜单，在弹出的下拉菜单中选择【导出】菜单项，可以在弹出的子菜单中选择一些导出类型，如图 2-36 所示。

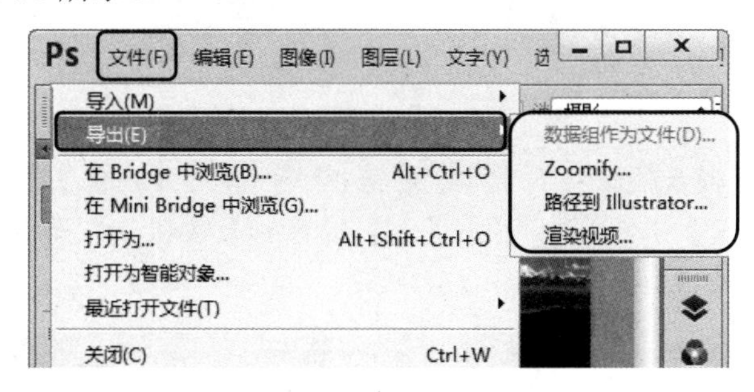

图 2-36

【导出】子菜单中的各个菜单项含义如下。

- 【数据组作为文件】：可以按批处理模式使用数据组值将图像输出为 PSD 文件。
- 【Zoomify】：可以将高分辨率的图像发布到 Web 上，利用 Viewpoint Media Player，用户可以平移或缩放图像以查看它的不同部分。在导出时，Photoshop 会创建 JPG 和 HTML 文件，用户可以将这些文件上传到 Web 服务器。
- 【将视频预览发送到设备】：可以将视频预览发送到设备上。
- 【路径到 Illustrator】：将路径导出为 AI 格式，在 Illustrator 中可以继续对路径进行编辑。
- 【视频预览】：可以在预览之前设置输出选项，也可以在设备上查看文档。

➢ 【渲染视频】：可以将视频导出为 QuickTime 影片。在 Photoshop CC 中，还可以将时间轴动画与视频图层一起导出。

2.6 实践案例与上机指导

通过本章的学习，读者基本可以掌握 Photoshop 文件基本操作的知识以及一些常见的操作方法。下面通过练习操作，以达到巩固学习、拓展提高的目的。

2.6.1 自定义菜单命令的颜色

在 Photoshop 中，用户可以为一些常用的命令自定义一个颜色，以便快速查找。下面介绍自定义菜单命令颜色的方法。

第 1 步 启动 Photoshop CC 程序，1. 单击【编辑】主菜单，2. 在弹出的下拉菜单中选择【菜单】菜单项，如图 2-37 所示。

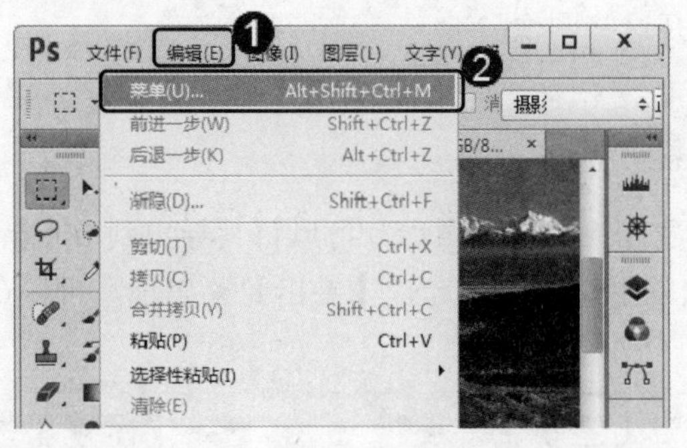

图 2-37

第 2 步 弹出【键盘快捷键和菜单】对话框，1. 单击【图像】选项，2. 在展开的【模式】列表中选中【灰度】选项，3. 单击【无】下拉列表按钮，在弹出的下拉列表中选择一个颜色，4. 单击【确定】按钮，如图 2-38 所示。

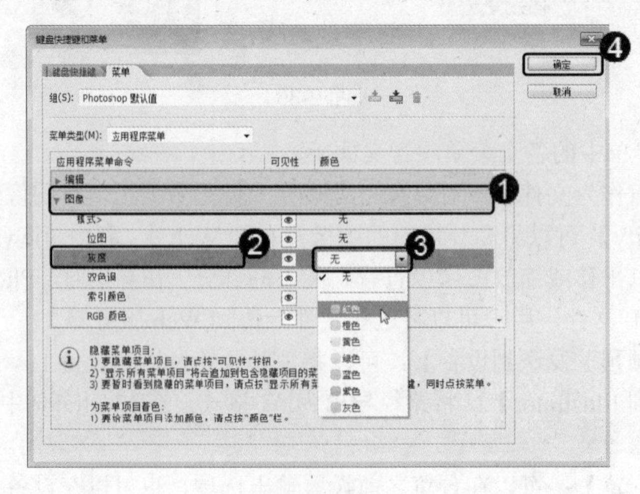

图 2-38

第 3 步 通过上述操作即可完成自定义菜单命令颜色的操作，如图 2-39 所示。

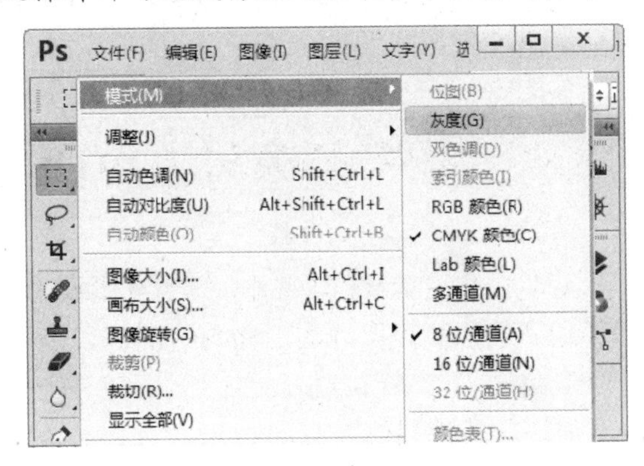

图 2-39

2.6.2　自定义工作区

在进行一些操作时，部分面板几乎是用不到的，而操作窗口中显示过多的面板会大大影响操作空间，从而影响工作效率，所以可以定义一个适合自己的工作区。下面介绍自定义工作区的方法。

第 1 步 在 Photoshop CC 中打开图像文件，**1.** 单击【窗口】主菜单，**2.** 在弹出的下拉菜单中关闭不需要的面板，只保留【图层】、【历史记录】、【选项】和【工具】几个菜单项，如图 2-40 所示。

第 2 步 **1.** 再次单击【窗口】主菜单，**2.** 在弹出的下拉菜单中选择【工作区】菜单项，**3.** 在弹出的子菜单中选择【新建工作区】菜单项，如图 2-41 所示。

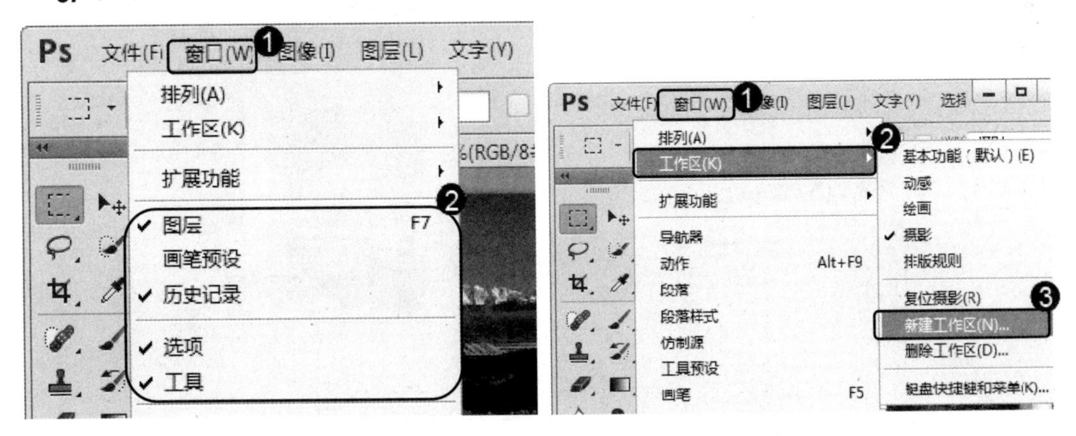

图 2-40　　图 2-41

第 3 步 弹出【新建工作区】对话框，**1.** 在【名称】文本框中输入新建工作区的名字，**2.** 单击【存储】按钮，如图 2-42 所示。

第 4 步 **1.** 再次单击【窗口】主菜单，**2.** 在弹出的下拉菜单中选择【工作区】菜单项，**3.** 在弹出的子菜单中即可看到新建的工作区，如图 2-43 所示。

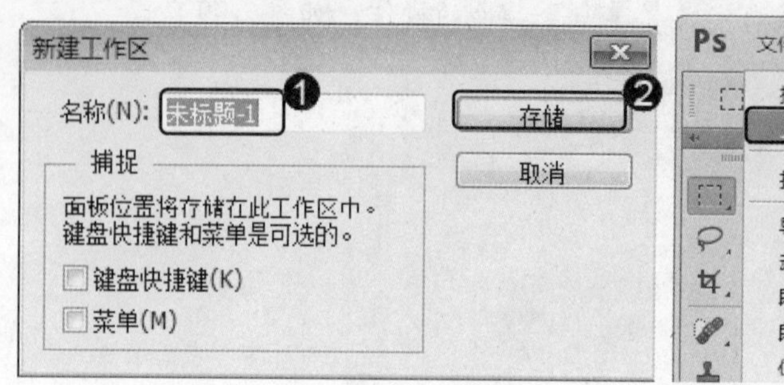

图 2-42

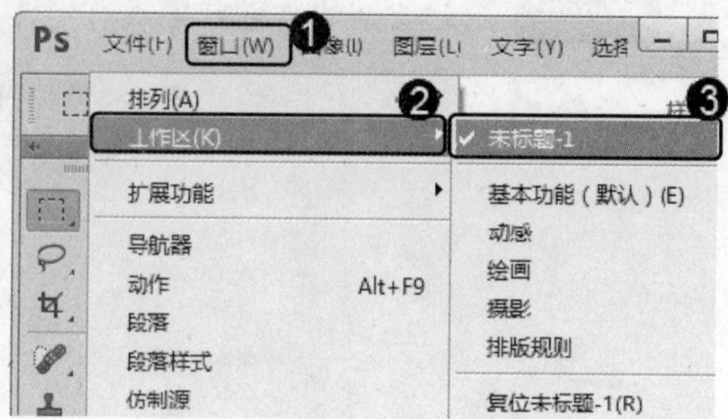

图 2-43

2.6.3 自定义快捷键

在 Photoshop 中，用户可以对默认的快捷键进行更改，也可以为没有配置快捷键的常用命令和工具设置一个快捷键，这样可以大大提高工作效率。下面详细介绍自定义快捷键的方法。

第 1 步 启动 Photoshop CC 程序，1. 单击【编辑】主菜单，2. 在弹出的下拉菜单中选择【键盘快捷键】菜单项，如图 2-44 所示。

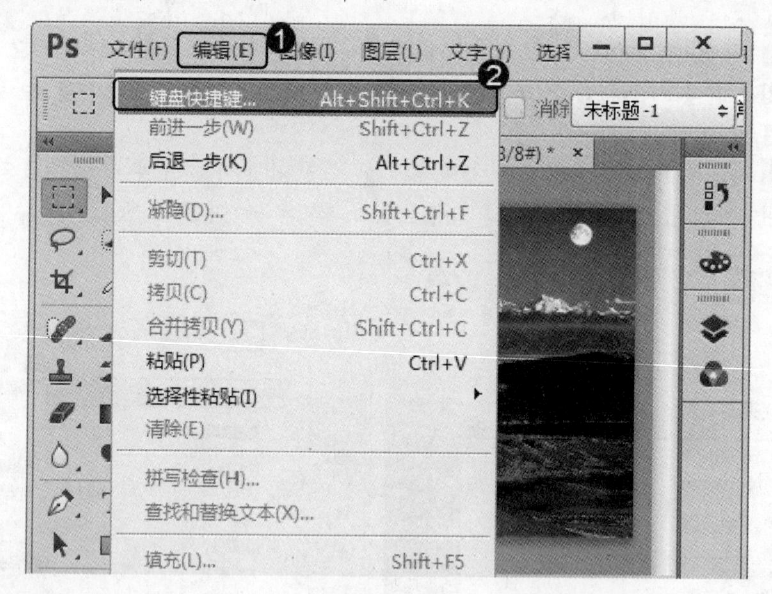

图 2-44

第 2 步 弹出【键盘快捷键和菜单】对话框，1. 单击【图像】选项，2. 在展开的【模式】列表中选中【位图】选项，3. 此时会出现一个用于定义快捷键的文本框，在文本框中输入快捷键，4. 单击【确定】按钮，如图 2-45 所示。

第 3 步 通过上述操作即可完成自定义快捷键的操作，如图 2-46 所示。

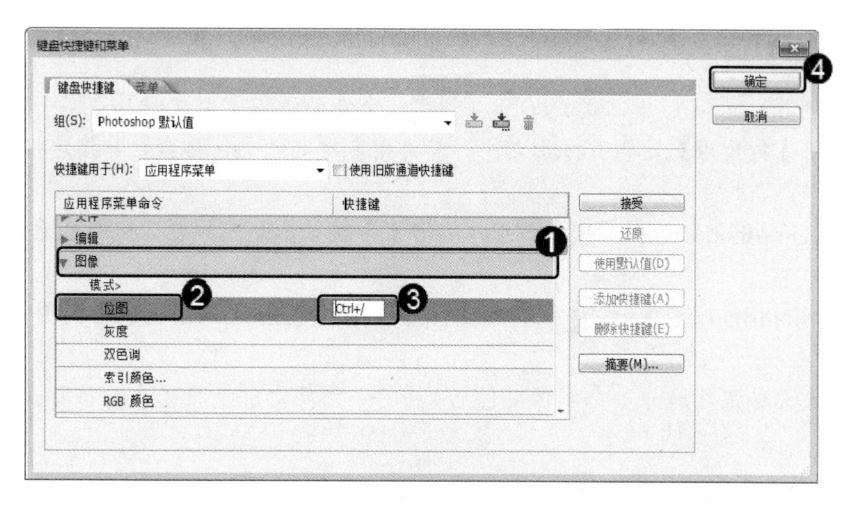

图 2-45

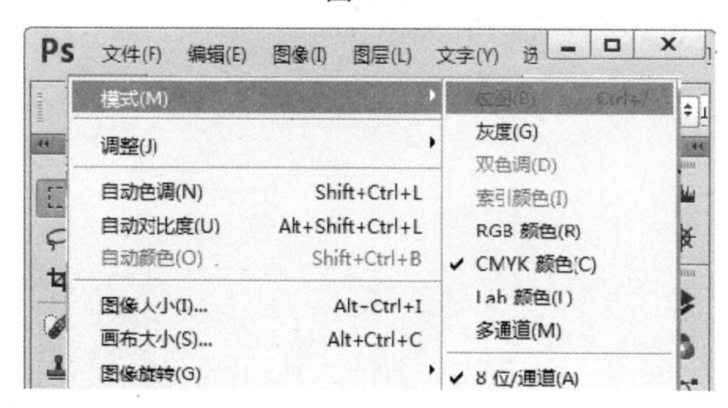

图 2-46

2.7 思考与练习

一、填空题

1. 使用 Photoshop CC 绘制或编辑____________后，用户应将其及时____________，这样可以避免文件______________。

2. 想查看图像文件中的______________，用户可以使用______________对图像文件进行放大______________查看图像的操作。

3. ______________是指，打开一个图像文件后，将另一个图像文件直接置入到当前打开的图像文件当中，方便用户对当前图像和置入图像进行______________的操作。

4. AI 格式具有占用______________小，________________快，方便______________转换等特点。

5. Photoshop 可以编辑变量数据组、______________、______________和 WIA 支持等内容，当新建或打开图像文件后，可以通过_____________命令，将这些内容导入到 Photoshop 中进行编辑。

二、判断题

1. 在 Photoshop CC 中，用户不可以创建一个新的图像空白文件。 ( )

2. 使用【打开为】菜单项打开文件，需要指定特定的文件格式，非指定格式的文件将无法打开。 ( )

3. 在 Photoshop CC 中，用户不可以使用【导航器】面板对图像进行查看操作。 ( )

4. 在Photoshop CC中，用户可以将eps格式的文件直接置入当前打开的图像文件当中。 ( )

5. 置入文件是指打开一个图像文件后，将另一图像文件直接置入当前打开的图像文件当中。 ( )

三、 思考题

1. 如何使用【关闭】菜单项关闭图像文件？

2. 如何使用【导航器】面板查看图像？

第 3 章

图像的基本编辑与操作

本章要点

- 像素与分辨率
- 图像尺寸和画布大小
- 【历史记录】面板
- 剪切、拷贝和粘贴图像
- 裁剪和裁切图像
- 图像的变换与变形操作

本章主要内容

本章主要介绍像素与分辨率，图像尺寸和画布大小，【历史记录】面板，剪切、拷贝和粘贴图像，裁剪和裁切图像方面的知识与技巧，同时还讲解图像的变换与变形操作。在本章的最后还针对实际工作需求，讲解变形图像、旋转画布以及还原上一步骤的方法。通过本章的学习，读者可以掌握图像的基本编辑与操作方面的知识，为深入学习 Photoshop CC 知识奠定基础。

3.1 像素与分辨率

在 Photoshop CC 中，修改图像像素的大小，用户可以更改图像的大小；而修改图像的分辨率，则可以使图像打印时不失真。本节将重点介绍设置图像像素与分辨率方面的知识。

3.1.1 修改图像像素

在 Photoshop CC 中，用户可以通过修改图像像素的方法来更改图像的大小，以便用户对图像文件进行编辑或保存。下面介绍修改图像像素的方法。

第 1 步 在 Photoshop CC 中打开图像文件，1. 单击【图像】主菜单，2. 在弹出的下拉菜单中选择【图像大小】菜单项，如图 3-1 所示。

第 2 步 弹出【图像大小】对话框，1. 单击【尺寸】区域后面的下拉按钮，在弹出的下拉列表中选择一个选项，如“英寸”，2. 单击【确定】按钮，通过以上方法即可完成修改图像像素的操作，如图 3-2 所示。

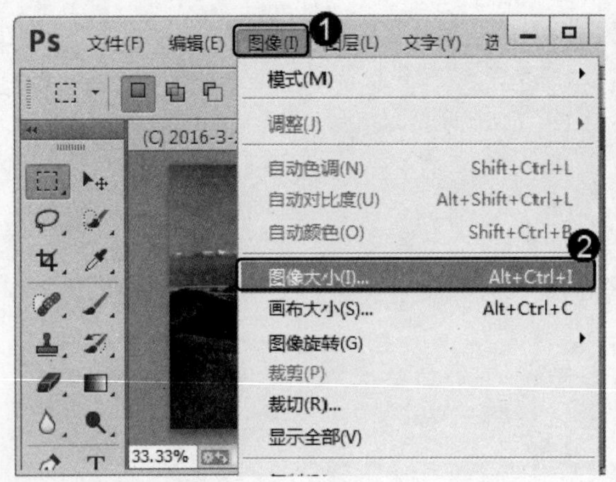

图 3-1

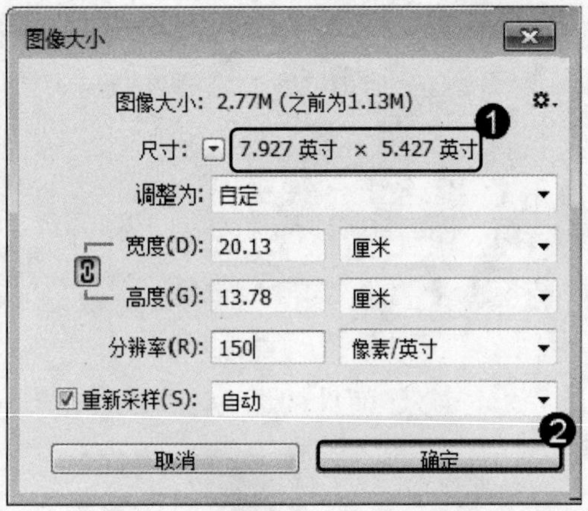

图 3-2

3.1.2 设置图像分辨率

在 Photoshop CC 中，用户可以随时调整图像的分辨率，以便图像输出时，可以达到最佳效果。下面介绍调整图像分辨率的操作方法。

第 1 步 在 Photoshop CC 中打开图像文件，1. 单击【图像】主菜单，2. 在弹出的下拉菜单中选择【图像大小】菜单项，如图 3-3 所示。

第 2 步 弹出【图像大小】对话框，1. 在【图像大小】区域下的【分辨率】文本框中输入新的图像分辨率数值，2. 单击【确定】按钮，通过以上方法即可完成修改图像分辨率的操作，如图 3-4 所示。

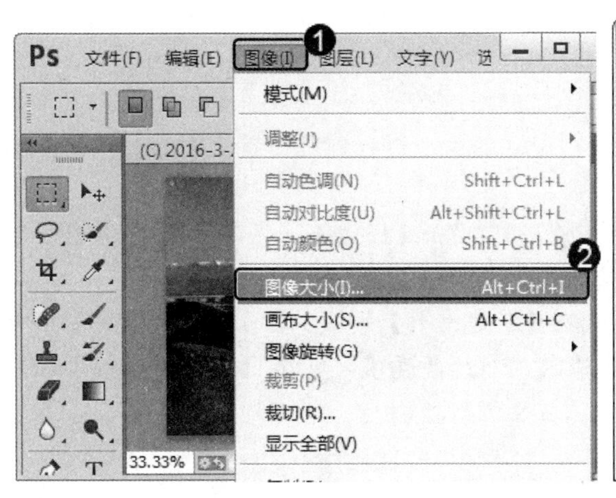

图 3-3

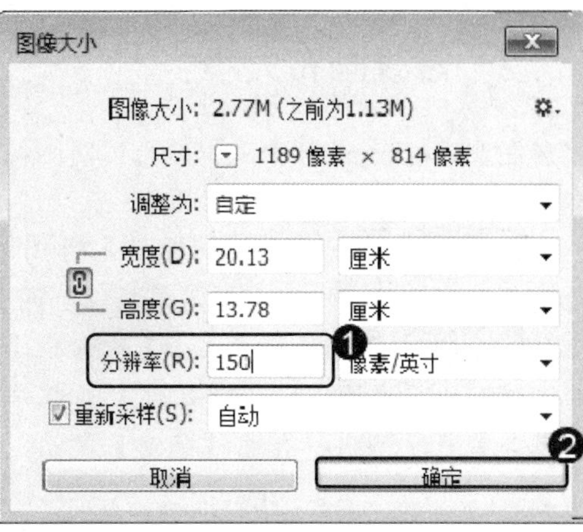

图 3-4

3.2　图像尺寸和画布大小

在 Photoshop CC 中，可以修改图像尺寸和画布大小。用户可以根据修改的尺寸打印图像，而通过修改画布大小，则可以将图像填充至更大的编辑区域中，从而更好地执行编辑操作。本节将重点介绍设置图像尺寸和画布大小方面的知识和操作技巧。

3.2.1　调整图像尺寸

在 Photoshop CC 中，用户可以对图像尺寸的大小进行详细设置。下面介绍修改图像尺寸的方法。

第 1 步　在 Photoshop CC 中打开图像文件，1. 单击【图像】主菜单，2. 在弹出的下拉菜单中选择【图像大小】菜单项，如图 3-5 所示。

第 2 步　弹出【图像大小】对话框，1. 在【图像大小】区域中，在【宽度】文本框中输入准备调整的图像宽度值，2. 单击【确定】按钮，通过以上方法即可完成修改图像尺寸的操作，如图 3-6 所示。

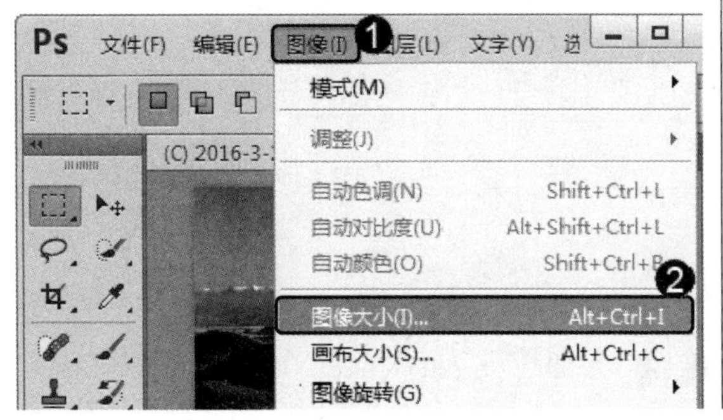

图 3-5

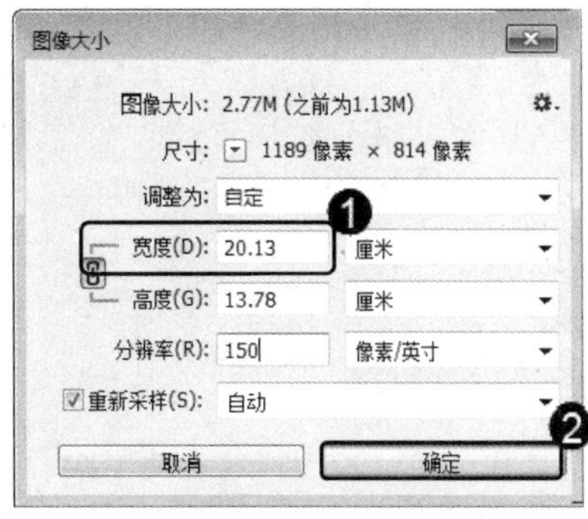

图 3-6

3.2.2 修改画布大小

在 Photoshop CC 中，用户可以对图像画布尺寸的大小进行详细设置。下面介绍修改图像画布大小的方法。

第 1 步 在 Photoshop CC 中打开图像文件，**1.** 单击【图像】主菜单，**2.** 在弹出的下拉菜单中选择【画布大小】菜单项，如图 3-7 所示。

第 2 步 弹出【画布大小】对话框，**1.** 在【新建大小】区域中，在【宽度】文本框中输入画布的宽度值，**2.** 在【高度】文本框中输入画布的高度值，**3.** 在【定位】区域中选择画布分布的位置，**4.** 单击【确定】按钮，如图 3-8 所示。

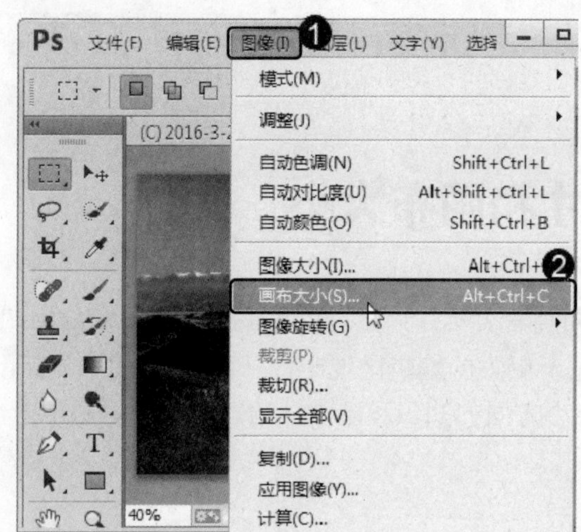

图 3-7

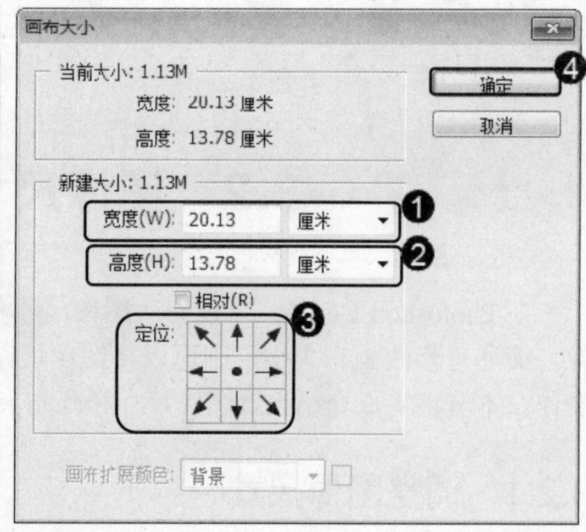

图 3-8

第 3 步 通过以上方法即可完成修改画布大小的操作，如图 3-9 所示。

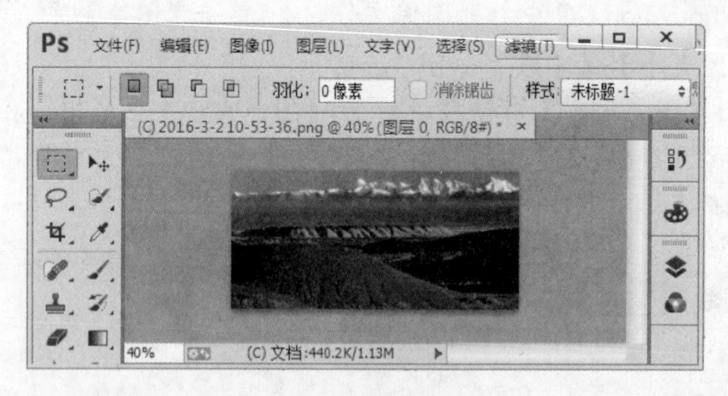

图 3-9

智慧锦囊

在 Photoshop CC 中打开图像文件后，按组合键 Alt+Ctrl+C，也可以打开【画布大小】对话框。

3.3 【历史记录】面板

【历史记录】面板是 Photoshop CC 非常重要的组成部分，使用历史记录，用户可以快速访问到之前的操作步骤，并修改错误的操作过程。本节将介绍使用【历史记录】面板方面的知识。

3.3.1 【历史记录】面板介绍

在 Photoshop CC 中，【历史记录】面板记录了所有的操作过程。在【窗口】主菜单中可以打开【历史记录】面板。下面介绍【历史记录】面板的组成，如图 3-10 所示。

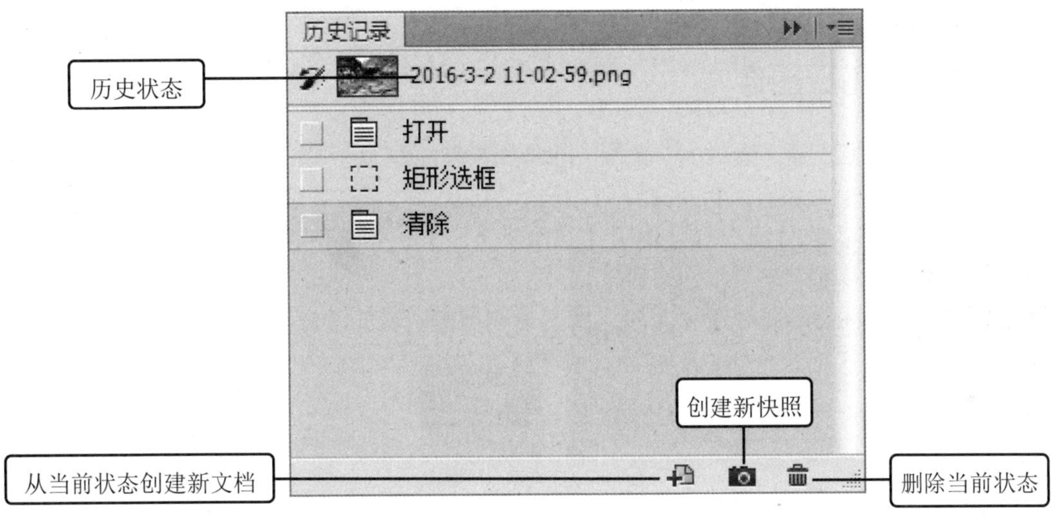

图 3-10

- 历史状态：用于记录用户编辑的每一个操作步骤。
- 从当前状态创建新文档：单击该按钮可在当前的历史状态中，创建一个新图像文档。
- 创建新快照：单击该按钮用户可在当前的历史状态中，创建出一个临时副本文件。
- 删除当前状态：用于删除当前选择的历史状态。

3.3.2 用【历史记录】面板还原图像

【历史记录】面板可以直观地显示用户进行的各项操作，使用鼠标单击历史操作栏，用户可以回到任何一项记载的操作。下面介绍使用【历史记录】面板还原图像的方法。

第 1 步 在 Photoshop CC 中打开【历史记录】面板，在【历史记录】面板中单击准备返回到的历史记录选项，如图 3-11 所示。

第 2 步 此时在文档窗口中，图像被还原到指定的历史状态中。通过以上方法即可完成使用【历史记录】面板还原图像的操作，如图 3-12 所示。

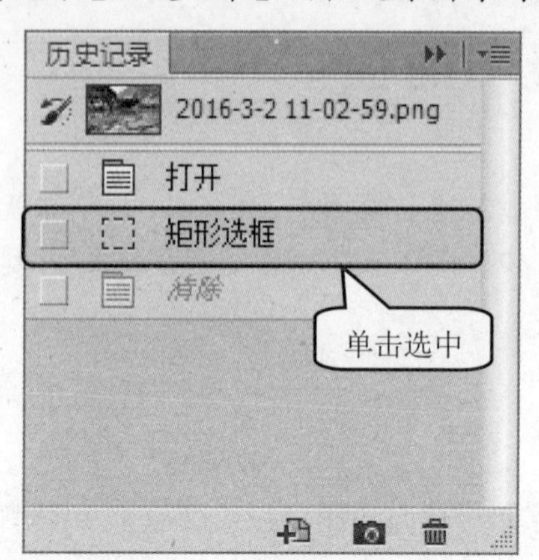

图 3-11

图 3-12

3.3.3 用快照还原图像

【历史记录】面板只能记录 20 步操作，但是如果使用画笔工具、涂抹工具等绘画工具编辑图像时，每单击一次鼠标，Photoshop 就会自动记录 1 个操作步骤，这样势必会出现历史记录不够用的情况。此时用户可以使用【创建新快照】按钮来保存当前绘制效果。下面详细介绍用快照还原图像的方法。

第 1 步 在 Photoshop CC 中使用钢笔工具绘制图形，打开【历史记录】面板，在【历史记录】面板中单击【创建新快照】按钮，如图 3-13 所示。

第 2 步 通过以上方法即可完成用快照还原图像的操作，如图 3-14 所示。

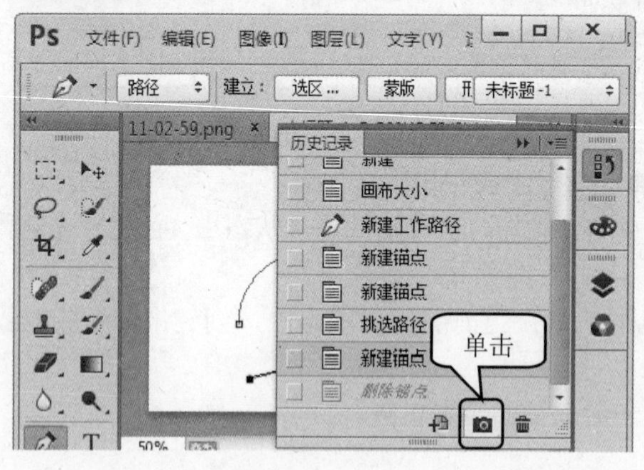

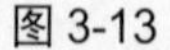

图 3-13

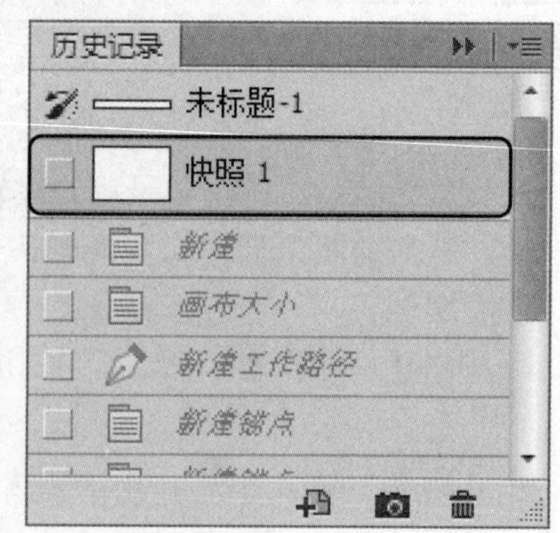

图 3-14

3.4 剪切、拷贝和粘贴图像

在 Photoshop CC 中，用户复制图像后，可以对图像进行剪切、拷贝与合并拷贝、粘贴与选择性粘贴、清除图像等操作。本节将重点介绍剪切与粘贴图像、拷贝与合并拷贝图像以及清除图像的方法。

3.4.1　剪切与粘贴图像

剪切图像是指不保留原有图像，直接将图像从一个位置移动到另一个位置。下面介绍使用剪切与粘贴功能的操作方法。

第 1 步 在 Photoshop CC 中打开图像文件，1. 将需要剪切图像的选区选中，2. 单击【编辑】主菜单，3. 在弹出的下拉菜单中选择【剪切】菜单项，如图 3-15 所示。

第 2 步 图像中被选中的区域已被剪切，1. 再次单击【编辑】主菜单，2. 在弹出的下拉菜单中选择【粘贴】菜单项，如图 3-16 所示。

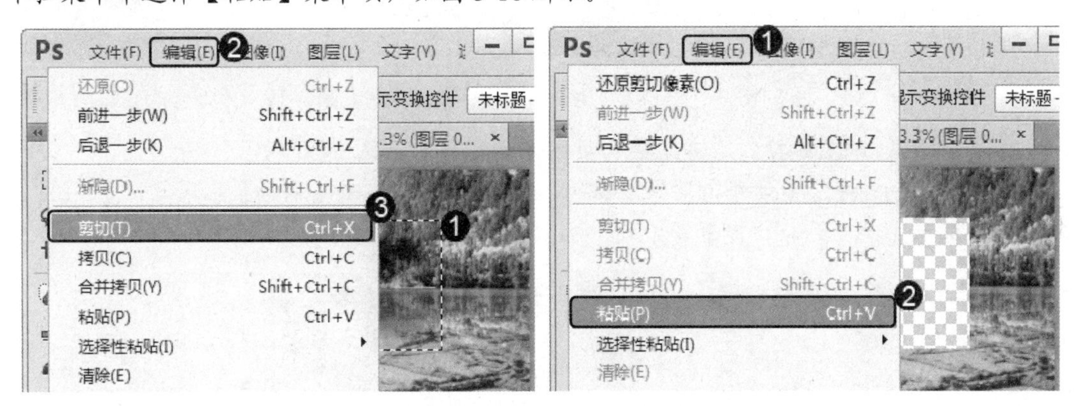

图 3-15　　　　图 3-16

第 3 步 通过上述操作即可完成剪切与粘贴图像的操作，如图 3-17 所示。

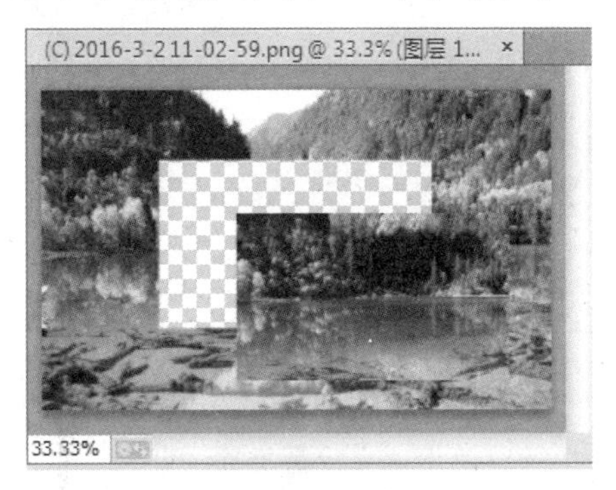

图 3-17

3.4.2　拷贝与合并拷贝图像

拷贝是指在保留原有图像的基础上，创建另一个图像副本。下面介绍使用拷贝功能的操作方法。

第 1 步 在 Photoshop CC 中打开图像文件，1. 将需要拷贝图像的选区选中，2. 单击【编辑】主菜单，3. 在弹出的下拉菜单中选择【拷贝】菜单项，如图 3-18 所示。

第 2 步 图像中被选中的区域已被拷贝，1. 再次单击【编辑】主菜单，2. 在弹出的下拉菜单中选择【粘贴】菜单项，如图 3-19 所示。

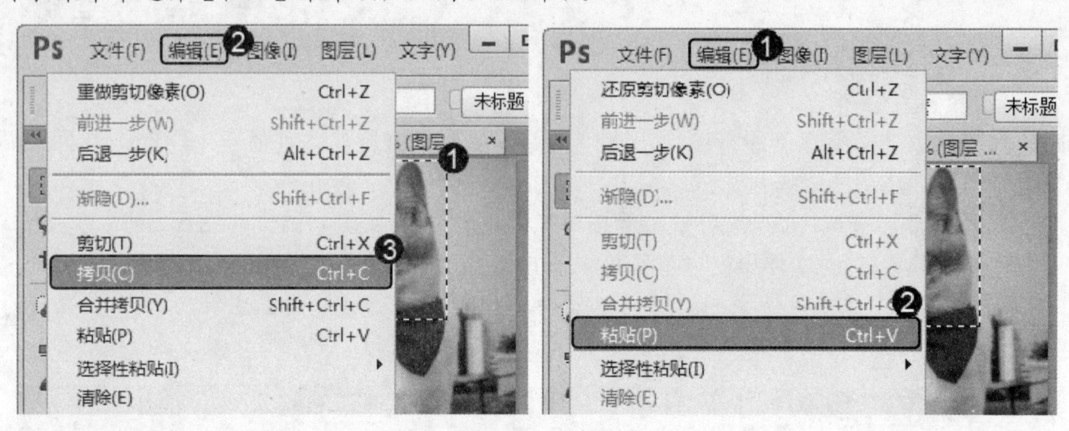

图 3-18　　　　图 3-19

第 3 步　通过上述操作即可完成拷贝图像的操作，如图 3-20 所示。

第 4 步　*1.* 将需要合并拷贝的图像的选区选中，*2.* 单击【编辑】主菜单，*3.* 在弹出的下拉菜单中选择【合并拷贝】菜单项，如图 3-21 所示。

图 3-20　　　　图 3-21

第 5 步　此时，图像已经合并拷贝到剪贴板中，通过以上方法即可完成合并拷贝图像的操作，如图 3-22 所示。

图 3-22

3.4.3　清除图像

在 Photoshop CC 中，用户可以快速将不再准备使用的图像区域清除。下面介绍清除图像的方法。

第 1 步　1. 在 Photoshop CC 中选中准备清除的图像选区，2. 单击【编辑】主菜单，3. 在弹出的下拉菜单中选择【清除】菜单项，如图 3-23 所示。

第 2 步　通过以上方法即可完成清除图像的操作，如图 3-24 所示。

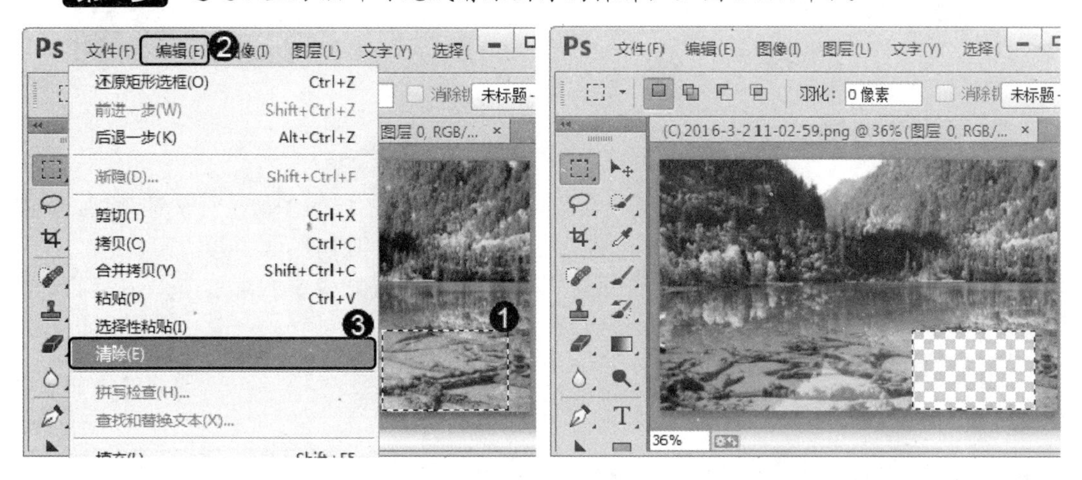

图 3-23　　　　图 3-24

3.5　裁剪和裁切图像

在 Photoshop CC 中，用户可以根据图像编辑操作的需要，对图像素材进行裁剪，以便对图像的尺寸进行精确设置。裁剪图像文件包括裁剪工具、裁切工具等。本节将重点介绍裁剪图像与裁切图像方面的知识。

3.5.1　裁剪图像

在 Photoshop CC 中，用户运用裁剪工具可以对图像进行裁剪。下面介绍运用裁剪工具裁剪图像的方法。

第 1 步　在 Photoshop CC 中打开图像文件，1. 在左侧的【工具箱】中单击【裁剪工具】按钮，2. 在【裁剪】工具选项栏中，设置裁剪的高度值和宽度值，3. 在文档窗口中绘制出裁剪区域，然后按 Enter 键，如图 3-25 所示。

第 2 步　在文档窗口中，图像已经按照设定的尺寸进行裁剪，通过以上操作方法即可完成裁剪图像的操作，如图 3-26 所示。

图 3-25

图 3-26

3.5.2 裁切图像

在 Photoshop CC 中，【裁切】菜单项可以对没有背景图层的图像进行快速裁切，这样可以将图像中的透明区域清除。下面介绍用【裁切】菜单项裁切图像的方法。

第 1 步 在 Photoshop CC 中打开图像文件，**1.** 单击【图像】主菜单，**2.** 在弹出的下拉菜单中选择【裁切】菜单项，如图 3-27 所示。

第 2 步 弹出【裁切】对话框，**1.** 选中【透明像素】单选按钮，**2.** 单击【确定】按钮，如图 3-28 所示。

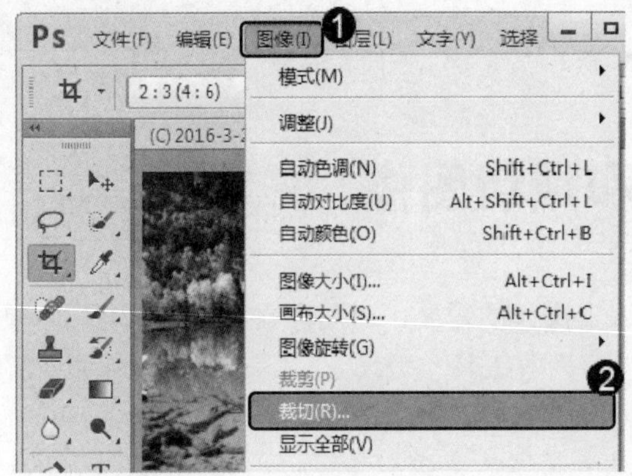

图 3-27

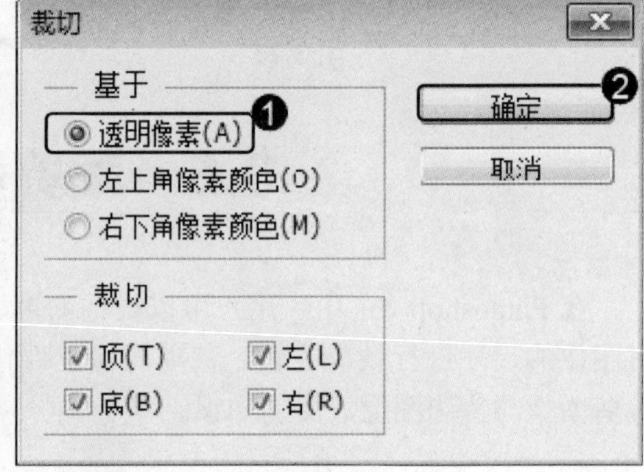

图 3-28

第 3 步 通过以上方法即可完成裁切图像的操作，如图 3-29 所示。

图 3-29

3.6　图像的变换与变形操作

在 Photoshop CC 中，图像的变换与变形包括旋转、移动、斜切、扭曲、透视变换等功能。本节将重点介绍图像变换与变形操作方面的知识。

3.6.1　定界框、中心点和控制点

在 Photoshop CC 中，单击【编辑】主菜单，在弹出的下拉菜单中选择【自由变换】菜单项，可以对当前图像进行变换操作；按 Ctrl+T 组合键也可以实现自由变换的操作。当执行【自由变换】命令时，当前图像对象会显示出定界框、中心点和控制点。下面介绍定界框、中心点和控制点方面的知识，如图 3-30 所示。

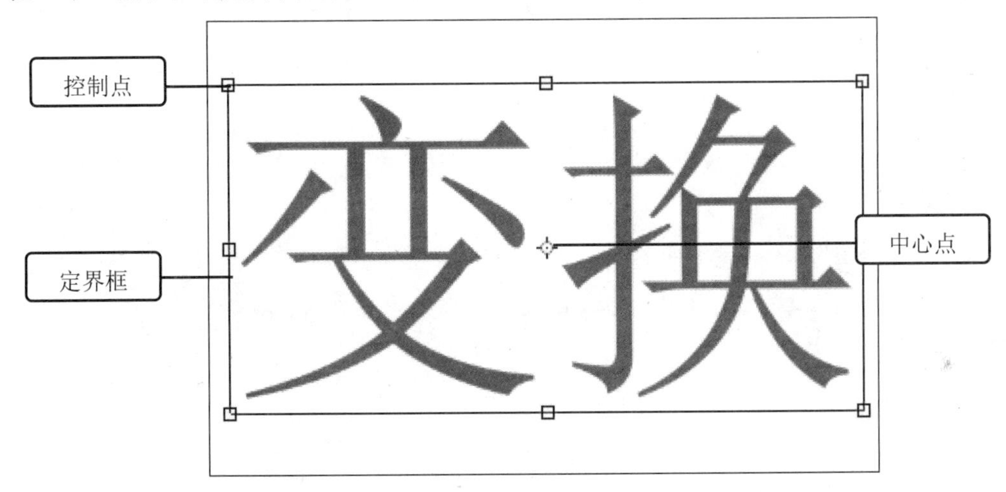

图 3-30

- 定界框：用于区别上、下、左和右各个方向。
- 中心点：位于对象的中心，它用于定义对象的变换中心，拖动中心点可以移动它的位置。
- 控制点：位于图像的四个顶点及定界框中心处，拖动控制点可以改变图像形状。

3.6.2　旋转图像

在 Photoshop CC 中，用户可以使用【旋转】菜单项对图像进行旋转修改，方便绘制图像的需要。下面介绍旋转图像的方法。

第 1 步　在 Photoshop CC 中打开图像文件，选择准备旋转图像的图层，**1.** 单击【编辑】主菜单，**2.** 在弹出的下拉菜单中选择【自由变换】菜单项，如图 3-31 所示。

第 2 步　图像上出现定界框、中心点和控制点，右键单击图像文件，在弹出的快捷菜单中选择【旋转】菜单项，如图 3-32 所示。

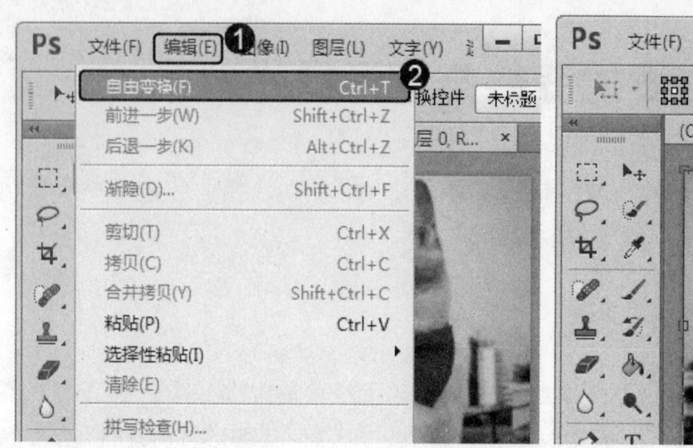

图 3-31

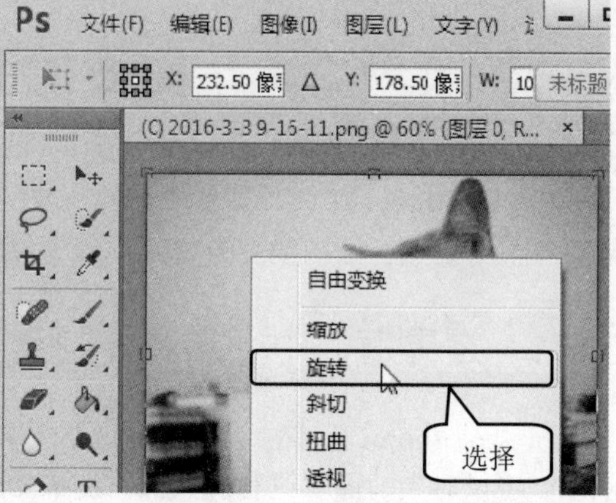

图 3-32

第 3 步 将光标定位在定界框外靠近上方处，当光标变成↰形状时，单击并拖动鼠标对图像进行旋转操作，然后按 Enter 键，如图 3-33 所示。

第 4 步 通过以上方法即可完成旋转图像的操作，如图 3-34 所示。

图 3-33

图 3-34

知识精讲

在对图像进行变换与变形操作之前，需要保证该图像位于选择的图层上，否则将不能进行变换与变形的操作。如果在使用变换功能时，单击选项栏中的【保持长宽比】按钮，则可以等比例缩放图像。

3.6.3 移动图像

移动图像是指移动图层上的图像对象。在进行移动图像操作时，需要先选择移动工具。下面介绍移动图像的操作方法。

第 1 步 在 Photoshop CC 中打开图像文件，在左侧的工具箱中单击【移动工具】按钮

[移动工具图标]，如图 3-35 所示。

第 2 步 单击图像并向右下方拖动鼠标，通过以上操作方法即可完成移动图像的操作，如图 3-36 所示。

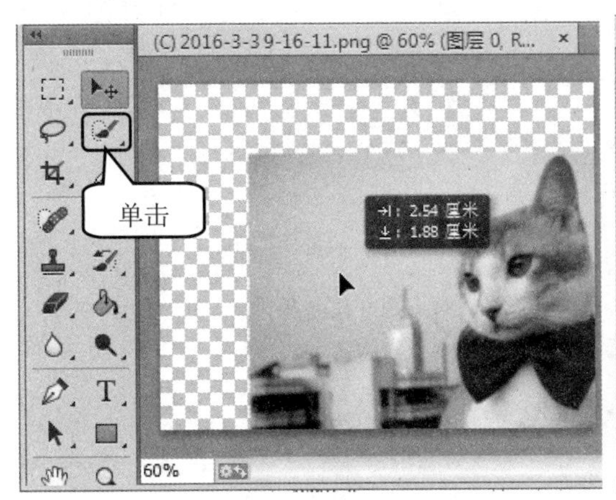

图 3-35

图 3-36

3.6.4　斜切与扭曲图像

用户可以使用【斜切】菜单项对图像进行修改，这样图像可以按照垂直方向或水平方向倾斜；用户还可以使用【扭曲】菜单项对图像进行修改，这样图像可以向各个方向伸展。下面介绍斜切与扭曲图像的操作方法。

第 1 步 在 Photoshop CC 中打开图像文件，按组合键 Ctrl+T，在图像中出现定界框、中心点和控制点，右键单击图像文件，在弹出的快捷菜单中选择【斜切】菜单项，如图 3-37 所示。

第 2 步 将光标定位在控制点上，此时光标变成[斜切光标图标]形状，单击并拖动鼠标对图像进行斜切操作，然后按 Enter 键，如图 3-38 所示。

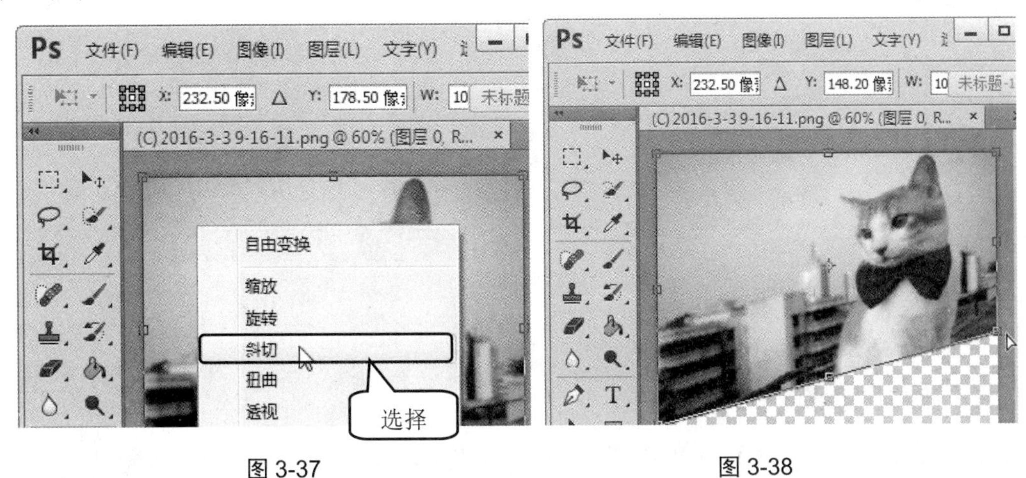

图 3-37　　　　图 3-38

第 3 步 通过以上方法即可完成斜切图像的操作，如图 3-39 所示。

第 4 步 在 Photoshop CC 中打开图像文件，按组合键 Ctrl+T，在图像中出现定界框、中心点和控制点，右键单击图像文件，在弹出的快捷菜单中选择【扭曲】菜单项，如图 3-40 所示。

图 3-39　　　　图 3-40

第 5 步 将光标定位在控制点上，此时光标变成▷形状，单击并向下拖动鼠标对图像进行扭曲操作，然后按 Enter 键，如图 3-41 所示。

第 6 步 通过以上方法即可完成扭曲图像的操作，如图 3-42 所示。

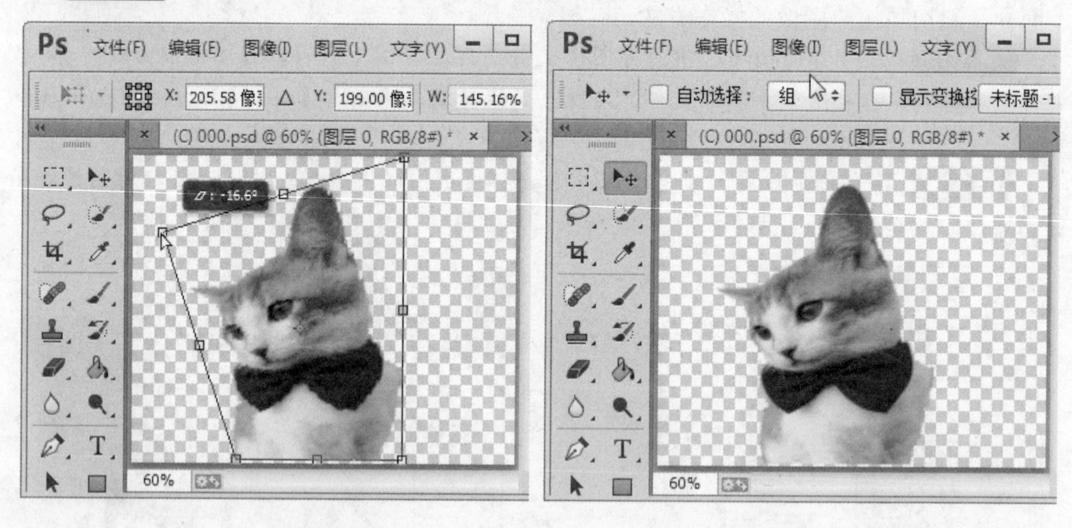

图 3-41　　　　图 3-42

3.6.5 透视变换图像

用户可以使用【透视】菜单项对变换对象应用单点透视。下面详细介绍透视变换的操作方法。

第 1 步 在 Photoshop CC 中打开图像文件，在键盘上按下组合键 Ctrl+T，在图像中出现定界框、中心点和控制点，右键单击图像文件，在弹出的快捷菜单中选择【透视】菜单项，如图 3-43 所示。

第 2 步 将光标定位在控制点上，此时光标变成形状，单击并拖动鼠标对图像进行透视变换操作，然后按 Enter 键，如图 3-44 所示。

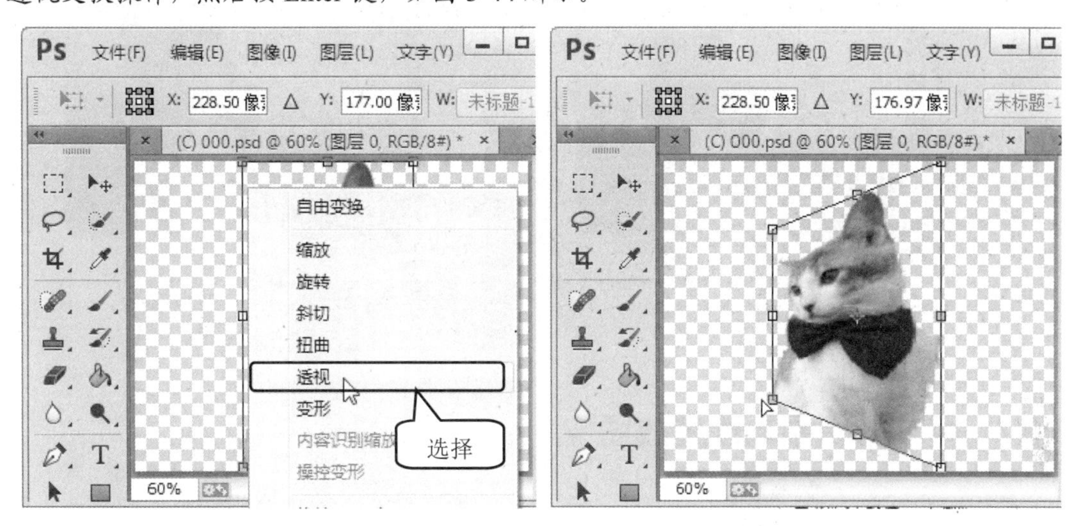

图 3-43　　　　图 3-44

第 3 步 通过以上方法即可完成透视变换图像的操作，如图 3-45 所示。

图 3-45

3.6.6　精确变换图像

用户还可以对输入具体数值图像进行精确变换。对图像进行精确变换的方法非常简单。下面详细介绍对图像进行精确变换的操作方法。

第 1 步 在 Photoshop CC 中打开图像文件，按组合键 Ctrl+T，在图像中出现定界框、中心点和控制点，在工具选项栏的 X 和 Y 文本框中输入数值，如图 3-46 所示。

第 2 步 按 Enter 键，通过以上方法即可完成精确变换图像的操作，如图 3-47 所示。

图 3-46

图 3-47

3.6.7 用内容识别功能缩放图像

使用普通缩放方法，在调整图像大小时会影响所有像素，而内容识别缩放则主要影响没有重要可视内容区域中的像素。例如，可以让画面中的人物、建筑、动物等不出现变形。下面详细介绍用内容识别功能缩放图像的方法。

第 1 步 在 Photoshop CC 中打开图像文件，*1.* 单击【编辑】主菜单，*2.* 在弹出的下拉菜单中选择【内容识别缩放】菜单项，如图 3-48 所示。

第 2 步 在图像中出现定界框、中心点和控制点，可以看到图像中人物变形非常严重，如图 3-49 所示。

图 3-48　　图 3-49

第 3 步 单击工具选项栏中的【保护肤色】按钮，Photoshop 会自动分析图像，尽量避免包含皮肤颜色的区域变形，如图 3-50 所示。

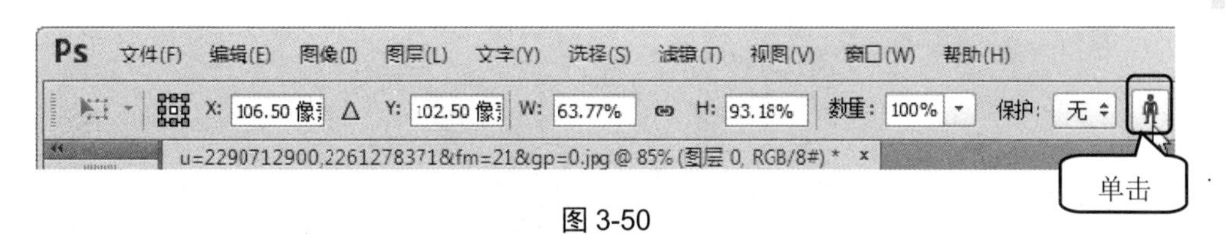

图 3-50

第 4 步 按 Enter 键，此时画面虽然变窄了，但人物比例和结构没有明显的变化，如图 3-51 所示。

图 3-51

3.6.8　操控变形图像

操控变形是非常灵活的变形工具，它可以随意地扭曲特定的图像区域，同时保持其他区域不变。下面详细介绍操控变形的操作方法。

第 1 步 在 Photoshop CC 中打开图像文件，*1.* 单击【编辑】主菜单，*2.* 在弹出的下拉菜单中选择【操控变形】菜单项，如图 3-52 所示。

第 2 步 图像上布满网格，将鼠标移至网格上单击，通过在图像中的关键点上添加“图钉”，可以修改动物的一些动作，如图 3-53 所示。

图 3-52　　　　图 3-53

第 3 步 通过以上步骤即可完成操控变形的操作，如图 3-54 所示。

图 3-54

3.7 实践案例与上机指导

通过本章的学习，读者基本可以掌握图像的基本编辑与操作的知识以及一些常见的操作方法。下面通过练习操作，以达到巩固学习、拓展提高的目的。

3.7.1 变形图像

用户可以使用【变形】菜单项对图像进行修改，这样图像可以按照指定的拉伸方向进行自定义变形操作。下面介绍变形图像的方法。

第 1 步 在 Photoshop CC 中打开图像文件，按组合键 Ctrl+T，在图像中出现定界框、中心点和控制点，右键单击图像文件，在弹出的快捷菜单中选择【变形】菜单项，如图 3-55 所示。

第 2 步 将光标定位在控制点上，此时光标变成▶形状，单击并拖动鼠标对图像进行变形操作，如图 3-56 所示。

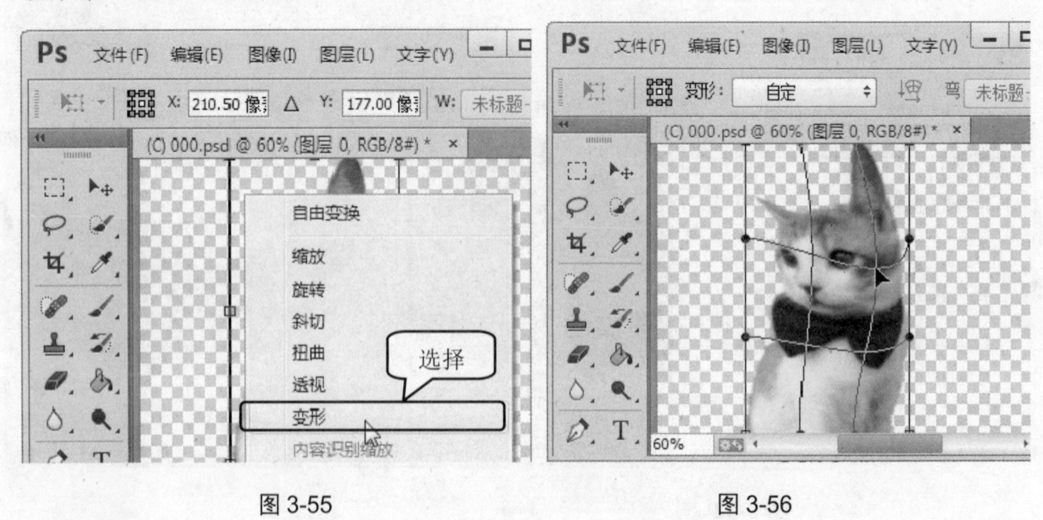

图 3-55　　图 3-56

第 3 步 按 Enter 键，通过以上步骤即可完成变形图像的操作，如图 3-57 所示。

图 3-57

3.7.2　旋转画布

在 Photoshop CC 中，用户可以根据绘制需要对图像进行旋转，制作出倾斜、倒立等效果。下面详细介绍旋转画布的方法。

第 1 步 打开图像文件后，1. 单击【图像】主菜单，2. 在弹出的下拉菜单中选择【图像旋转】菜单项，3. 在弹出的子菜单中选择【任意角度】菜单项，如图 3-58 所示。

第 2 步 弹出【旋转画布】对话框，1. 在【角度】文本框中输入数值，2. 选中【度(逆时针)】单选按钮，3. 单击【确定】按钮，如图 3-59 所示。

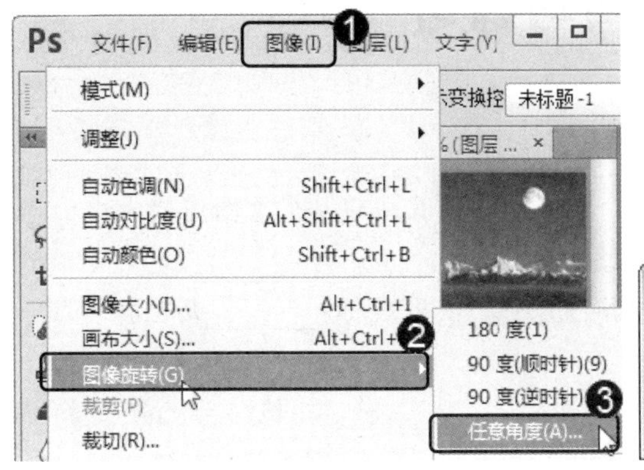

图 3-58

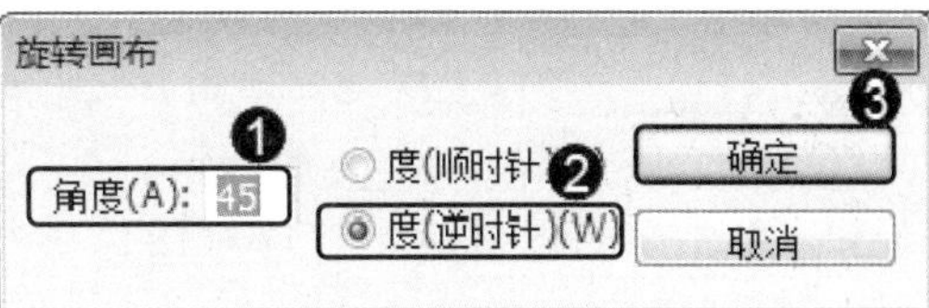

图 3-59

第 3 步 通过以上方法即可完成旋转画布的操作，如图 3-60 所示。

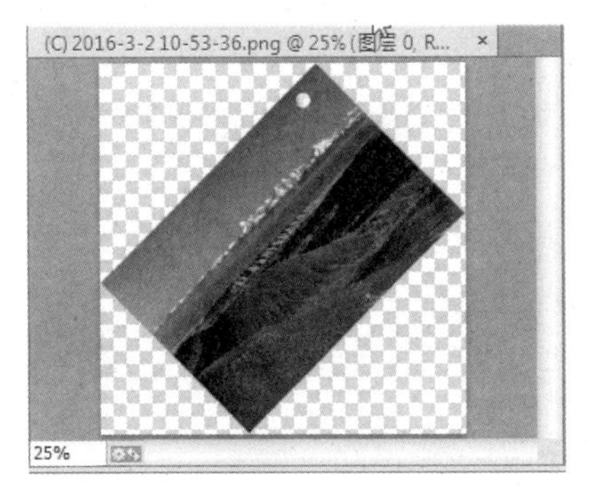

图 3-60

3.7.3 还原上一步骤

在 Photoshop CC 中，用户可以使用【还原旋转画布】菜单项还原上一步操作。下面详细介绍还原上一步骤的操作方法。

第 1 步 打开图像文件后，**1.** 单击【编辑】主菜单，**2.** 在弹出的下拉菜单中选择【还原旋转画布】菜单项，如图 3-61 所示。

第 2 步 通过以上步骤即可完成还原旋转画布的操作，如图 3-62 所示。

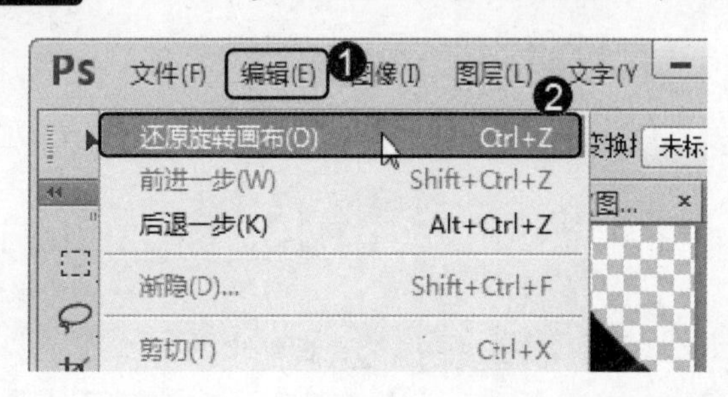

图 3-61

图 3-62

3.8 思考与练习

一、填空题

1. 在 Photoshop CC 中，修改图像________的大小，用户可以更改图像的大小；而修改图像的________，则可以使图像打印时不失真。

2. ________可以直观地显示用户进行的各项操作，使用鼠标________历史操作栏，用户可以回到任何一项________的操作。

3. 用户复制图像后，可以对图像进行________、________、粘贴与选择性粘贴和________等操作。

二、判断题

1. 在 Photoshop CC 中，修改画布大小，用户可以将图像填充至更大的编辑区域中。 ( )

2. 使用历史记录，用户可以快速访问到之前的操作步骤，并修改错误的操作过程。 ( )

3. 剪切是指不保留原有图像，直接将图像从一个位置移动到另一个位置。 ( )

三、思考题

如何移动图像？

第 4 章

图像选区的应用

本章要点

- 认识选区
- 使用内置工具制作选区
- 基于颜色制作选区
- 选区的基本操作
- 编辑选区的操作

本章主要内容

本章主要介绍认识选区、使用内置工具制作选区、基于颜色制作选区、选区的基本操作方面的知识与技巧，同时讲解了编辑选区的操作。在本章的最后还针对实际工作需求，讲解调整边缘、对选区进行填充、对选区进行描边以及取消选区的方法。通过本章的学习，读者可以掌握图像选区的应用方面的知识，为深入学习 Photoshop CC 知识奠定基础。

4.1 认识选区

选区是指通过工具或者命令在图像上创建的选取范围。创建选区轮廓后，用户可以在选区内的区域进行复制、移动、填充、颜色校正等操作。

当在工作图层中对图像的某个区域创建选区后，该区域的像素将会处于被选取状态，此时对该图层进行相应编辑时，被编辑的范围将会只局限于选区内。

在设置选区时，特别要注意 Photoshop 软件是以像素为基础的，而不是以矢量为基础的。所以在使用 Photoshop 软件编辑图像时，画布是以彩色像素或透明像素填充的，如图 4-1 所示。

图 4-1

在 Photoshop CC 中，选区分为普通选区和羽化选区两种。普通选区是指通过魔棒工具、选框工具、套索工具和【色彩范围】菜单项等创建的选区，具有明显的边界，如图 4-2 所示。羽化选区则是将图像中创建的普通选区的边界进行柔化后得到的选区，如图 4-3 所示。应注意的是，根据羽化的数值不同，羽化的效果也不同，一般羽化的数值越大，其羽化的范围也越大。

图 4-2

图 4-3

4.2　使用内置工具制作选区

Photoshop 中包含多种方便快捷的选区工具组，包括选框工具组、套索工具组、魔棒与快速选择工具组，每个工具组中又包含多种工具。本节将详细介绍使用内置工具制作选区的方法。

4.2.1　使矩形选框工具制作选区

在 Photoshop CC 中，用户可以使用工具箱中的矩形选框工具，在图像上选取矩形或正方形区域。下面介绍使用矩形选框工具的方法。

第 1 步 在 Photoshop CC 中打开图像文件，1. 在左侧的工具箱中单击【矩形选框工具】按钮，2. 当鼠标指针变成十后，单击并拖动鼠标指针选取准备选择的区域，如图 4-4 所示。

第 2 步 通过以上方法即可完成创建矩形选区的操作，如图 4-5 所示。

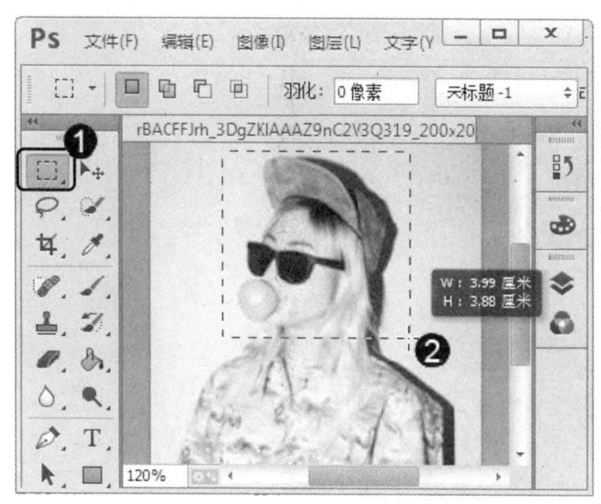

图 4-4

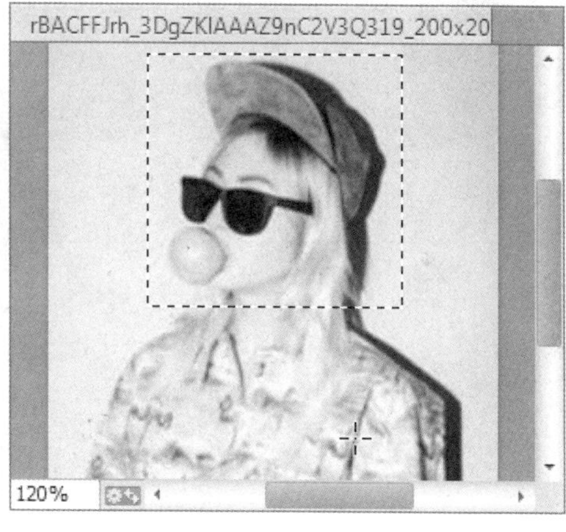

图 4-5

知识精讲

在工具箱中选择矩形选框工具后，按住 Shift 键，在文档的窗口中拖动鼠标可以绘制出正方形选区。

4.2.2　使用椭圆选框工具制作选区

在 Photoshop CC 中，用户可以使用工具箱中的椭圆选框工具，在图像中选取椭圆形或正圆形区域。下面介绍使用椭圆选框工具制作选区的方法。

第 1 步 在 Photoshop CC 中打开图像文件，在左侧的工具箱中单击【矩形选框工具】

按钮[ ]，在弹出的下拉菜单中选择【椭圆选框工具】菜单项，如图 4-6 所示。

第 2 步 当鼠标指针变成十后，单击并拖动鼠标指针选取准备选择的区域，如图 4-7 所示。

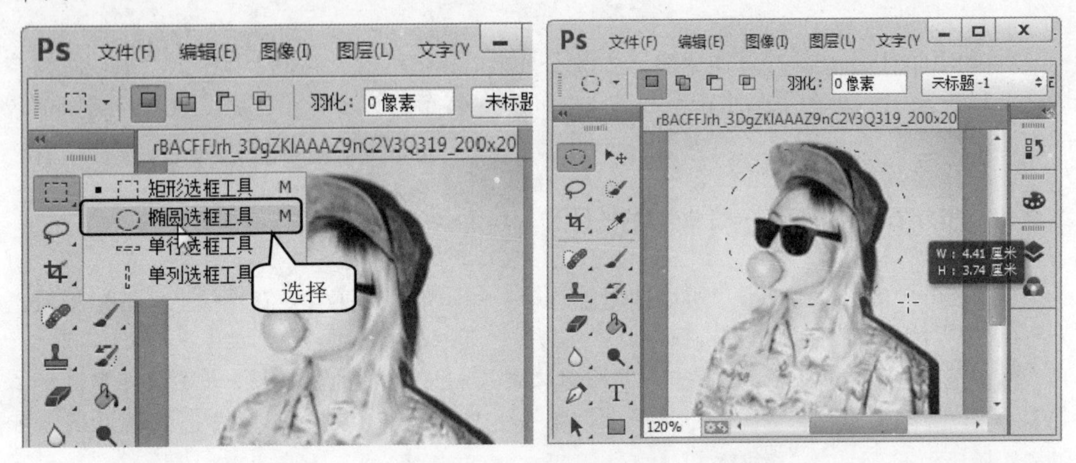

图 4-6　　　　图 4-7

第 3 步 通过以上方法即可完成创建椭圆选区的操作，如图 4-8 所示。

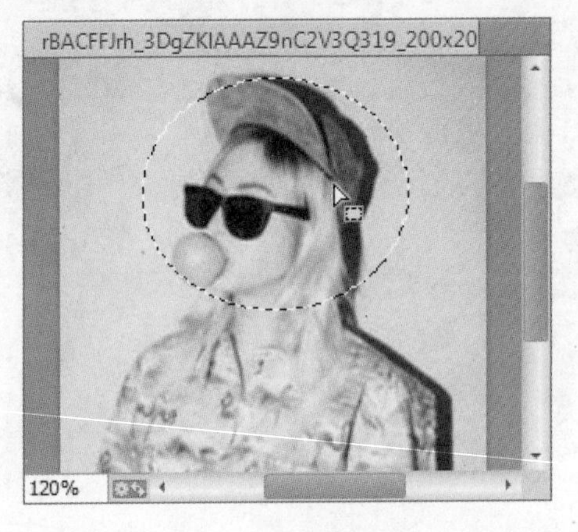

图 4-8

知识精讲

在工具箱中选择椭圆选框工具后，按住 Shift 键，在文档窗口中拖动鼠标可以绘制出正圆选区。

4.2.3 使用单行选框工具制作选区

在 Photoshop CC 中，用户可以使用单行选框工具创建一个像素的图像，同时用户可以进行多次选取。下面介绍运用单行选框工具制作选区的方法。

第 1 步 在 Photoshop CC 中打开图像文件，在左侧的工具箱中单击【矩形选框工具】

按钮[⬚]，在弹出的下拉菜单中选择【单行选框工具】菜单项，如图 4-9 所示。

第 2 步 在图像中单击并拖动鼠标，通过以上方法即可完成运用单行选框工具创建选区的操作，如图 4-10 所示。

图 4-9

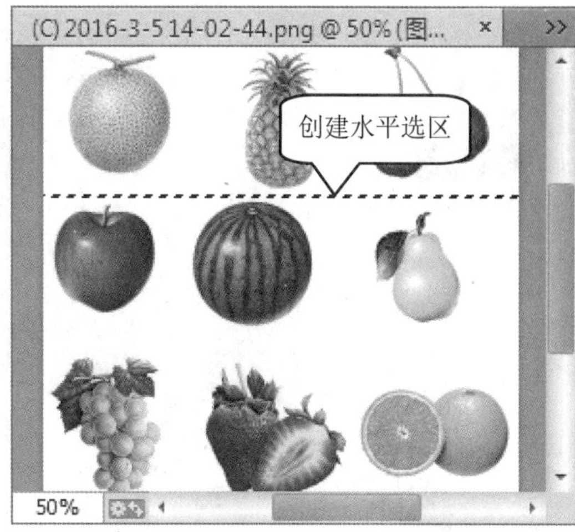

图 4-10

4.2.4　使用单列选框工具制作选区

在 Photoshop CC 中，用户还可以使用单列选框工具创建一个像素的图像，同时用户可以进行多次选取。下面介绍运用单列选框工具创建垂直选区的操作方法。

第 1 步 在 Photoshop CC 中打开图像文件，在左侧的工具箱中单击【矩形选框工具】按钮[⬚]，在弹出的下拉菜单中选择【单列选框工具】菜单项，如图 4-11 所示。

第 2 步 在图像中单击并拖动鼠标，通过以上方法即可完成运用单列选框工具创建选区的操作，如图 4-12 所示。

图 4-11

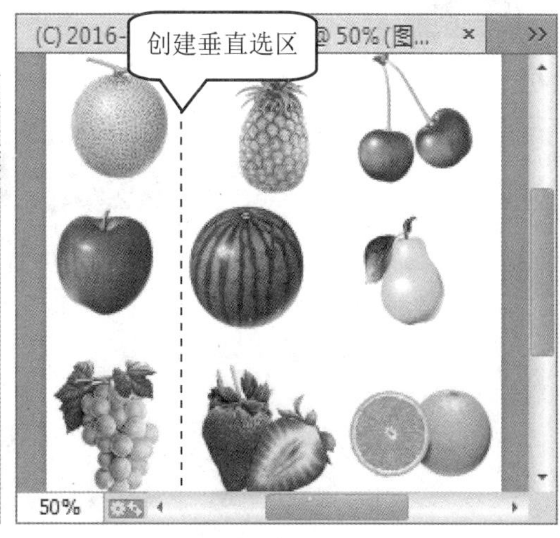

图 4-12

4.2.5 使用套索工具制作选区

在 Photoshop CC 中使用套索工具时，用户释放鼠标后起点和终点处自动连接一条直线，这样可以创建不规则选区。下面介绍运用套索工具创建不规则选区的方法。

第 1 步 在 Photoshop CC 中打开图像文件，1. 在工具箱中单击【套索工具】按钮，2. 当鼠标指针变为形状时，在文档窗口中单击并拖动鼠标左键绘制选区，如图 4-13 所示。

第 2 步 到达目标位置后释放鼠标左键，通过以上方法即可完成运用套索工具制作选区的操作，如图 4-14 所示。

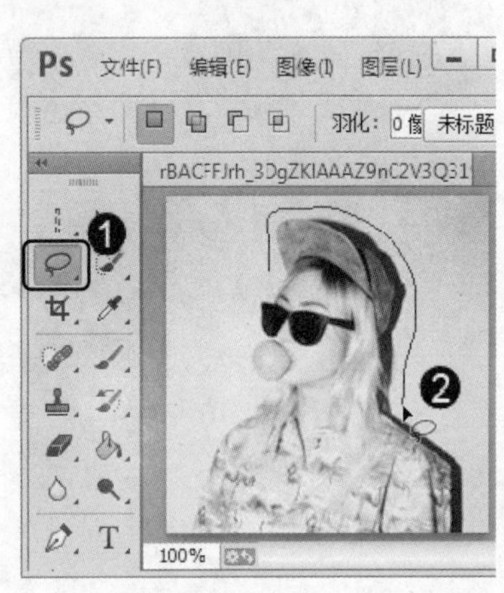

图 4-13

图 4-14

4.2.6 使用多边形套索工具制作选区

在 Photoshop CC 中使用多边形套索工具，用户可以选择具有棱角的图形，选择结束后双击即可与起点相连形成选区。下面介绍运用多边形套索工具制作选区的方法。

第 1 步 在 Photoshop CC 中打开图像文件，在左侧的工具箱中单击【套索工具】按钮，在弹出的下拉菜单中选择【多边形套索工具】菜单项，如图 4-15 所示。

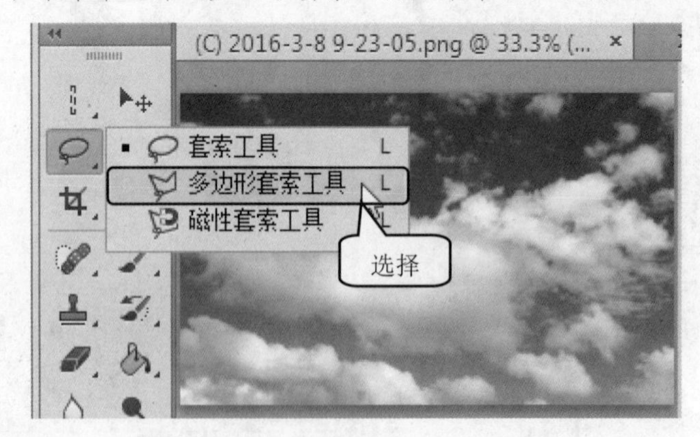

图 4-15

第 2 步 当鼠标指针变为形状时，在文档窗口中单击并拖动鼠标左键绘制选区，到达目标位置后释放鼠标左键。通过以上方法即可完成运用多边形套索工具制作选区的操作，如图 4-16 所示。

图 4-16

4.3 基于颜色制作选区

如果需要选择的对象与背景之间的色调差异比较明显，使用磁性套索工具、快速选择工具、魔棒工具和【色彩范围】菜单项可以快速地将对象分离出来。本节将详细介绍基于颜色选区的操作方法。

4.3.1 使用磁性套索工具制作选区

在 Photoshop CC 中，如果图像与背景对比明显，同时图像的边缘清晰，用户可以使用磁性套索工具快速选取图像选区。下面介绍运用磁性套索工具创建选区的方法。

第 1 步 在 Photoshop CC 中打开图像文件，在左侧的工具箱中单击【套索工具】按钮，在弹出的下拉菜单中选择【磁性套索工具】按钮，如图 4-17 所示。

第 2 步 当鼠标指针变为形状时，在文档窗口中单击并拖动鼠标左键沿着图像边缘绘制选区，如图 4-18 所示。

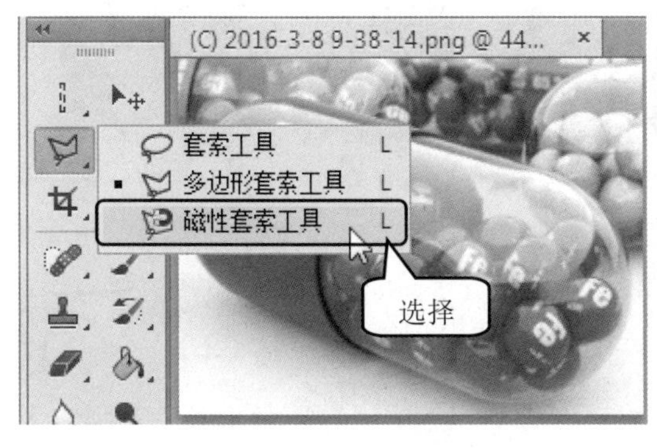

图 4-17

图 4-18

第 3 步 到达目标位置后释放鼠标左键，通过以上方法即可完成运用磁性套索工具创建选区的操作，如图 4-19 所示。

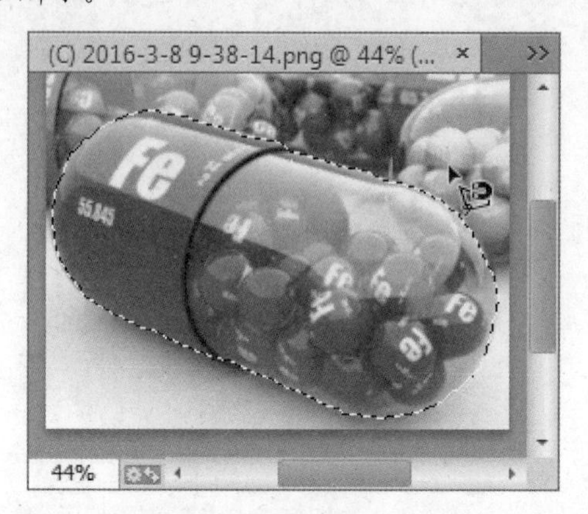

图 4-19

4.3.2 使用快速选择工具制作选区

在 Photoshop CC 中使用快速选择工具，用户可以通过画笔笔尖接触图形，自动查找图像边缘。下面介绍运用快速选择工具创建选区的方法。

第 1 步 在 Photoshop CC 中打开图像文件，在工具箱中单击【快速选择工具】按钮，如图 4-20 所示。

第 2 步 当鼠标指针变成⊕后，在文档窗口中单击并拖动鼠标指针选取所需选区，然后释放鼠标。通过以上方法即可完成运用快速选择工具创建选区的操作，如图 4-21 所示。

图 4-20

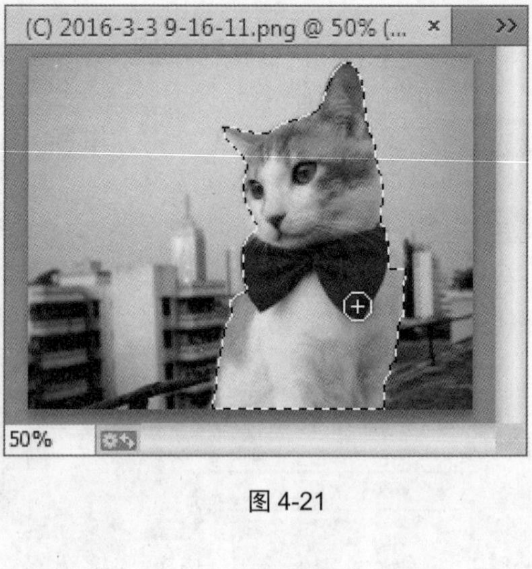

(C) 2016-3-3 9-16-11.png @ 50% (...

50%

图 4-21

4.3.3 使用魔棒工具制作选区

在 Photoshop CC 中，使用魔棒工具可以选取颜色相近的区域，对于颜色差别较大的图像，可以使用该工具创建选区。下面介绍运用魔棒工具创建选区的方法。

第 1 步 在 Photoshop CC 中打开图像文件，**1.** 在工具箱中单击【魔棒工具】按钮，**2.** 在魔棒工具选项栏中单击【添加到选区】按钮，如图 4-22 所示。

第 2 步　当鼠标指针变成后，在准备选择的图像上连续单击鼠标指针，绘制所需要的选区。通过以上方法即可完成运用魔棒工具创建颜色相近选区的操作，如图 4-23 所示。

图 4-22

图 4-23

4.3.4　使用【色彩范围】菜单项制作选区

使用【色彩范围】菜单项，用户可以快速选取颜色相近的选区。【色彩范围】菜单项的工作原理与魔棒工具的原理相似。下面介绍运用【色彩范围】菜单项自定义颜色选区的方法。

第 1 步　在 Photoshop CC 中打开图像文件，1. 单击【选择】主菜单，2. 在弹出的下拉菜单中选择【色彩范围】菜单项，如图 4-24 所示。

第 2 步　弹出【色彩范围】对话框，1. 在【颜色容差】文本框中输入数值，2. 单击【添加到取样】按钮，3. 在预览图中单击准备选取的图形，4. 单击【确定】按钮，如图 4-25 所示。

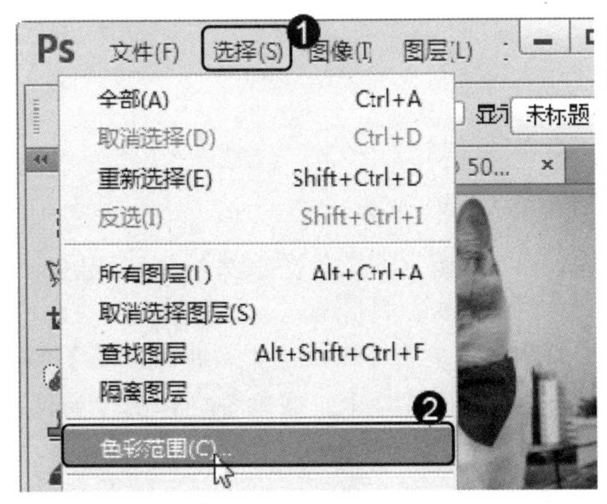

图 4-24

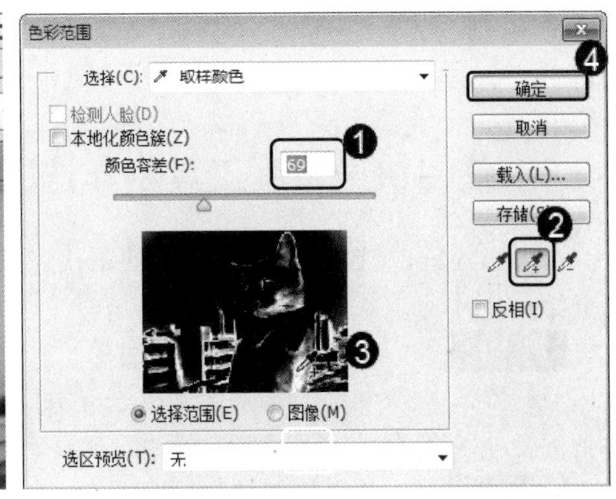

图 4-25

第 3 步　通过以上方法即可完成运用【色彩范围】菜单项制作选区的操作，如图 4-26 所示。

图 4-26

4.3.5 使用【磁性钢笔工具】制作选区

在工具箱中选中自由钢笔工具，然后在【自由钢笔工具】选项栏中勾选【磁性的】复选框，自由钢笔工具将切换为磁性钢笔工具，如图 4-27 所示。使用磁性钢笔工具可以像磁性套索工具一样快速地勾勒出对象的轮廓。

图 4-27

4.3.6 使用快速蒙版工具制作选区

在 Photoshop CC 中，用户可以使用快速蒙版工具在指定的图像区域涂抹创建选区。下面介绍使用快速蒙版工具创建选区的方法。

第 1 步 打开准备创建选区的图像，**1.** 在工具箱中单击【以快速蒙版模式编辑】按钮，**2.** 在工具箱中单击【画笔工具】按钮，**3.** 在文档窗口中，在准备创建图像的区域使用画笔工具在图像上进行涂抹操作，涂抹的区域将以红色的蒙版来显示，如图 4-28 所示。

第 2 步 在指定的图像区域中进行涂抹操作后，**1.** 在工具箱中再次单击【以快速蒙版模式编辑】按钮，退出快速蒙版模式。**2.** 返回到文档窗口中，选区已经创建好。通过以上方法即可完成使用快速蒙版工具创建选区的操作，如图 4-29 所示。

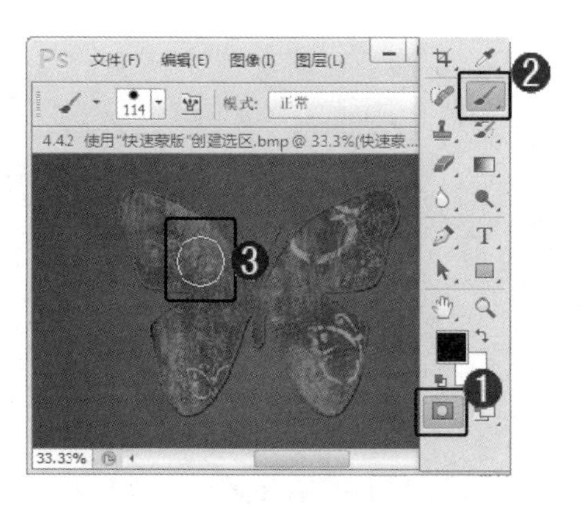

图 4-28

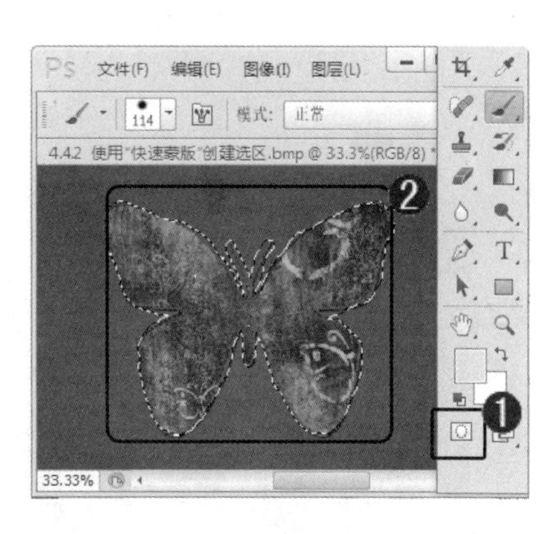

图 4-29

4.4　选区的基本操作

在 Photoshop CC 中，用户可以对创建的选区进行反选选区、取消选择与重新选择、选区的运算和移动选区等操作。本节将介绍选区基本操作方面的知识。

4.4.1　选区的运算

在 Photoshop CC 中，用户可以对已经创建的选区进行添加到选区和从选区减去等操作。下面详细介绍选区运算方面的知识。

1. 添加到选区

在 Photoshop CC 中，用户可以运用【添加到选区】按钮来添加选区。下面介绍运用【添加到选区】按钮添加选区的方法。

第 1 步 在 Photoshop CC 中打开一张图像，*1.* 在工具箱中单击【矩形选框工具】按钮，*2.* 在文档窗口中创建一个矩形选框，如图 4-30 所示。

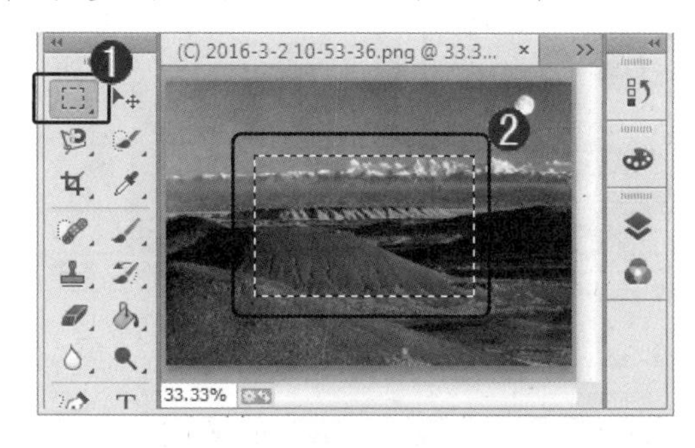

图 4-30

第 2 步 创建选区后，*1.* 在选框工具选项栏中单击【添加到选区】按钮，*2.* 当鼠标指针变为十形状时，在图像上再次绘制一个选区，如图 4-31 所示。

第 3 步 通过以上方法即可完成添加到选区的操作，如图 4-32 所示。

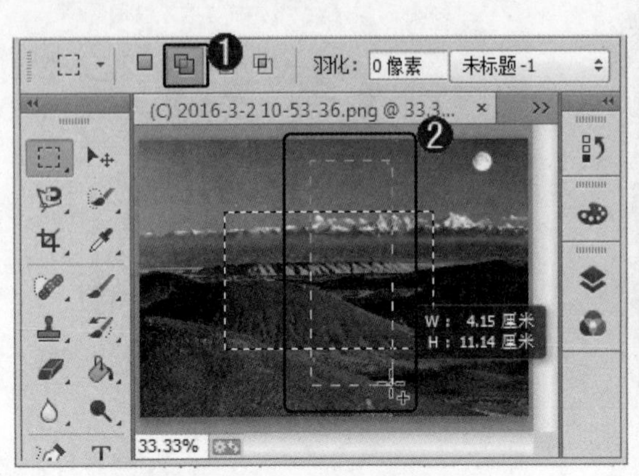

图 4-31

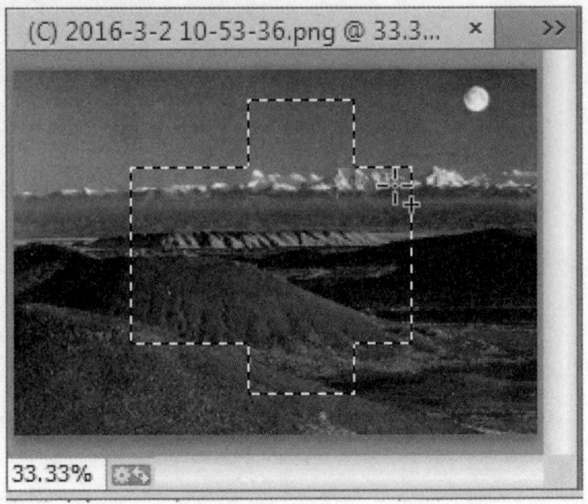

图 4-32

2. 从选区减去

在 Photoshop CC 中，用户可以运用【从选区减去】按钮来减去选区，这样可以减少所需的选取区域。下面介绍运用【从选区减去】按钮减去选区的操作方法。

第 1 步 在 Photoshop CC 中打开一张图像，1. 在工具箱中单击【椭圆选框工具】按钮，2. 在文档窗口中创建一个椭圆选框，如图 4-33 所示。

第 2 步 创建选区后，1. 在选框工具选项栏中单击【从选区减去】按钮，2. 当鼠标指针变为十_形状时，在图像上再次绘制一个椭圆选区，如图 4-34 所示。

图 4-33

图 4-34

第 3 步 通过以上方法即可完成从选区减去的操作，如图 4-35 所示。

图 4-35

4.4.2　全选与反选

在 Photoshop CC 中，将图片全部选中和反选的方法非常简单。下面详细介绍全选与反选的操作方法。

第 1 步 在 Photoshop CC 中打开一张图像，**1.** 单击【选择】主菜单，**2.** 在弹出的下拉菜单中选择【全部】菜单项，如图 4-36 所示。

第 2 步 完成全选的操作，如图 4-37 所示。

图 4-36　　　　图 4-37

第 3 步 在 Photoshop CC 中打开一张图像，在图像中创建选区，**1.** 单击【选择】主菜单，**2.** 在弹出的下拉菜单中选择【反选】菜单项。如图 4-38 所示。

第 4 步 完成全选的操作，如图 4-39 所示。

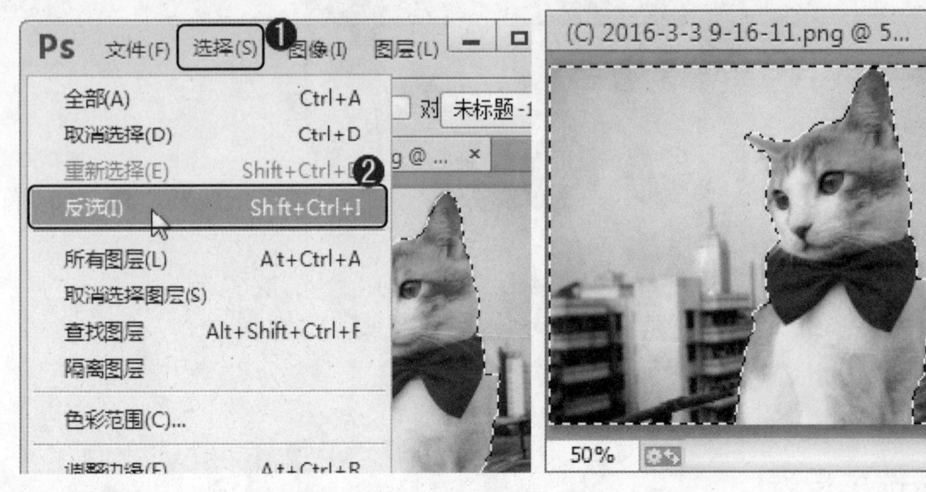

图 4-38　　图 4-39

4.4.3　移动选区

创建选区后，用户可以将创建的选区移动到指定的位置，方便用户进一步的操作。下面介绍移动选区的方法。

第 1 步　在图像中创建选区，*1.* 在工具箱中单击【套索工具】按钮，*2.* 在工具选项栏中单击【新选区】按钮，*3.* 将鼠标指针移动至选区内部，当鼠标指针变为后，拖动鼠标至目标位置，如图 4-40 所示。

第 2 步　释放鼠标，通过以上方法即可完成移动选区的操作，如图 4-41 所示。

图 4-40　　图 4-41

4.4.4　变换选区

在 Photoshop CC 中，创建选区后，用户可以对创建的选区进行变换操作。下面介绍变换选区的方法。

第 1 步 在图像文件中创建选区，*1.* 单击【选择】主菜单，*2.* 在弹出的下拉菜单中选择【变换选区】菜单项，如图 4-42 所示。

第 2 步 在文档窗口中出现定界框，当鼠标指针变为 ↰ 后，拖动控制点对选区进行旋转操作，然后按 Enter 键，如图 4-43 所示。

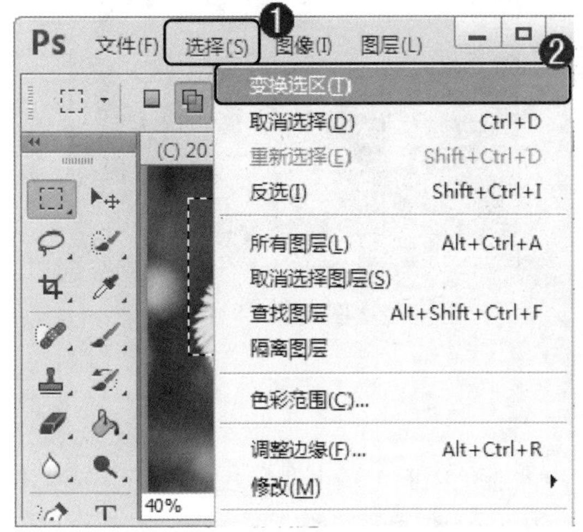

图 4-42

图 4-43

第 3 步 通过以上方法即可完成变换选区的操作，如图 4-44 所示。

图 4-44

4.4.5　隐藏与显示选区

如果要用画笔绘制选区边缘的图像，或者对选中的图像应用滤镜，将选区隐藏之后，可以更清楚地看到选区边缘图像的变化情况。下面详细介绍隐藏与显示选区的方法。

第 1 步 在图像文件中创建选区，*1.* 单击【视图】主菜单，*2.* 在弹出的下拉菜单中选择【显示】菜单项，*3.* 在弹出的子菜单中选择【选区边缘】菜单项，如图 4-45 所示。

第 2 步 通过以上步骤即可隐藏选区，如图 4-46 所示。

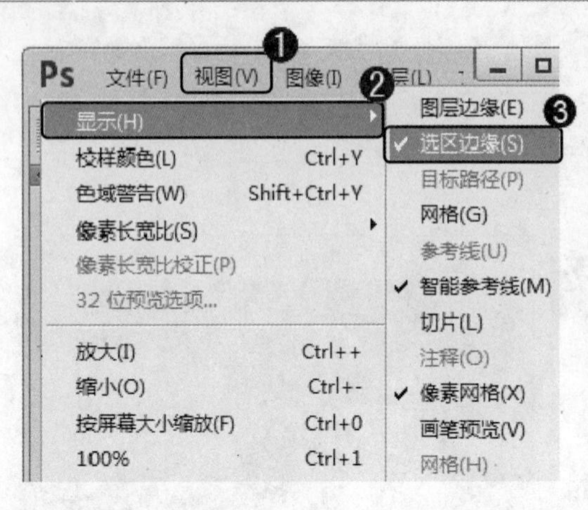

图 4-45

图 4-46

4.4.6 存储选区

有一些复杂的图像制作需要花费大量时间，为避免因断电或其他原因造成劳动成果付诸东流，应及时保存选区，同时也会为以后的使用和修改带来方便。下面详细介绍存储选区的操作方法。

第 1 步 完成对选区的操作后，1. 单击【选择】主菜单，2. 在弹出的下拉菜单中选择【存储选区】菜单项，如图 4-47 所示。

第 2 步 打开【存储选区】对话框，1. 在【名称】文本框中输入名称，2.单击【确定】按钮，即可完成存储选区的操作，如图 4-48 所示。

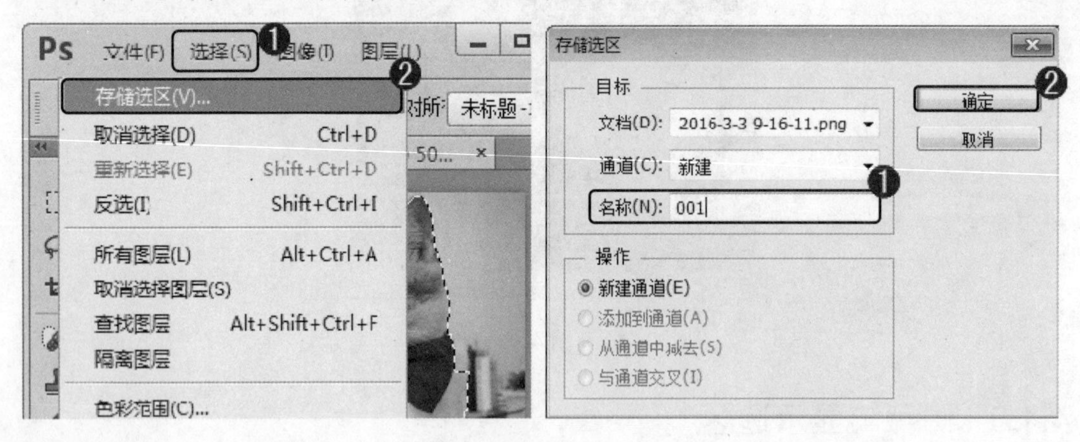

图 4-47

图 4-48

4.4.7 载入选区

用户也可以将选区加载到 Photoshop CC 中，载入选区的方法非常简单。下面详细介绍载入选区的操作方法。

第 1 步 在 Photoshop CC 中打开图像文件，1. 单击【选择】主菜单，2. 在弹出的下拉菜单中选择【载入选区】菜单项，如图 4-49 所示。

第 2 步 打开【载入选区】对话框，单击【确定】按钮即可载入选区，如图 4-50 所示。

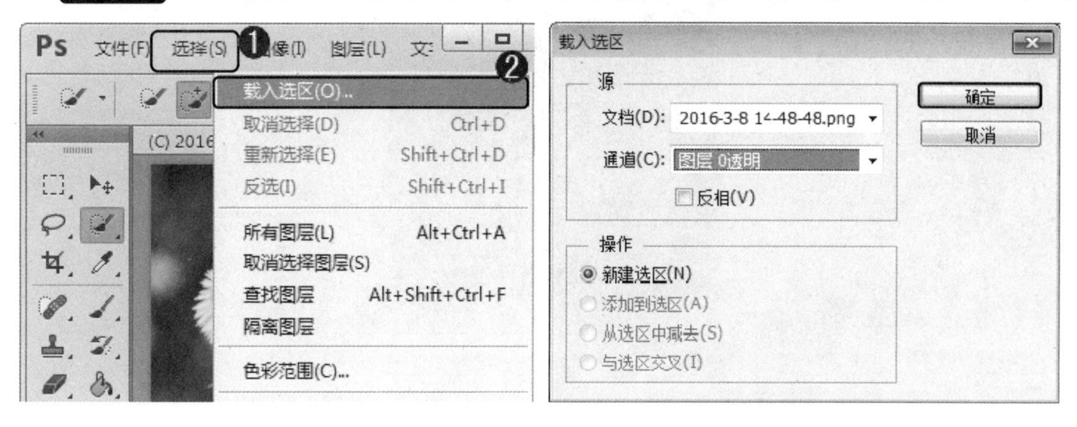

图 4-49　　　　图 4-50

4.5 编辑选区的操作

在 Photoshop CC 中创建选区后，用户可以对选区进行调整边缘、平滑选区、扩展选区、收缩选区、编辑选区、羽化选区等操作。本节将重点介绍选区编辑操作方面的知识。

4.5.1 平滑选区

在 Photoshop CC 中，使用平滑选区功能，用户可以将所创建选区中生硬的边缘变得平滑顺畅，使选区中的图像更加美观。下面介绍平滑选区的方法。

第 1 步 在图像中创建一个选区，1. 单击【选择】主菜单，2. 在弹出的下拉菜单中选择【修改】菜单项，3. 在弹出的子菜单中选择【平滑】菜单项，如图 4-51 所示。

第 2 步 弹出【平滑选区】对话框，1. 在【取样半径】文本框中输入半径数值，2. 单击【确定】按钮，如图 4-52 所示。

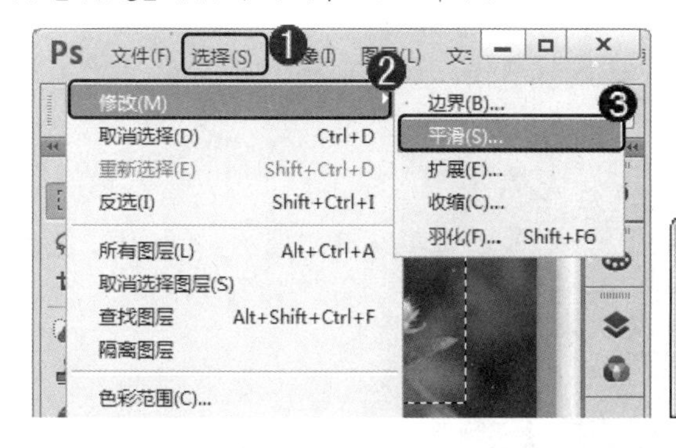

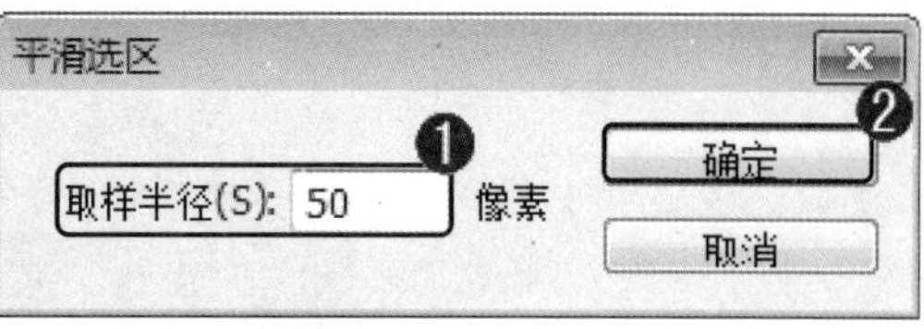

图 4-51　　　　图 4-52

第 3 步 通过以上方法即可完成平滑选区的操作，如图 4-53 所示。

图 4-53

4.5.2 创建边界选区

在 Photoshop CC 中，边界选区是将设置的像素值同时向选区内部和外部扩展所得到的区域。下面介绍创建边界选区的方法。

第 1 步 在图像中创建一个选区，1. 单击【选择】主菜单，2. 在弹出的下拉菜单中选择【修改】菜单项，3. 在弹出的子菜单中选择【边界】菜单项，如图 4-54 所示。

第 2 步 弹出【边界选区】对话框，1. 在【宽度】文本框中输入边界宽度数值，2. 单击【确定】按钮，如图 4-55 所示。

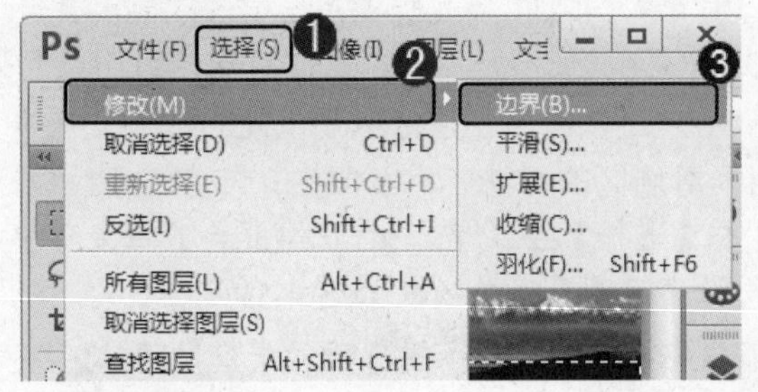

图 4-54

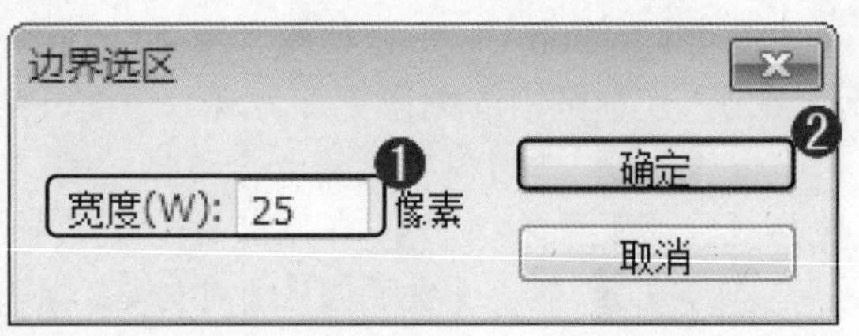

图 4-55

第 3 步 通过以上方法即可完成创建边界选区的操作，如图 4-56 所示。

图 4-56

4.5.3　扩展与收缩选区

在 Photoshop CC 中，使用扩展选区的功能，用户可以将创建的选区范围按照输入的数值扩展。下面介绍扩展选区的操作方法。

第 1 步 在图像中创建一个选区，1. 单击【选择】主菜单，2. 在弹出的下拉菜单中选择【修改】菜单项，3. 在弹出的子菜单中选择【扩展】菜单项，如图 4-57 所示。

第 2 步 弹出【扩展选区】对话框，1. 在【扩展量】文本框中输入半径数值，2. 单击【确定】按钮，如图 4-58 所示。

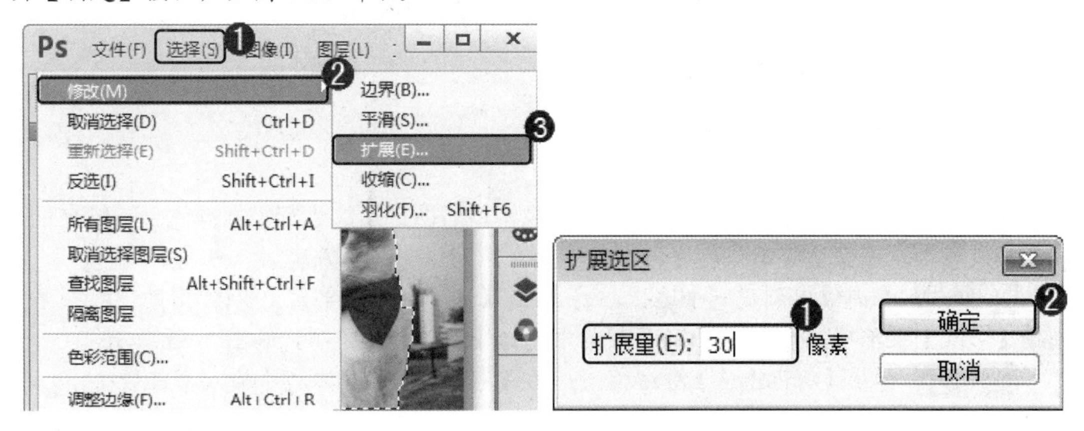

图 4-57　　　　图 4-58

第 3 步 通过以上方法即可完成扩展选区的操作，如图 4-59 所示。

第 4 步 在图像中创建一个选区，1. 单击【选择】主菜单，2. 在弹出的下拉菜单中选择【修改】菜单项，3. 在弹出的子菜单中选择【收缩】菜单项，如图 4-60 所示。

图 4-59

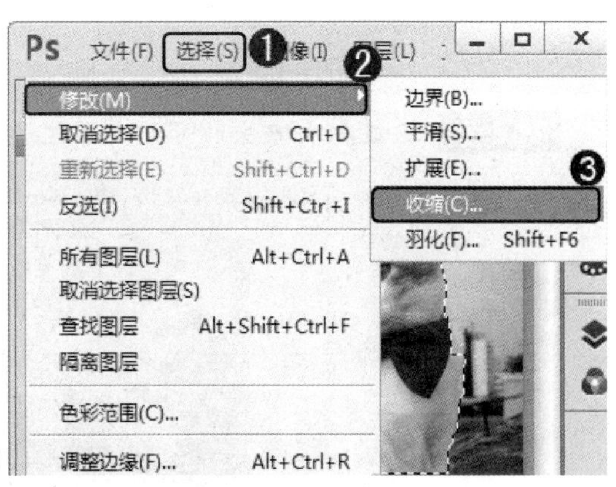

图 4-60

第 5 步 弹出【收缩选区】对话框，1. 在【收缩量】文本框中输入半径数值，2. 单击【确定】按钮，如图 4-61 所示。

第 6 步 通过以上方法即可完成收缩选区的操作，如图 4-62 所示。

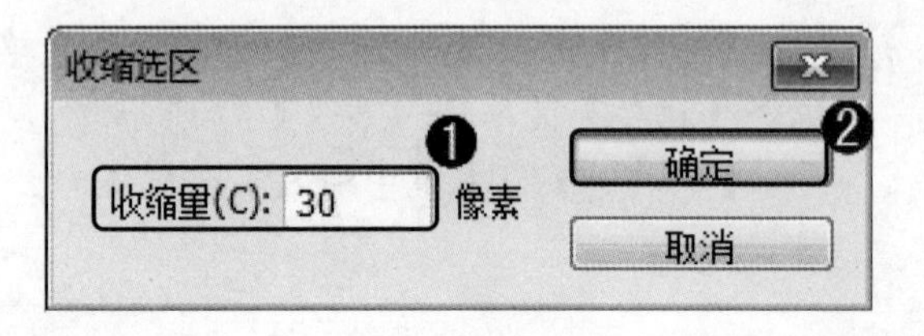

图 4-61

图 4-62

4.5.4 对选区进行羽化

在 Photoshop CC 中，羽化是指通过设置像素值对图像边缘进行模糊操作。一般来说，羽化数值越大，图像边缘虚化程度越大。下面介绍羽化选区的方法。

第 1 步 在图像中创建一个选区，*1.* 单击【选择】主菜单，*2.* 在弹出的下拉菜单中选择【修改】菜单项，*3.* 在弹出的子菜单中选择【羽化】菜单项，如图 4-63 所示。

第 2 步 弹出【羽化选区】对话框，*1.* 在【羽化半径】文本框中输入半径数值，*2.* 单击【确定】按钮，如图 4-64 所示。

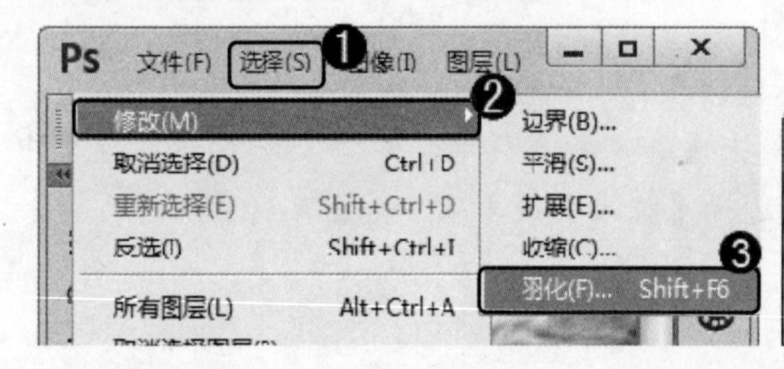

图 4-63

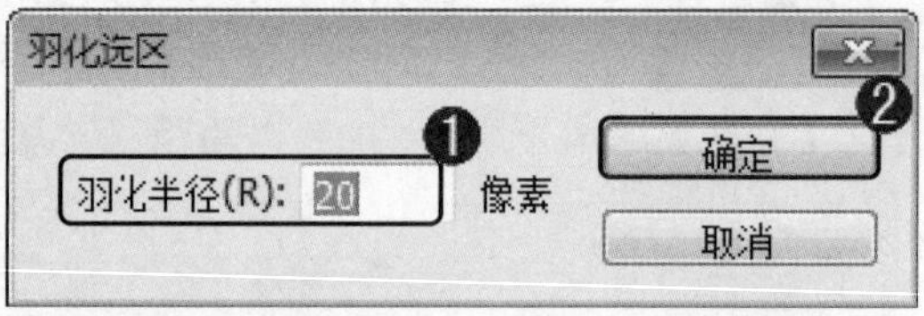

羽化选区

羽化半径(R): 20 像素

确定

取消

图 4-64

第 3 步 通过以上方法即可完成羽化选区的操作，如图 4-65 所示。

图 4-65

4.5.5　扩大选取与选取相似

【扩大选取】与【选取相似】命令都是用来扩展现有选区的命令。执行这两个命令时，Photoshop 会基于魔棒工具选项栏中的容差值来决定选区的扩展范围，容差值越高，选区扩展的范围就越大。下面详细介绍扩大选取与选取相似的方法。

第 1 步 在图像中创建一个选区，*1.* 单击【选择】主菜单，*2.* 在弹出的下拉菜单中选择【扩大选取】菜单项，如图 4-66 所示。

第 2 步 通过以上步骤即可完成扩大选取的操作，如图 4-67 所示。

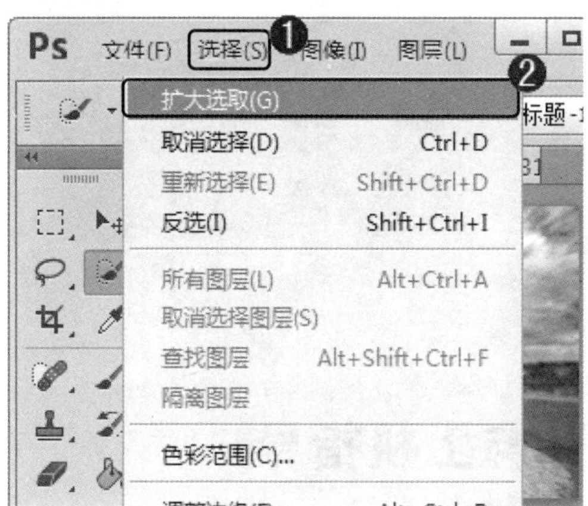

图 4-66

图 4-67

第 3 步 在图像中创建一个选区，*1.* 单击【选择】主菜单，*2.* 在弹出的下拉菜单中选择【选取相似】菜单项，如图 4-68 所示。

第 4 步 通过以上步骤即可完成选取相似的操作，如图 4-69 所示。

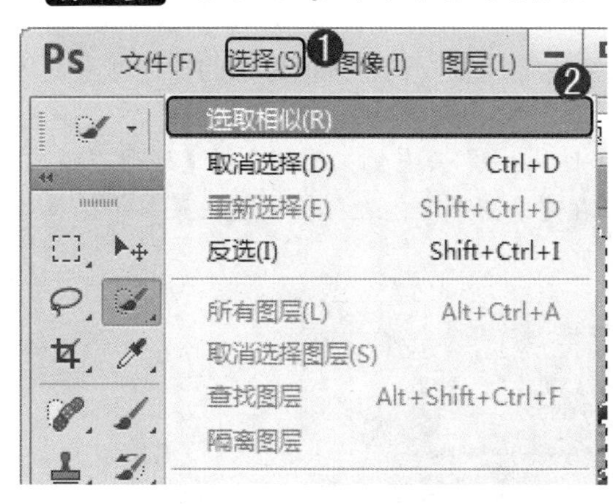

图 4-68

图 4-69

4.5.6　对选区应用变换

创建完选区后，如果对选区的大小、形状不满意，用户还可以对选区进行变换操作。

下面详细介绍对选区进行变换的方法。

第 1 步 在图像中创建一个选区，**1.** 单击【选择】主菜单，**2.** 在弹出的下拉菜单中选择【变换选区】菜单项，如图 4-70 所示。

第 2 步 在选区上显示定界框，拖曳控制点可对选区进行旋转、缩放等变换操作，选区内的图像不会受到影响，如图 4-71 所示。

图 4-70

图 4-71

4.6 实践案例与上机指导

通过本章的学习，读者基本可以掌握图像选区的应用的基本知识以及一些常见的操作方法。下面通过练习操作，以达到巩固学习、拓展提高的目的。

4.6.1 调整边缘

创建完选区后，用户还可以对选区的边缘进行调整，调整选区边缘的操作非常简单。下面详细介绍调整选区边缘的方法。

第 1 步 在 Photoshop CC 中打开图像文件，**1.** 单击左侧工具箱中的【矩形选框工具】按钮，**2.** 在图像中创建一个矩形选区，鼠标右键单击选区，在弹出的快捷菜单中选择【调整边缘】菜单项，如图 4-72 所示。

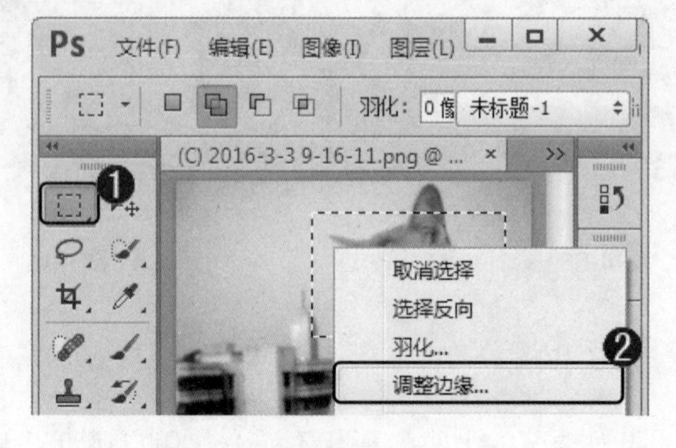

图 4-72

第 2 步 弹出【调整边缘】对话框，1. 在【视图模式】区域选择背景图层模式预览选区效果，2. 在【调整边缘】区域下的【平滑】文本框中输入数值 3，3. 在【羽化】文本框中输入数值 7.2，4. 单击【确定】按钮，如图 4-73 所示。

第 3 步 通过上述操作即可完成调整边缘的操作，如图 4-74 所示。

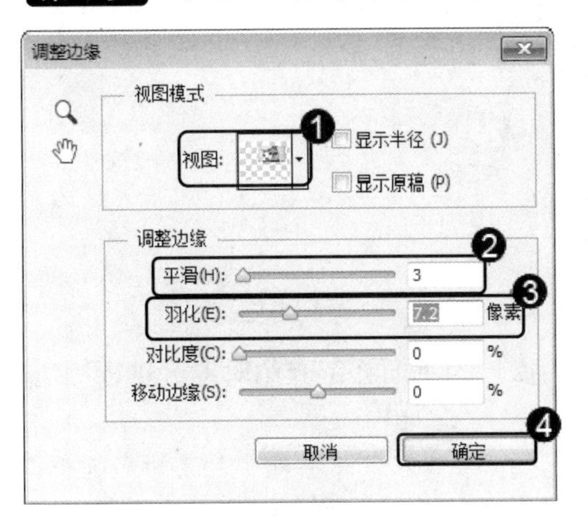

图 4-73

图 4-74

4.6.2　对选区进行填充

创建选区后，用户还可以对选区进行颜色或渐变的填充。下面详细介绍对选区进行填充的操作方法。

第 1 步 在 Photoshop CC 中打开图像文件，1. 单击左侧工具箱中的【矩形选框工具】按钮，2. 在图像中创建一个矩形选区，鼠标右键单击选区，在弹出的快捷菜单中选择【填充】菜单项，如图 4-75 所示。

第 2 步 弹出【填充】对话框，1. 在【内容】区域下的【使用】下拉列表框中选择【50%灰色】选项，2.在【混合】区域下的【模式】下拉列表框中选择【正常】选项，3. 单击【确定】按钮，如图 4-76 所示。

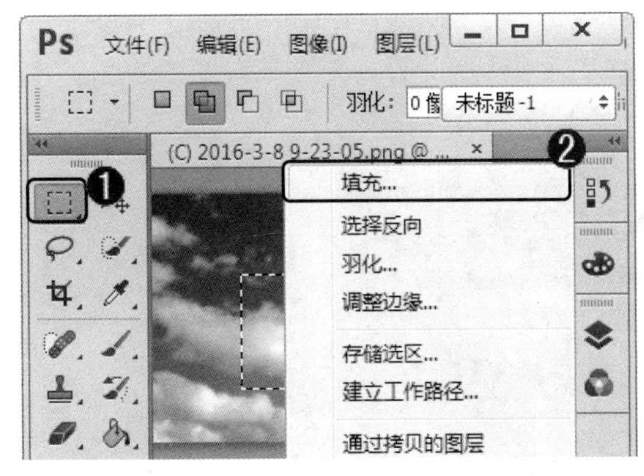

图 4-75

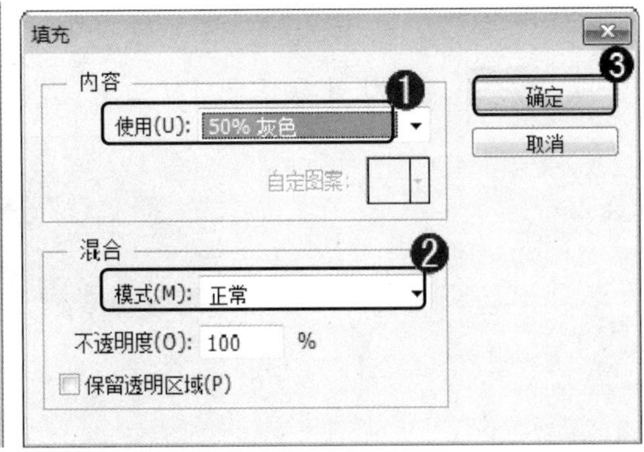

图 4-76

第 3 步 通过上述操作即可完成对选区进行填充的操作，如图 4-77 所示。

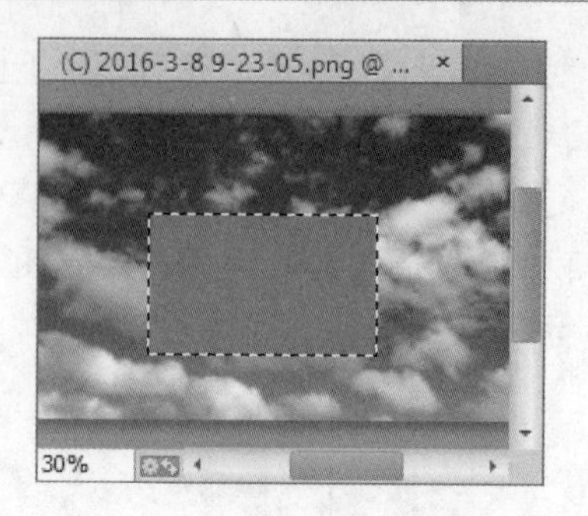

图 4-77

4.6.3 对选区进行描边

创建选区后，用户还可以对选区进行描边的操作。下面详细介绍对选区进行描边的操作方法。

第 1 步 在 Photoshop CC 中打开图像文件，*1.* 单击左侧工具箱中的【矩形选框工具】按钮，*2.* 在图像中创建一个矩形选区，鼠标右键单击选区，在弹出的快捷菜单中选择【描边】菜单项，如图 4-78 所示。

第 2 步 弹出【描边】对话框，*1.* 在【宽度】文本框中输入 3 像素，*2.* 在【颜色】色块中选择颜色，*3.* 单击【确定】按钮，如图 4-79 所示。

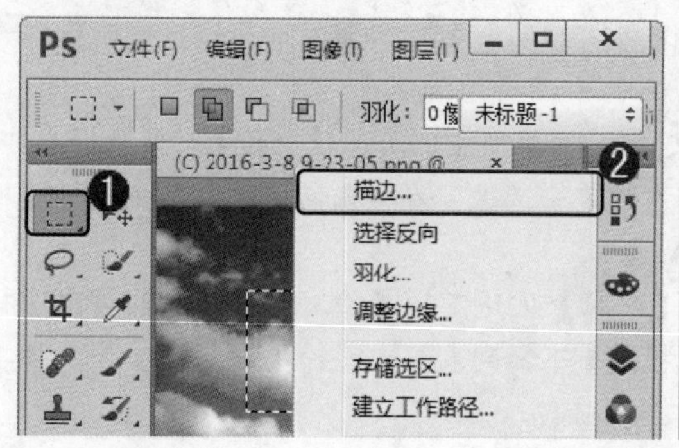

图 4-78

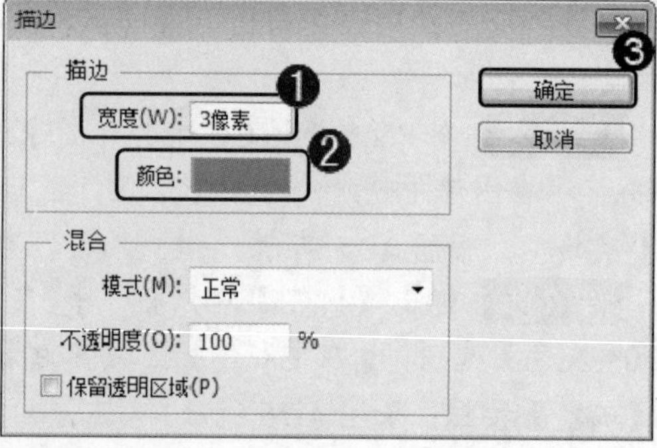

图 4-79

第 3 步 通过上述操作即可完成对选区进行描边的操作，如图 4-80 所示。

图 4-80

4.6.4 取消选区

创建选区后，如果不再需要选区，用户可以执行取消选区的操作，取消选区的操作非常简单。下面详细介绍取消选区的方法。

第 1 步 在 Photoshop CC 中打开图像文件，**1.** 单击左侧工具箱中的【矩形选框工具】按钮，**2.** 在图像中创建一个矩形选区，鼠标右键单击选区，在弹出的快捷菜单中选择【取消选择】菜单项，如图 4-81 所示。

第 2 步 通过以上步骤即可完成取消选区的操作，如图 4-82 所示。

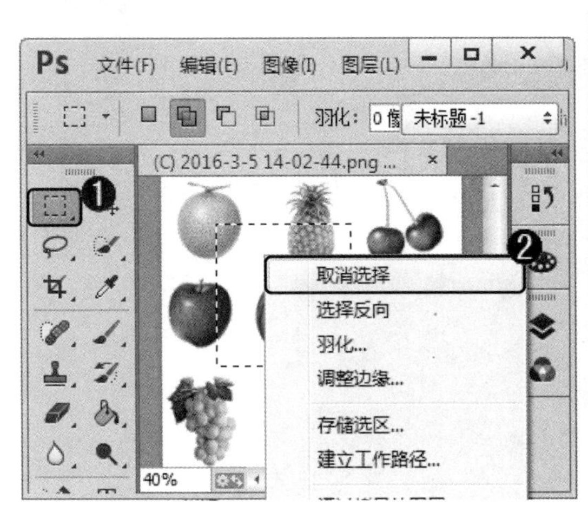

图 4-81

图 4-82

4.7 思考与练习

一、填空题

1. 创建选区轮廓后，用户可以在选区内的区域进行__________、__________、__________或__________等操作。

2. 使用套索工具时，用户释放鼠标后__________和__________处自动连接一条线，这样可以创建__________。

3. 如果图像与背景对比__________，同时图像的边缘__________，用户可以使用__________快速选取图像选区。

4. 使用__________，用户可以通过画笔笔尖接触图形，自动查找__________。

5. 在 Photoshop CC 中，选区分为__________和__________两种，普通选区是指通过魔棒工具、__________、__________和【色彩范围】菜单项等创建选区，具有明显的边界。羽化选区则是将在图像中创建的普通选区的边界进行__________后得到的选区，应注意的是，根据羽化的数值不同，羽化的效果也不同，一般羽化的数值越大，其__________也越大。

二、判断题

1. 用户可以使用【快速蒙版】菜单项，在指定的图像区域涂抹创建选区。 ( )
2. 用户不可以对已经创建选区的图像，进行选区反选的操作。 ( )
3. 魔棒工具不可以用于选取颜色相近的区域。 ( )
4. 创建选区后，用户可以将创建的选区移动到指定的位置。 ( )
5. 当在工作图层中对图像的某个区域创建选区后，该区域的像素将会处于被选取状态，此时对该图层进行相应编辑时被编辑的范围将会只局限于选区内。 ( )
6. 在 Photoshop CC 中，使用平滑选区功能，用户可以将所创建选区中生硬的边缘变得平滑顺畅，使选区中的图像更加美观。 ( )

三、思考题

1. 如何对选区进行填充?
2. 如何取消选区？

第 5 章

图像的修饰与修复

本章要点

- 修复图像
- 擦除图像
- 复制图像
- 编辑图像

本章主要内容

本章主要介绍修复图像、擦除图像、复制图像方面的知识与技巧，同时还讲解如何编辑图像。在本章的最后还针对实际工作需求，讲解运用减淡工具、创建自定义图案、使用内容感知移动工具的方法。通过本章的学习，读者可以掌握图像的修饰与修复方面的知识，为深入学习 Photoshop CC 知识奠定基础。

5.1 修复图像

在 Photoshop CC 中，用户可以使用修复画笔工具、污点修复画笔、修补工具、红眼工具、颜色替换工具等对图像进行修复。本节将重点介绍修复图像方面的知识。

5.1.1 修复画笔工具

修复画笔工具可将样本像素的纹理、光照、透明度和阴影与所修复的像素进行匹配，使修复后的像素不留痕迹地融入图像中。下面介绍运用修复画笔工具的方法。

第 1 步 在 Photoshop CC 中打开图像文件，1. 单击工具箱中的【修复画笔工具】按钮，2. 按住 Alt 键，当鼠标指针变成⊕时，在图像皮肤光滑处单击取样，如图 5-1 所示。

第 2 步 当鼠标指针变成○时，在图像需要修复的位置上，重复单击并拖动鼠标进行操作，直至修复图像为止，如图 5-2 所示。

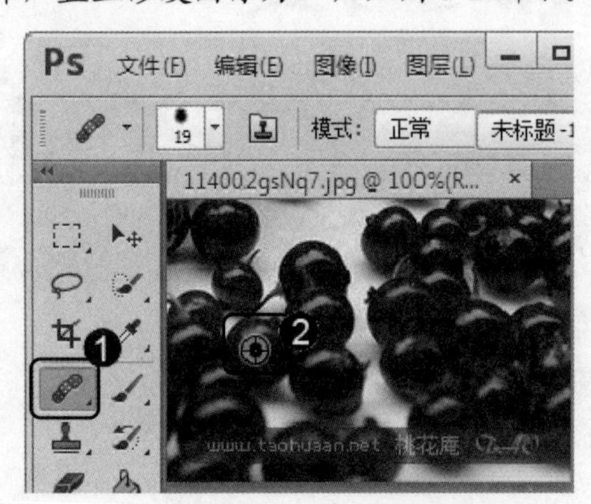

图 5-1

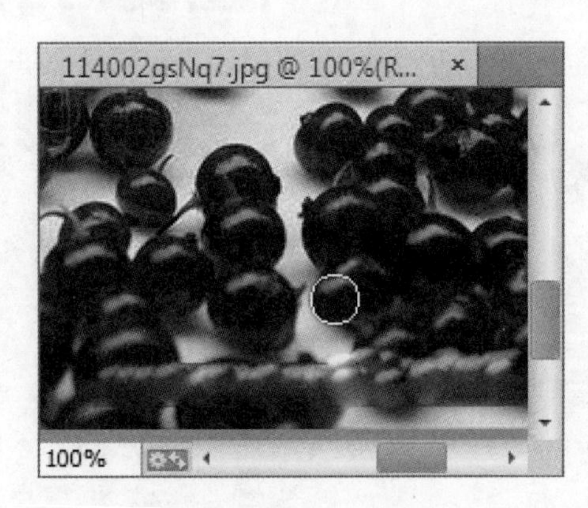

图 5-2

第 3 步 图中的水印已经被修复，通过以上方法即可完成运用修复画笔工具的操作，如图 5-3 所示。

图 5-3

5.1.2　污点修复画笔

在 Photoshop CC 中，污点修复画笔工具可以快速移去照片中的污点和其他不理想部分。下面介绍运用污点修复画笔工具的方法。

第 1 步　在 Photoshop CC 中打开图像文件，1. 单击工具箱中的【污点修复画笔工具】按钮，2. 当鼠标指针变为○时，在需要修复的位置，进行鼠标拖动涂抹的操作，如图 5-4 所示。

第 2 步　可以看到人物左侧脸上的斑点已经修复，通过以上方法即可完成污点修复的操作，如图 5-5 所示。

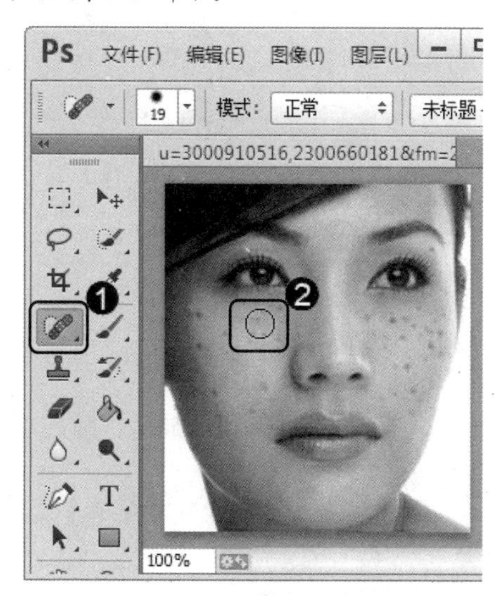

图 5-4

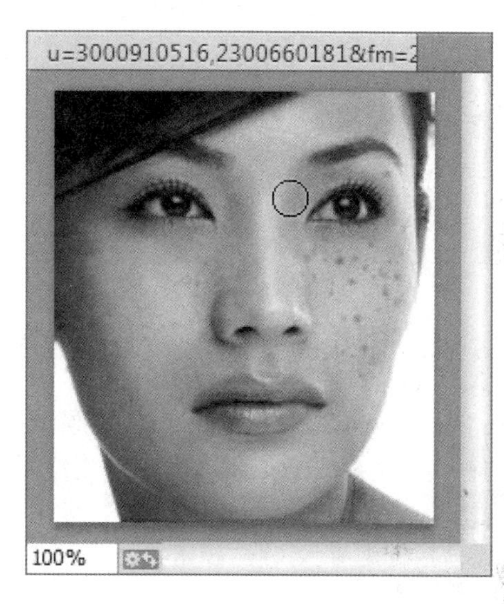

图 5-5

智慧锦囊

如果在污点修复画笔工具选项栏中选择【对所有图层取样】，用户可从所有可见图层中对数据进行取样，否则只从现用图层中取样。

5.1.3　修补工具

在 Photoshop CC 中，修补工具是通过将取样像素的纹理等因素与修补图像的像素进行匹配，清除图像中的杂点。下面介绍运用修补工具的方法。

第 1 步　在 Photoshop CC 中打开图像文件，1. 单击工具箱中的【修补工具】按钮，2. 在【修补工具】选项栏中单击【目标】按钮，3. 当鼠标指针变为时，在文档窗口中画取需要修补的图像区域，如图 5-6 所示。

第 2 步　将鼠标指针移动至选区的周围，当鼠标指针变成时，单击并拖动鼠标，移动到可以替换需要修复图像的位置，如图 5-7 所示。

图 5-6

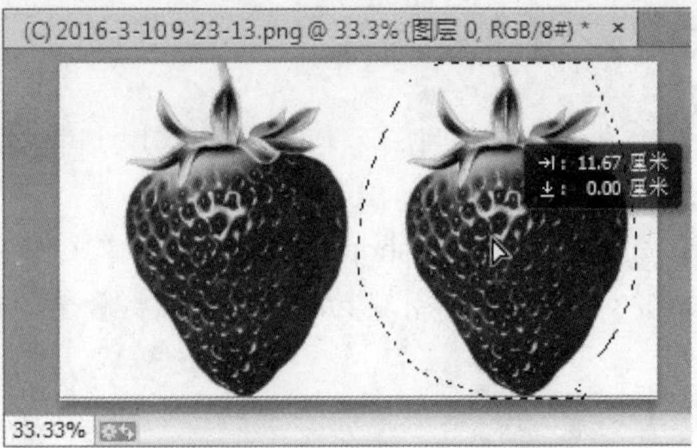

图 5-7

智慧锦囊

在 Photoshop CC 中，使用修补工具时，在修补工具选项栏中选中【目标】单选按钮，用户可以进行复制选中图像的操作。

5.1.4 红眼工具

在 Photoshop CC 中，用户使用红眼工具可以修复由闪光灯照射到人眼时，瞳孔放大而产生的视网膜泛红现象。下面介绍运用红眼工具的方法。

第 1 步 在 Photoshop CC 中打开图像文件，*1.* 单击工具箱中的【红眼工具】按钮，*2.* 当鼠标指针变为+时，在需要修复红眼的地方单击，如图 5-8 所示。

第 2 步 通过以上方法即可完成运用红眼工具修复图像的操作，如图 5-9 所示。

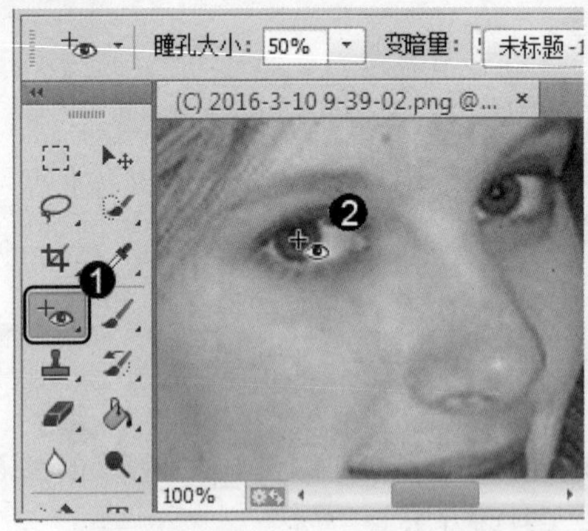

图 5-8

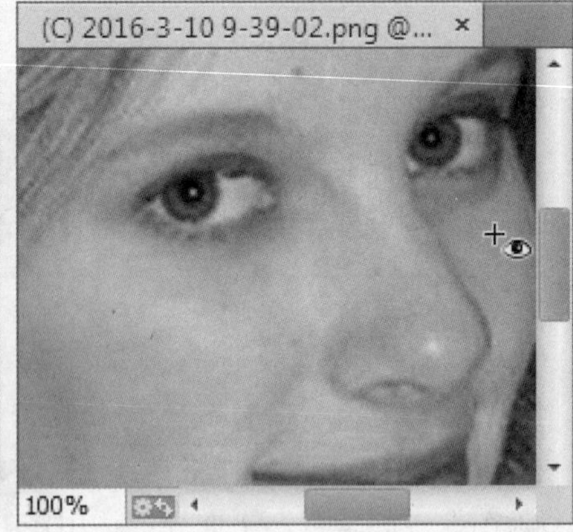

图 5-9

5.1.5 颜色替换工具

在 Photoshop CC 中，颜色替换工具能够简化图像中特定颜色的替换。下面介绍运用颜色替换工具的方法。

第 1 步 在 Photoshop CC 中打开图像文件，1. 创建准备替换颜色的选区，2. 在工具箱中单击【颜色替换工具】按钮，3. 在工具箱中选择准备替换的前景颜色，如图 5-10 所示。

第 2 步 按组合键 Ctrl+J，这样即可快速将选区内的图像复制到新图层中，如图 5-11 所示。

图 5-10

图 5-11

第 3 步 在新建的图层中，当鼠标指针变为⊕时，对图像进行涂抹操作。通过以上方法即可完成运用颜色替换工具替换图像颜色的操作，如图 5-12 所示。

图 5-12

5.2 擦除图像

在 Photoshop CC 中，图像擦除工具包括橡皮擦工具、背景橡皮擦工具、魔术橡皮擦工具等。本节将重点介绍擦除图像方面的知识。

5.2.1 橡皮擦工具

在图像中拖动时，橡皮擦工具会更改图像中的像素，如果在背景图层中或在透明区域锁定的图层中工作，抹除的像素会更改为背景色，否则抹除的像素会变为透明。下面介绍运用橡皮擦工具的方法。

第 1 步 在 Photoshop CC 中打开图像文件，1. 单击工具箱中的【橡皮擦工具】按钮，2. 在背景色选项中设置准备擦除的颜色，当鼠标指针变为时，在需要擦除图像的位置，拖动鼠标进行涂抹操作，如图 5-13 所示。

第 2 步 释放鼠标，通过以上方法即可完成运用橡皮擦工具擦除水印的操作，如图 5-14 所示。

图 5-13

图 5-14

5.2.2 背景橡皮擦工具

在 Photoshop CC 中，背景橡皮擦工具可以自动识别图像的边缘，将背景擦为透明区域。下面介绍使用背景橡皮擦工具的方法。

第 1 步 在 Photoshop CC 中打开图像文件，1. 在工具箱中单击【背景橡皮擦工具】按钮，2. 当鼠标指针变为时，在需要擦除图像的位置，拖动鼠标进行擦除操作，如图 5-15 所示。

图 5-15

第 2 步 对图像进行反复的涂抹操作后，此时图像中的部分区域已经转成透明区域。通过以上方法即可完成使用背景橡皮擦工具的操作，如图 5-16 所示。

图 5-16

5.2.3　魔术橡皮擦工具

在 Photoshop CC 中，魔术橡皮擦工具在图层中单击时，工具会将所有相似的像素更改为透明。下面介绍运用魔术橡皮擦工具的方法。

第 1 步 在 Photoshop CC 中打开图像文件，**1.** 在工具箱中单击【魔术橡皮擦工具】按钮，**2.** 当鼠标指针变为形状时，在需要擦除图像的位置处单击，如图 5-17 所示。

第 2 步 此时在图像中，部分区域已经转换成透明区域，通过以上方法即可完成使用魔术橡皮擦工具的操作，如图 5-18 所示。

图 5-17

图 5-18

5.3　复 制 图 像

在 Photoshop CC 中，运用图案图章工具和仿制图章工具，用户可以对图像的局部区域进行编辑或复制，这样可以使用复制的图像范围修复图像破损或不整洁的区域。本节将重点介绍复制图像方面的知识。

5.3.1 图案图章工具

在 Photoshop CC 中，使用图案图章工具，用户可以使用系统自带的图案在图像中填充。下面介绍图案图章工具运用的方法。

第 1 步 在 Photoshop CC 中打开图像文件，1. 创建准备填充图案的选区，2. 在工具箱中单击【图案图章工具】按钮，3. 在工具选项栏的【图案样式】下拉列表中，选择准备填充的图案样式，如图 5-19 所示。

图 5-19

第 2 步 选择准备填充的图案样式后，当鼠标指针变为形状○时，在创建的选区中反复涂抹图像，填充选择的图案样式，如图 5-20 所示。

第 3 步 完成涂抹图像的操作后，此时选区内的图像已经被选择图案样式所覆盖，取消选区。通过以上方法即可完成使用图案图章工具复制图像的操作，如图 5-21 所示。

图 5-20

图 5-21

5.3.2 仿制图章工具

用户使用仿制图章工具可以拷贝图形中的信息，同时将其应用到其他位置，这样可以修复图像中的污点、褶皱、光斑等。下面介绍运用仿制图章工具的方法。

第 1 步 在 Photoshop CC 中打开图像文件，1. 在工具箱中单击【仿制图章工具】按钮，2. 按住 Alt 键的同时，当鼠标指针变为⊕形状时，在需要复制图像的位置处单击，如图 5-22 所示。

第 2 步 复制取样工作完成后，在准备仿制该图案的位置进行连续单击操作，直至仿制图案成功为止，如图 5-23 所示。

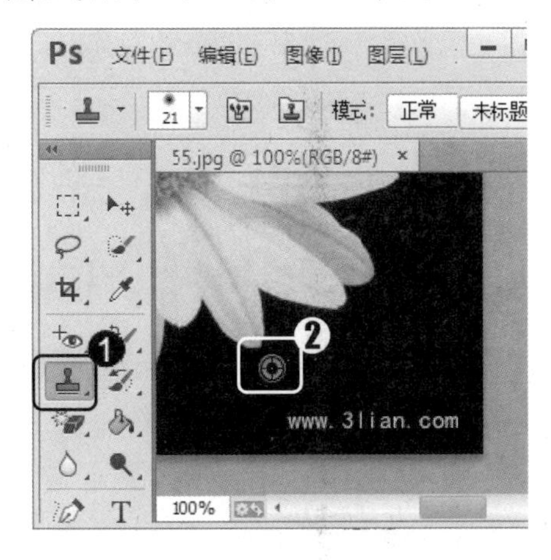

图 5-22

图 5-23

第 3 步 此时图像中的文字部分将被擦除，通过以上方法即可完成使用仿制图章工具复制图像的操作，如图 5-24 所示。

图 5-24

知识精讲

在工具箱中选择图案图章工具，在【图案图章工具】选项栏的【模式】下拉列表框中，用户可以设置图案图章工具的填充模式，在【不透明度】文本框中输入数值，可以设置图案图章填充图案时，图案的不透明度。

5.4 编辑图像

在 Photoshop CC 中，用户可以运用涂抹工具、模糊工具、锐化工具、海绵工具、加深工具等对图像的局部区域进行编辑或特效的制作。本节将重点介绍编辑图像方面的知识。

5.4.1 涂抹工具

在 Photoshop CC 中，使用涂抹工具，用户可以模拟手指拖过湿油漆时所看到的效果。下面介绍运用涂抹工具的方法。

第 1 步 在 Photoshop CC 中打开图像文件，**1.** 在工具箱中单击【涂抹工具】按钮，**2.** 对准备涂抹的图像区域进行涂抹操作，如图 5-25 所示。

第 2 步 对图像进行反复的涂抹操作后，如达到用户满意的制作效果后释放鼠标。通过以上方法即可完成使用涂抹工具涂抹图像的操作，如图 5-26 所示。

图 5-25　　图 5-26

5.4.2 模糊工具

在 Photoshop CC 中，用户使用模糊工具可以减少图像中的细节显示，使图像产生了柔化模糊的效果。下面介绍运用模糊工具的方法。

第 1 步 在 Photoshop CC 中打开图像文件，**1.** 在工具箱中单击【模糊工具】按钮，**2.** 在文档窗口中，对准备模糊的图像进行涂抹操作，如图 5-27 所示。

第 2 步 对图像进行反复的涂抹操作后，如达到用户满意的制作效果后释放鼠标。通过以上方法即可完成使用模糊工具模糊图像的操作，如图 5-28 所示。

图 5-27

图 5-28

智慧锦囊

在【模糊工具】选项栏中，用户单击【模式】下拉列表按钮，在弹出的下拉列表中，用户可以指定模糊的像素与图像中其他像素混合的方式。

5.4.3　锐化工具

在 Photoshop CC 中，用户使用锐化工具可以增加图像的清晰度或聚焦程度，但不会过度锐化图像。下面介绍运用锐化工具的方法。

第 1 步　在 Photoshop CC 中打开图像文件，**1.** 在工具箱中单击【锐化工具】按钮，**2.** 在文档窗口中，对准备锐化的图像进行涂抹操作，如图 5-29 所示。

第 2 步　对图像进行反复的涂抹操作后，如达到用户满意的制作效果后释放鼠标。通过以上操作方法即可完成使用锐化工具锐化图像的操作，如图 5-30 所示。

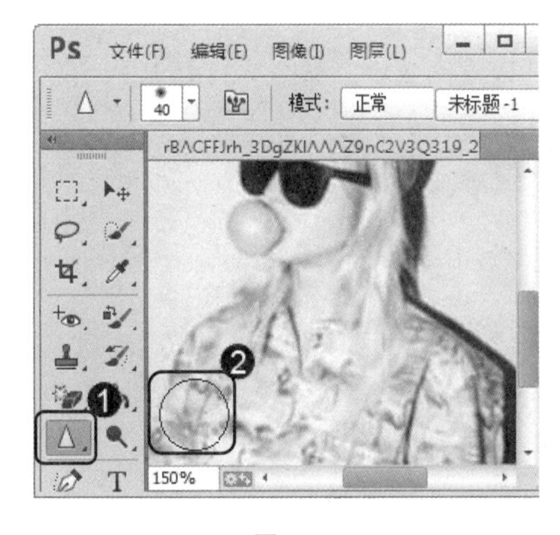

图 5-29

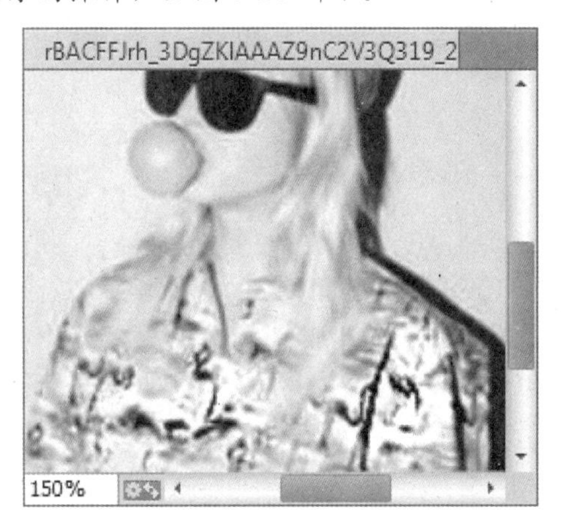

图 5-30

5.4.4 海绵工具

在 Photoshop CC 中，海绵工具可以对图像的区域加色或去色。用户可以使用海绵工具使对象或区域上的颜色更鲜明或更柔和。下面介绍运用海绵工具的方法。

第 1 步 在 Photoshop CC 中打开图像文件，1. 在工具箱中单击【海绵工具】按钮，2. 在【海绵工具】选项栏的【模式】下拉列表框中，在弹出选择【加色】选项，3. 对准备吸取颜色的图像区域进行涂抹操作，如图 5-31 所示。

第 2 步 对图像进行反复的涂抹操作后，达到用户满意的制作效果后释放鼠标。通过以上方法即可完成使用海绵工具的操作，如图 5-32 所示。

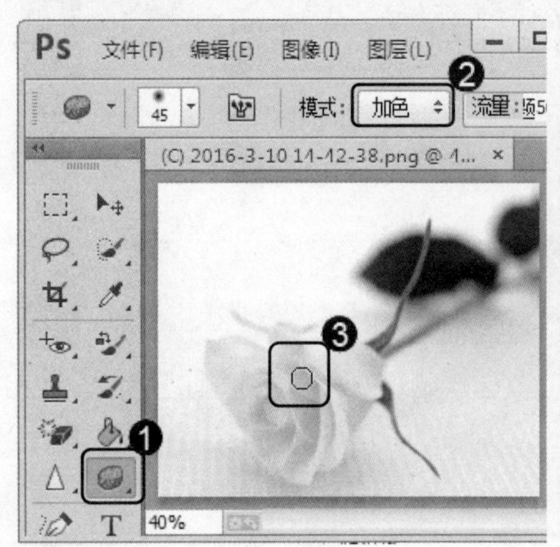

图 5-31

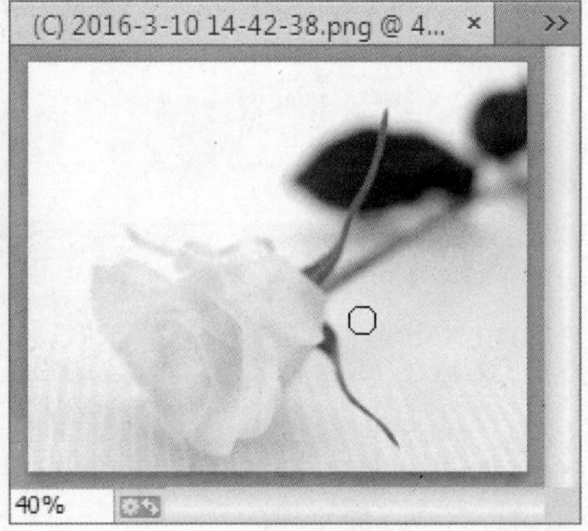

图 5-32

5.4.5 加深工具

在 Photoshop CC 中，加深工具用于调节照片特定区域的曝光度。用户使用加深工具可使图像区域变暗。下面介绍运用加深工具的方法。

第 1 步 在 Photoshop CC 中打开图像文件，1. 在工具箱中单击【加深工具】按钮，2. 在文档窗口中，对准备加深颜色的图像区域进行涂抹操作，如图 5-33 所示。

图 5-33

第 2 步 对图像进行反复的涂抹操作后，达到用户满意的制作效果后释放鼠标。通过以上方法即可完成使用加深工具的操作，如图 5-34 所示。

图 5-34

5.5　实践案例与上机指导

通过本章的学习，读者基本可以掌握图像的修饰与修复的基本知识以及一些常见的操作方法。下面通过练习操作，以达到巩固学习、拓展提高的目的。

5.5.1　运用减淡工具

在 Photoshop CC 中，减淡工具用于调节照片特定区域的曝光度。用户使用减淡工具可使图像区域变亮。下面介绍运用减淡工具的方法。

第 1 步 在 Photoshop CC 中打开图像文件，**1.** 在工具箱中单击【减淡工具】按钮，**2.** 在文档窗口中，对准备减淡颜色的图像区域进行涂抹操作，如图 5-35 所示。

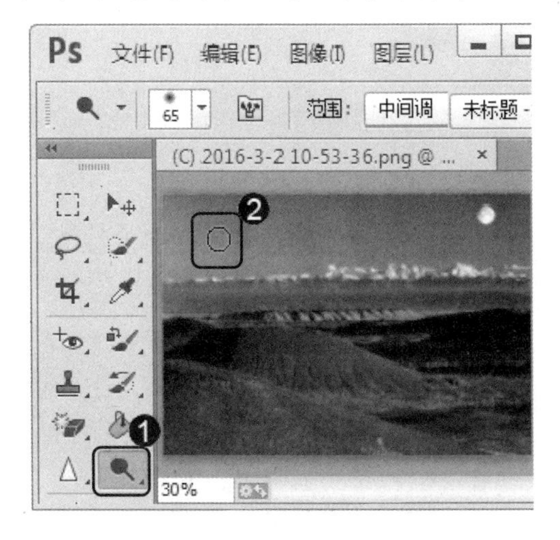

图 5-35

第 2 步 对图像进行反复的涂抹操作后，达到用户满意的制作效果后释放鼠标。通过以上方法即可完成使用减淡工具减淡颜色的操作，如图 5-36 所示。

图 5-36

智慧锦囊

使用减淡或加深工具，在某个区域上方绘制的次数越多，该区域就会变得越亮或越暗。

5.5.2 创建自定义图案

在 Photoshop CC 中，如果程序自带的图案不能满足用户的使用需要，用户可以自定义图案，方便用户进行编辑。下面介绍自定义图案的方法。

第 1 步 在准备自定义图案的区域创建选区，**1.** 单击【编辑】主菜单，**2.** 在弹出的下拉菜单中选择【定义画笔预设】菜单项，如图 5-37 所示。

第 2 步 弹出【画笔名称】对话框，**1.** 在【名称】文本框中输入预设画笔的名称，**2.** 单击【确定】按钮，如图 5-38 所示。

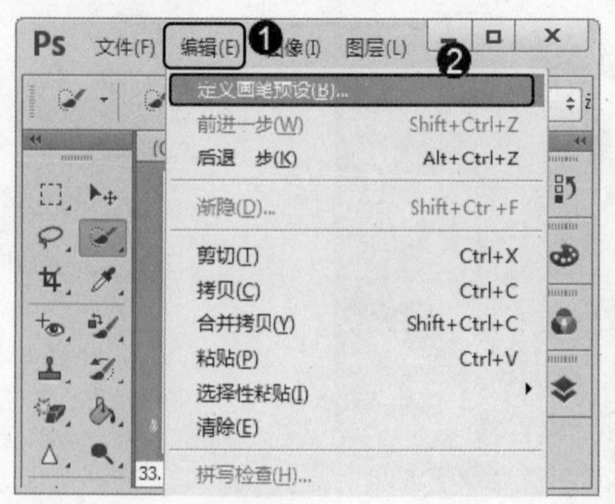

图 5-37

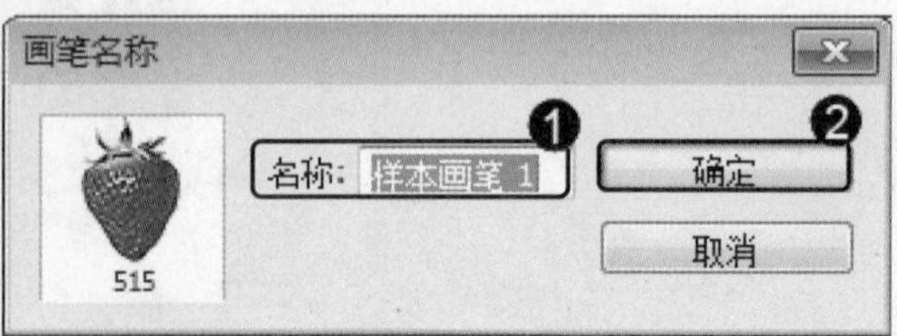

图 5-38

第 3 步 新建空白文件后，使用图案仿制工具涂抹图像，通过以上方法即可完成自定义图案的操作，如图 5-39 所示。

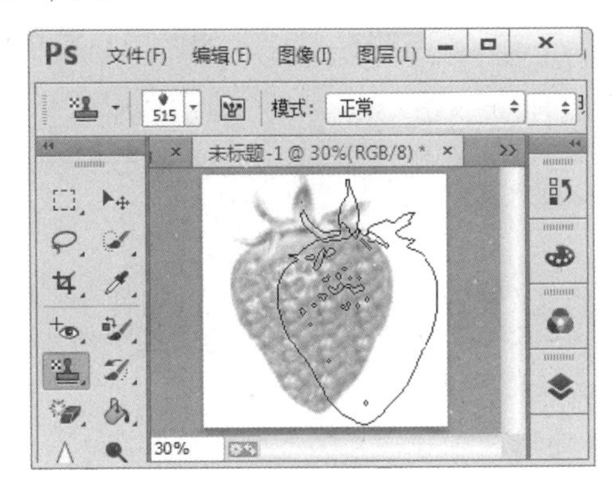

图 5-39

5.5.3 运用内容感知移动工具

使用内容感知移动工具可以在无须复杂图层的情况下快速地重构图像。下面详细介绍内容感知移动工具的使用方法。

第 1 步 在 Photoshop CC 中打开图像文件，**1.** 在工具箱中单击【内容感知移动工具】按钮，**2.** 在图像上绘制选区，如图 5-40 所示。

第 2 步 将鼠标放置在选区中单击并拖动选区，这时 Photoshop 就会自动将选区内的影像与四周的景物融合在一起，而原始的区域则会进行智能填充，如图 5-41 所示。

图 5-40

图 5-41

5.6 思考与练习

一、填空题

1. 在 Photoshop CC 中，用户可以使用________、________、________、________和________等对图像进行修复。

2. 在 Photoshop CC 中，图像擦除工具包括________、________和________等。

3. 运用________和________，用户可以对图像的局部区域进行编辑或复制。

4. 用户可以运用________、锐化工具、________、加深工具和________等对图像的局部区域进行编辑或特效制作。

二、判断题

1. 修复画笔工具可将样本像素的纹理、光照、透明度和阴影与所修复的像素进行匹配，使修复后的像素不留痕迹地融入图像。 (　　)

2. 在图像中拖动时，橡皮擦工具会更改图像中的像素。 (　　)

3. 使用模糊工具，用户可以减少图像中的细节显示，使图像产生柔化模糊效果。 (　　)

4. 使用涂抹工具，用户不可以模拟手指拖过湿油漆时所看到的效果。 (　　)

三、思考题

1. 如何使用涂抹工具？

2. 如何运用背景橡皮擦工具？

第 6 章

调整图像色调与色彩

本章要点

- 图像的特殊色彩效果
- 快速调整图像
- 校正图像色彩
- 自定义调整图像色调

本章主要内容

本章主要介绍图像的特殊色彩效果、快速调整图像、校正图像色彩方面的知识与技巧，同时还讲解如何自定义调整图像色调。在本章的最后还针对实际的工作需求，讲解使用【曝光度】命令、【色相/饱和度】命令以及【可选颜色】命令的方法。通过本章的学习，读者可以掌握调整图像色调与色彩方面的知识，为深入学习 Photoshop CC 知识奠定基础。

6.1 图像的特殊色彩效果

在 Photoshop CC 中，用户可以对图像进行特殊颜色的设置，以便制作出精美的艺术效果。本节将重点介绍制作图像特殊色彩效果方面的知识。

6.1.1 色调分离

在 Photoshop CC 中，用户使用【色调分离】命令可以将图像制作出手绘的效果。下面介绍使用【色调分离】命令的方法。

第 1 步 在 Photoshop CC 中打开图像文件，1. 单击【图像】主菜单，2. 在弹出的菜单中选择【调整】菜单项，3. 在弹出的子菜单中选择【色调分离】菜单项，如图 6-1 所示。

第 2 步 弹出【色调分离】对话框，1. 在【色阶】文本框中输入色阶数值，2. 单击【确定】按钮，如图 6-2 所示。

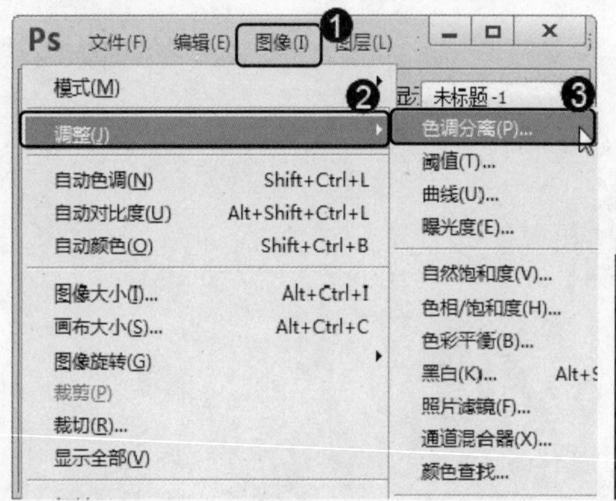

图 6-1

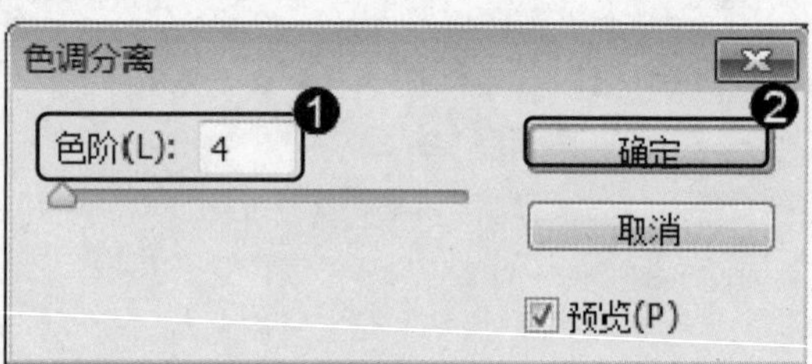

图 6-2

第 3 步 返回到文档窗口中，图像已经制作出手绘效果，通过以上方法即可完成运用【色调分离】命令的操作，如图 6-3 所示。

图 6-3

6.1.2　反相

在 Photoshop CC 中，用户使用【反相】命令可以将照片制作出底片效果，或将底片图像转换成冲印效果。下面介绍运用【反相】命令的方法。

第 1 步 在 Photoshop CC 中打开图像文件，1. 单击【图像】主菜单，2. 在弹出的菜单中选择【调整】菜单项，3. 在弹出的子菜单中选择【反相】菜单项，如图 6-4 所示。

第 2 步 通过以上方法即可完成运用【反相】命令的操作，如图 6-5 所示。

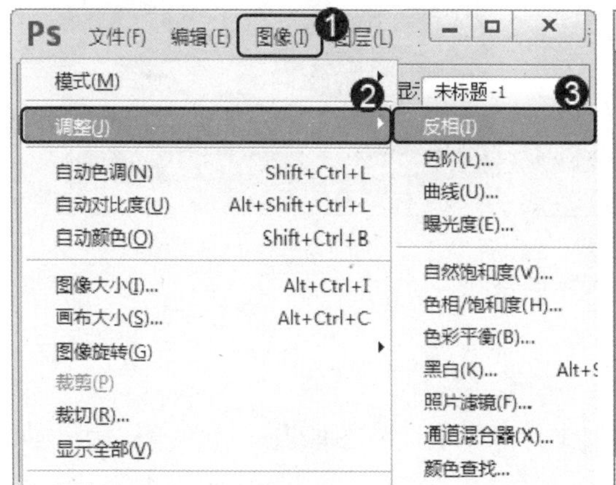

图 6-4

图 6-5

智慧锦囊

在 Photoshop CC 中，打开准备反相的图像文件，按组合键 Ctrl+I，用户同样可以快速对图像进行反相操作。

6.1.3　阈值

在 Photoshop CC 中，用户使用【阈值】命令可以对图像进行黑白图像效果的制作。下面介绍运用【阈值】命令的方法。

第 1 步 在 Photoshop CC 中打开图像文件，1. 单击【图像】主菜单，2. 在弹出的菜单中选择【调整】菜单项，3. 在弹出的子菜单中选择【阈值】菜单项，如图 6-6 所示。

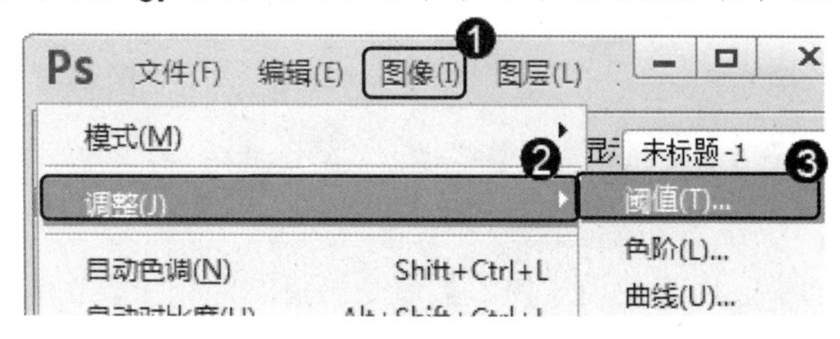

图 6-6

第 2 步 弹出【阈值】对话框，*1.* 在【阈值色阶】文本框中输入图像阈值数值，*2.* 单击【确定】按钮，如图 6-7 所示。

第 3 步 通过以上方法即可完成运用【阈值】命令的操作，如图 6-8 所示。

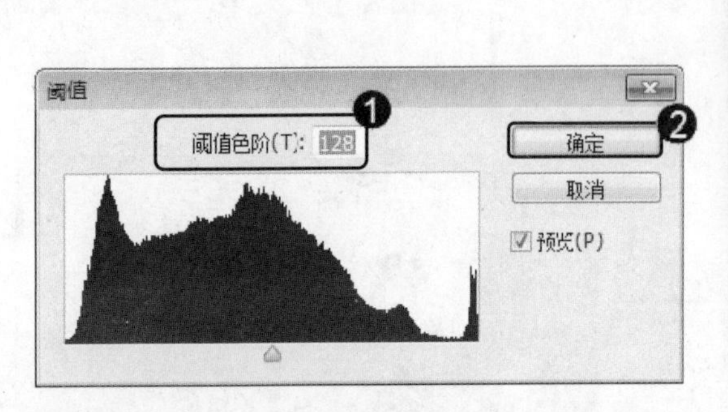

图 6-7

图 6-8

6.1.4 去色

在 Photoshop CC 中，用户使用【去色】命令可以快速将图像去除颜色，只保留黑白效果。下面介绍使用【去色】命令的方法。

第 1 步 在 Photoshop CC 中打开图像文件，*1.* 单击【图像】主菜单，*2.* 在弹出的菜单中选择【调整】菜单项，*3.* 在弹出的子菜单中选择【去色】菜单项，如图 6-9 所示。

第 2 步 通过以上方法即可完成运用【去色】命令的操作，如图 6-10 所示。

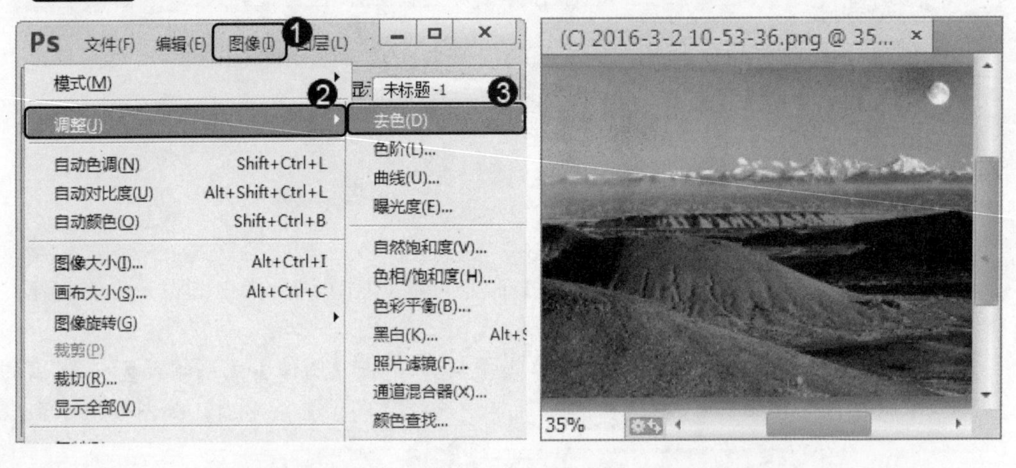

图 6-9　　图 6-10

6.1.5 黑白

在 Photoshop CC 中，用户使用【黑白】命令可将图像颜色设置成黑白效果，并根据绘图需要调整图像黑白显示的效果。下面介绍使用【黑白】命令的方法。

第 1 步 在 Photoshop CC 中打开图像文件，*1.* 单击【图像】主菜单，*2.* 在弹出的菜单中选择【调整】菜单项，**3.** 在弹出的子菜单中，选择【黑白】菜单项，如图 6-11 所示。

第 2 步 弹出【黑白】对话框，**1.** 在【红色】文本框中输入数值，**2.** 在【黄色】文本框中输入数值，**3.** 在【绿色】文本框中输入数值，**4.** 在【青色】文本框中输入数值，**5.** 单击【确定】按钮，如图 6-12 所示。

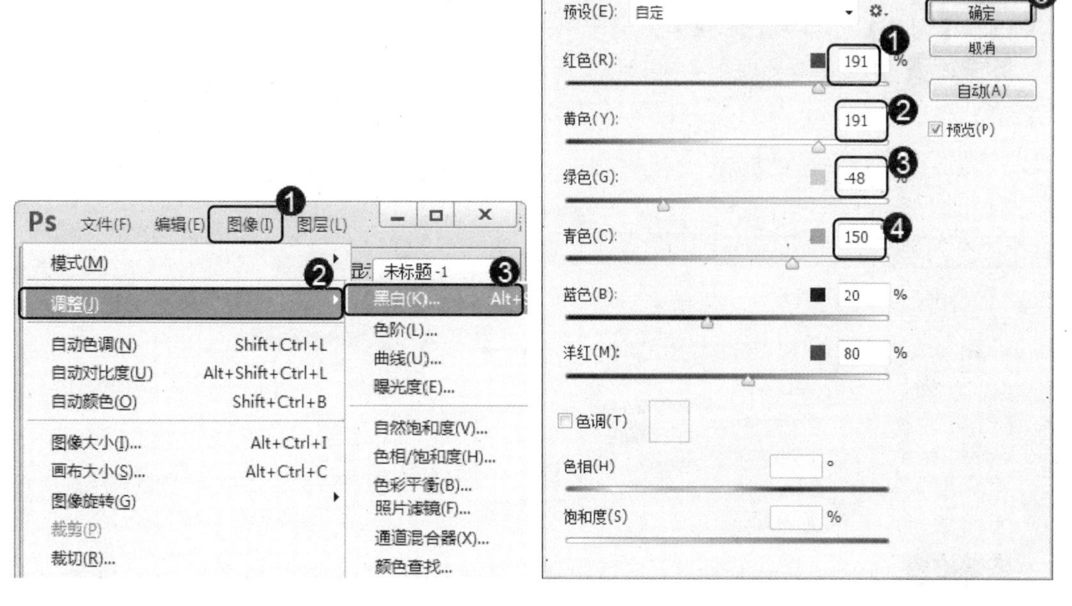

图 6-11　　　　图 6-12

第 3 步 通过以上方法即可完成运用【黑白】命令的操作，如图 6-13 所示。

图 6-13

知识精讲

在 Photoshop CC 中，按组合键 Alt+Shift+Ctrl+B，这样用户同样可以启动【黑白】对话框，在【黑白】对话框中的【预设】下拉列表框中，用户可以使用系统预设的显示效果，以达到图像制作的最佳效果。

6.1.6 渐变映射

在 Photoshop CC 中，用户使用【渐变映射】命令可以将图像填充成不同的渐变色调。下面介绍运用【渐变映射】命令的方法。

第 1 步 在 Photoshop CC 中打开图像文件，1. 单击【图像】主菜单，2. 在弹出的菜单中选择【调整】菜单项，3. 在弹出的子菜单中选择【渐变映射】菜单项，如图 6-14 所示。

第 2 步 弹出【渐变映射】对话框，1. 在【灰度映射所用的渐变】下拉列表框中设置渐变映射选项，2. 单击【确定】按钮，如图 6-15 所示。

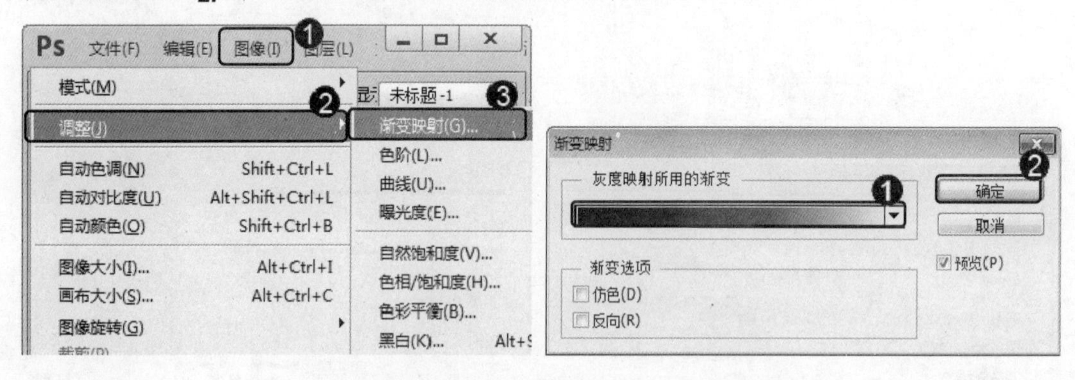

图 6-14　　　　图 6-15

第 3 步 通过以上方法即可完成运用【渐变映射】命令的操作，如图 6-16 所示。

图 6-16

6.1.7 照片滤镜

在 Photoshop CC 中，用户使用【照片滤镜】命令可以快速设置图像滤镜颜色，将图像色温快速更改。下面介绍运用【照片滤镜】命令的方法。

第 1 步 在 Photoshop CC 中打开图像文件，1. 单击【图像】主菜单，2. 在弹出的菜单中选择【调整】菜单项，3. 在弹出的子菜单中选择【照片滤镜】菜单项，如图 6-17 所示。

第 2 步 弹出【照片滤镜】对话框，1. 选中【颜色】单选按钮，2. 在后面的颜色块中选择滤镜颜色，3. 在【浓度】文本框中输入滤镜颜色的浓度数值，4. 单击【确定】按钮，如图 6-18 所示。

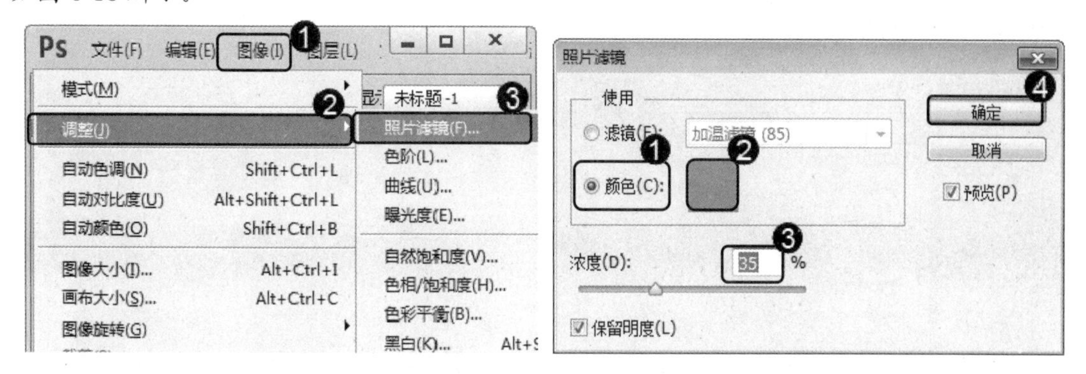

图 6-17　　　　图 6-18

第 3 步 通过以上方法即可完成运用【照片滤镜】命令的操作，如图 6-19 所示。

图 6-19

6.2　快速调整图像

在 Photoshop CC 中，用户可以对图像进行自动调整色调、自动调整对比度、自动校正图像偏色等操作。本节将重点介绍图像颜色的自定义校正方面的知识。

6.2.1　自动色调

在 Photoshop CC 中，使用【自动色调】命令，用户可以增强图像的对比度和明暗程度。下面介绍运用【自动色调】命令的方法。

第 1 步 在 Photoshop CC 中打开图像文件，1. 单击【图像】主菜单，2. 在弹出的菜单中选择【自动色调】菜单项，如图 6-20 所示。

第 2 步 通过以上方法即可完成运用【自动色调】命令的操作，如图 6-21 所示。

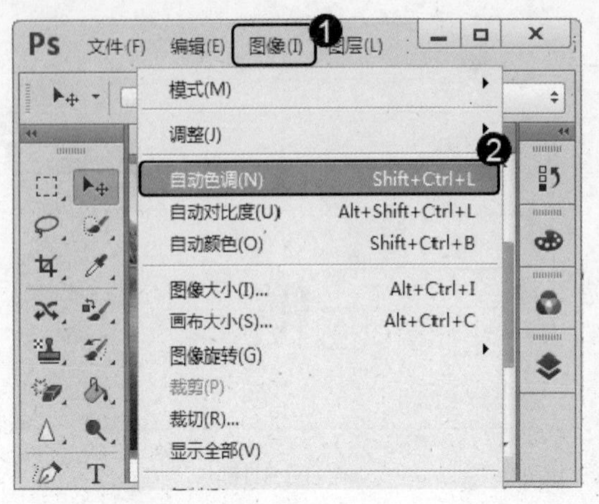

图 6-20

图 6-21

6.2.2 自动颜色

在 Photoshop CC 中，用户运用【自动颜色】命令可以通过对图像中的中间调、阴影和高光进行标识，自动校正图像偏色问题。下面介绍运用【自动颜色】命令的方法。

第 1 步 在 Photoshop CC 中打开图像文件，**1.** 单击【图像】主菜单，**2.** 在弹出的菜单中选择【自动颜色】菜单项，如图 6-22 所示。

第 2 步 通过以上方法即可完成运用【自动颜色】命令的操作，如图 6-23 所示。

图 6-22

图 6-23

智慧锦囊

在 Photoshop CC 中，打开准备进行自动颜色设置的图像文件，按组合键 Shift+Ctrl+B，用户同样可以快速对图像进行自动颜色的操作。

6.2.3　自动对比度

在 Photoshop CC 中，用户使用【自动对比度】命令可以自动调整图像的对比度。下面介绍运用【自动对比度】命令的方法。

第 1 步 在 Photoshop CC 中打开图像文件，1. 单击【图像】主菜单，2. 在弹出的菜单中选择【自动对比度】菜单项，如图 6-24 所示。

第 2 步 通过以上方法即可完成运用【自动对比度】命令的操作，如图 6-25 所示。

图 6-24

图 6-25

6.3　校正图像色彩

在 Photoshop CC 中，用户可对图像进行手动校正图像色彩与色调的操作。这样可以根据用户的编辑需求进行色彩调整。本节将重点介绍图像色彩校正方面的知识。

6.3.1　阴影/高光

在 Photoshop CC 中，用户使用【阴影/高光】命令可以对图像中的阴影或高光区域相邻的像素进行校正处理。下面介绍使用【阴影/高光】命令的方法。

第 1 步 在 Photoshop CC 中打开图像文件，1. 单击【图像】主菜单，2. 在弹出的菜单中选择【调整】菜单项，3. 在弹出的子菜单中选择【阴影/高光】菜单项，如图 6-26 所示。

第 2 步 弹出【阴影/高光】对话框，1. 在【阴影】区域中的【数量】文本框中，设置图像阴影数值，2. 在【高光】区域中的【数量】文本框中，设置图像高光数值，3. 单击【确定】按钮，如图 6-27 所示。

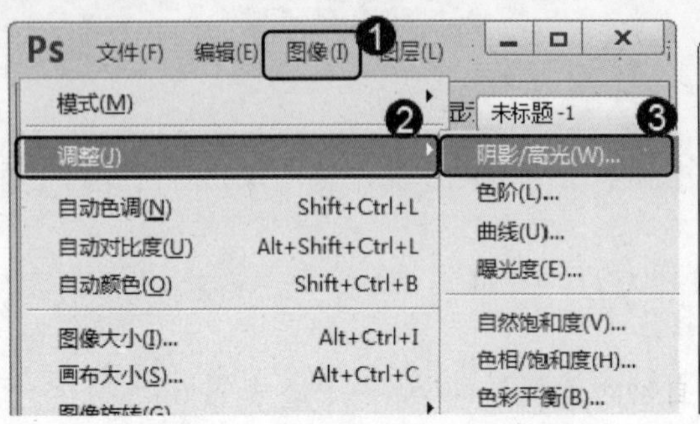

图 6-26

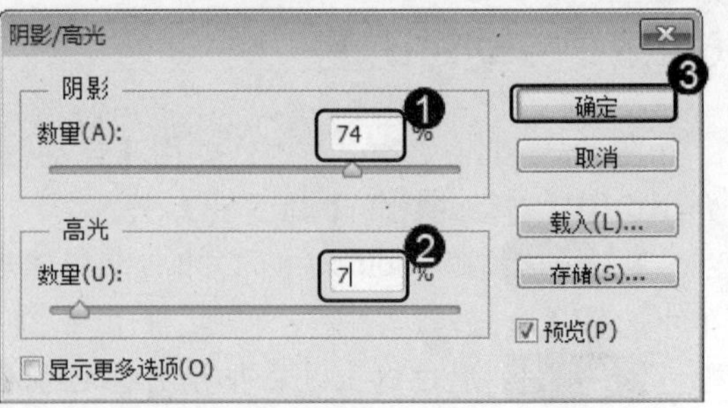

图 6-27

第 3 步 通过以上方法即可完成运用【阴影/高光】命令的操作，如图 6-28 所示。

图 6-28

知识精讲

使用【阴影/高光】命令对图像阴影或高光区域相邻像素进行校正操作时，对阴影区域进行调整时，高光区域的影响可以忽略不计；对高光区域进行调整时，阴影区域的影响可以忽略不计。

6.3.2 亮度/对比度

在 Photoshop CC 中，用户运用【亮度/对比度】命令可以对图像进行亮度和对比度的自定义调整。下面介绍运用【亮度/对比度】命令的方法。

第 1 步 在 Photoshop CC 中打开图像文件，**1.** 单击【图像】主菜单，**2.** 在弹出的菜单中选择【调整】菜单项，**3.** 在弹出的子菜单中选择【亮度/对比度】菜单项，如图 6-29 所示。

第 2 步 弹出【亮度/对比度】对话框，**1.** 在【亮度】文本框中设置图像亮度数值，**2.** 在【对比度】文本框中设置图像对比度数值，**3.** 单击【确定】按钮，如图 6-30 所示。

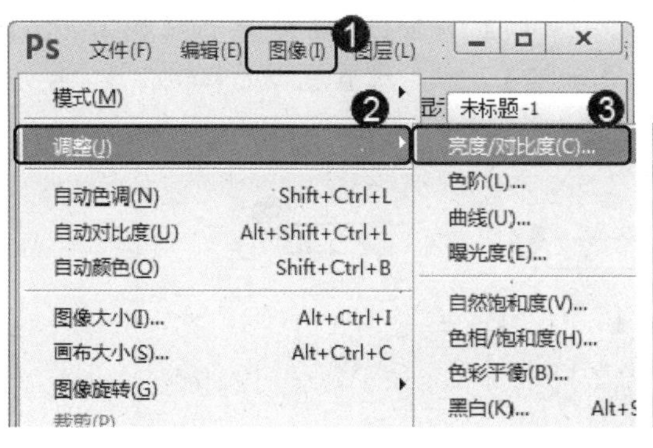

图 6-29

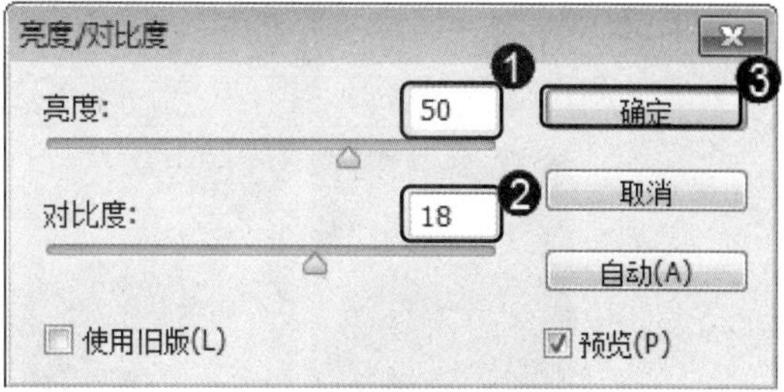

图 6-30

第 3 步 通过以上方法即可完成运用【亮度/对比度】命令的操作，如图 6-31 所示。

图 6-31

6.3.3　变化

在 Photoshop CC 中，用户使用【变化】命令可以快速调整图像的不同着色效果。下面介绍运用【变化】命令的方法。

第 1 步 在 Photoshop CC 中打开图像文件，*1.* 单击【图像】主菜单，*2.* 在弹出的菜单中选择【调整】菜单项，*3.* 在弹出的子菜单中选择【变化】菜单项，如图 6-32 所示。

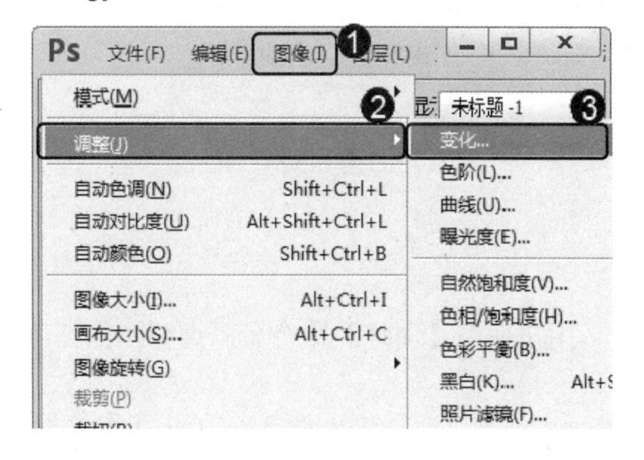

图 6-32

第 2 步 弹出【变化】对话框，**1.** 选中【中间调】单选按钮，**2.** 单击【加深黄色】选项，**3.** 单击【较亮】选项，**4.** 向右拖动【精细/粗糙】滑块，设置色调的粗糙程度，**5.** 单击【确定】按钮，如图 6-33 所示。

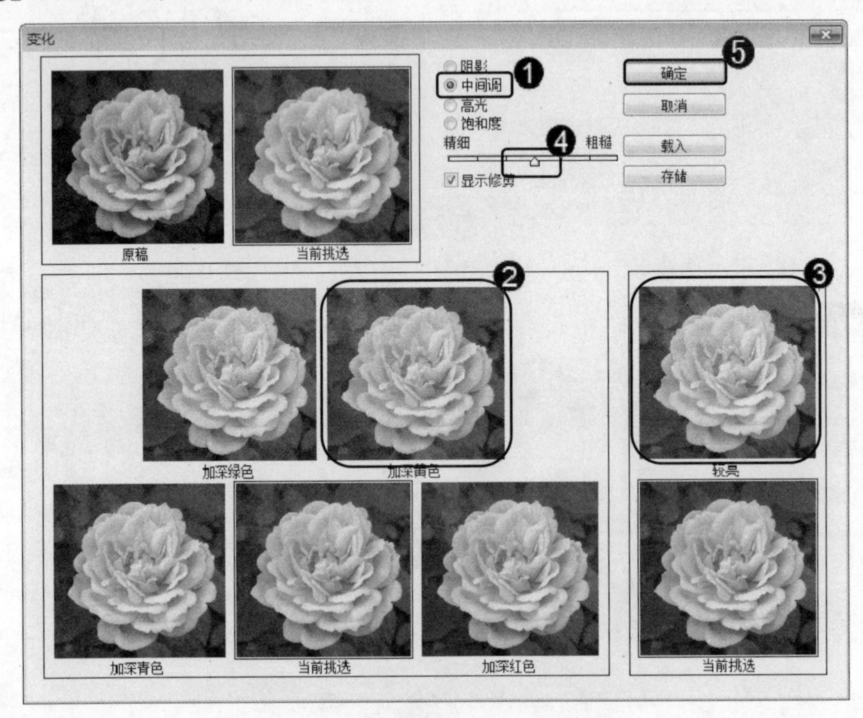

图 6-33

第 3 步 通过以上方法即可完成运用【变化】命令的操作，如图 6-34 所示。

图 6-34

6.3.4 曲线

在 Photoshop CC 中，用户使用【曲线】命令可以调整图像整体深度明暗。下面介绍运用【曲线】命令的方法。

第 1 步 在 Photoshop CC 中打开图像文件，**1.** 单击【图像】主菜单，**2.** 在弹出的菜单中选择【调整】菜单项，**3.** 在弹出的子菜单中选择【曲线】菜单项，如图 6-35 所示。

第 2 步 弹出【曲线】对话框，1. 在曲线调整区域中的高光范围内，向上拉伸曲线，设置第一个调整点，2. 在阴影范围中向下拉伸曲线，设置第二个调整点，3. 单击【确定】按钮，如图 6-36 所示。

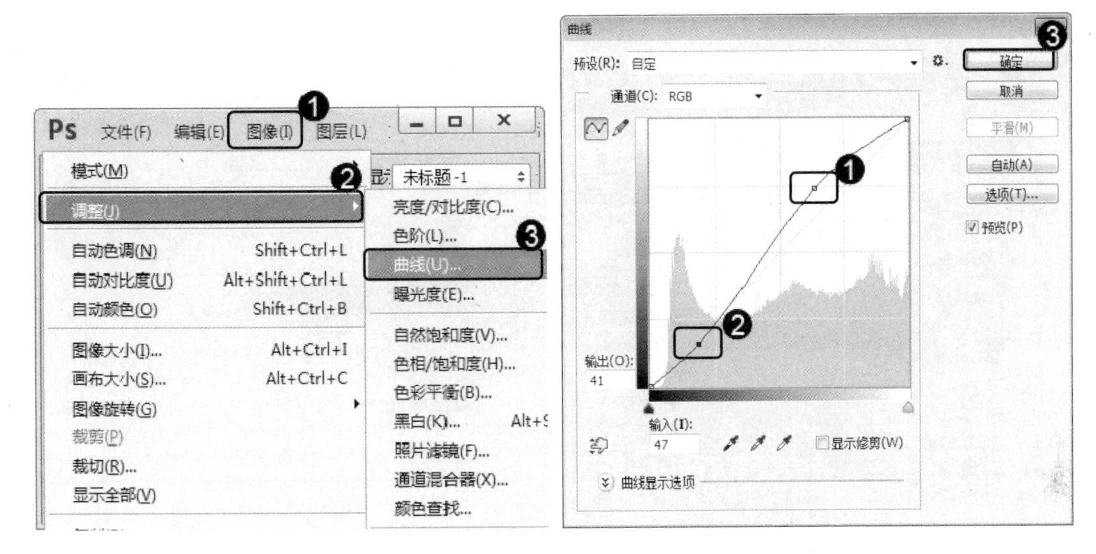

图 6-35　　　　图 6-36

第 3 步 通过以上方法即可完成运用【曲线】命令的操作，如图 6-37 所示。

图 6-37

智慧锦囊

在 Photoshop CC 中，打开准备调整颜色深度的图像文件，按组合键 Ctrl+M，用户同样可以快速启动【曲线】命令对图像进行色调调整的操作。

6.3.5　色阶

在 Photoshop CC 中，【色阶】命令用来调整图像亮度，校正图像的色彩平衡。下面介绍运用【色阶】命令的方法。

第 1 步 在 Photoshop CC 中打开图像文件，1. 单击【图像】主菜单，2. 在弹出的菜单中选择【调整】菜单项，3. 在弹出的子菜单中选择【色阶】菜单项，如图 6-38 所示。

第 2 步 弹出【色阶】对话框，1. 在【通道】下拉列表框中选择 RGB 选项，2.在【输入色阶】区域中向右拖动【中间调】滑块，3. 单击【确定】按钮，如图 6-39 所示。

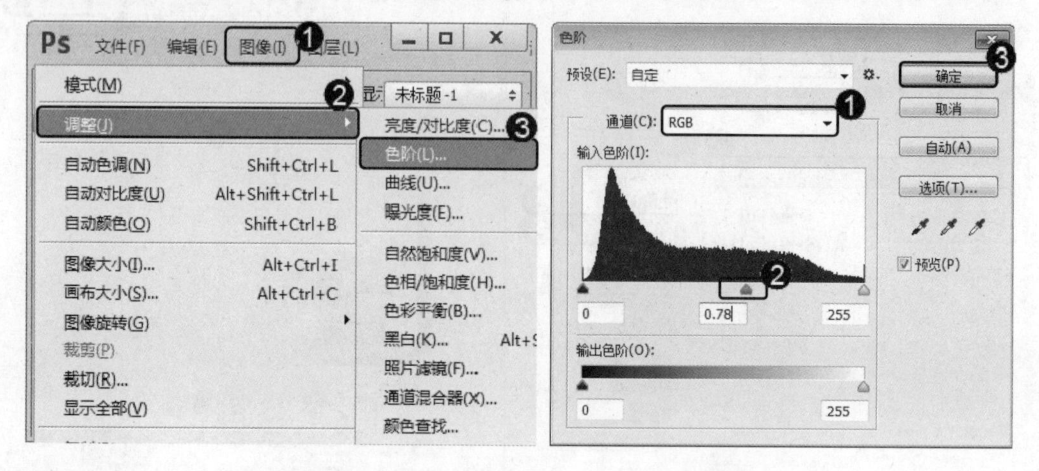

图 6-38　　　　　图 6-39

第 3 步 通过以上方法即可完成运用【色阶】命令的操作，如图 6-40 所示。

图 6-40

6.4 自定义调整图像色调

在 Photoshop CC 中，用户可以对图像的色调进行自定义调整的设置，以便制作出精美的艺术效果。本节将重点介绍图像色调自定义调整技巧方面的知识。

6.4.1 色彩平衡

在 Photoshop CC 中，用户使用【色彩平衡】命令可以调整图像偏色方面的问题。下面介绍使用【色彩平衡】命令的方法。

第 1 步 在 Photoshop CC 中打开图像文件，**1.** 单击【图像】主菜单，**2.** 在弹出的菜单中选择【调整】菜单项，**3.** 在弹出的子菜单中选择【色彩平衡】菜单项，如图 6-41 所示。

第 2 步 弹出【色彩平衡】对话框，**1.** 在【色阶】区域后面的 3 个文本框中依次输入 +48、-82、+17，**2.** 单击【确定】按钮，如图 6-42 所示。

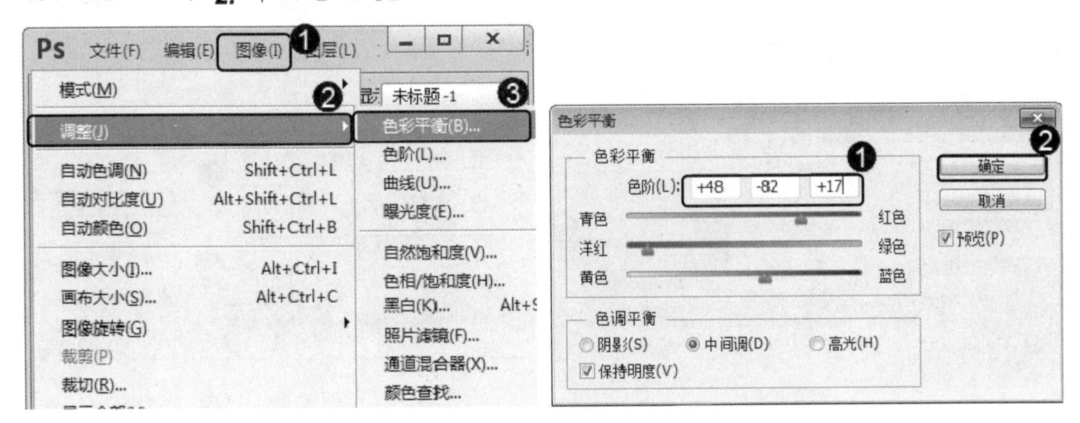

图 6-41　　　　图 6-42

第 3 步 通过以上方法即可完成运用【色阶】命令的操作，如图 6-43 所示。

图 6-43

知识精讲

打开准备调整颜色色调的图像文件，按组合键 Ctrl+B，用户同样可以快速启动【色彩平衡】命令对图像进行色调调整的操作，同时在【色彩平衡】对话框中，选择【阴影】、【中间调】或【高光】三种模式，图像色调调整的效果也不相同。

6.4.2　自然饱和度

在 Photoshop CC 中，用户运用【自然饱和度】命令可以对图像整体的饱和度进行调整。下面介绍运用【自然饱和度】命令的方法。

第 1 步 在 Photoshop CC 中打开图像文件，**1.** 单击【图像】主菜单，**2.** 在弹出的菜单中选择【调整】菜单项，**3.** 在弹出的子菜单中选择【自然饱和度】菜单项，如图 6-44 所示。

第 2 步 弹出【自然饱和度】对话框，**1.** 在【自然饱和度】文本框中输入 82，**2.** 在【饱和度】文本框中输入 15，**3.** 单击【确定】按钮，如图 6-45 所示。

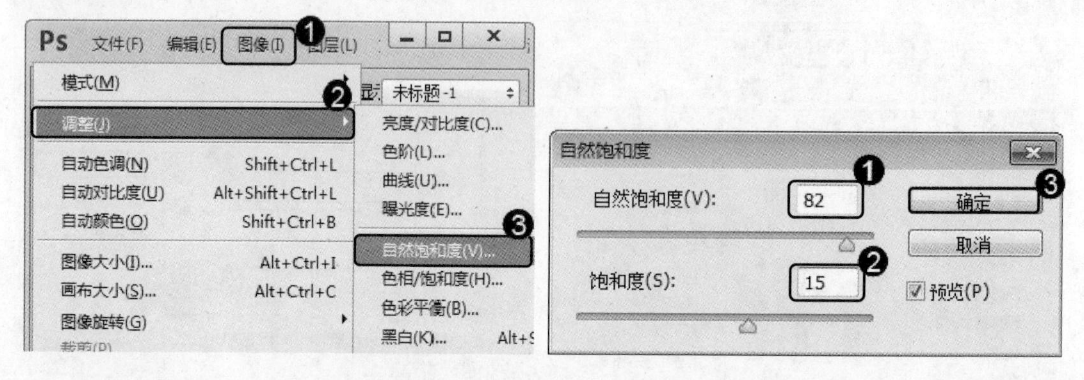

图 6-44　　　　图 6-45

第 3 步 通过以上方法即可完成运用【自然饱和度】命令的操作，如图 6-46 所示。

图 6-46

6.4.3 匹配颜色

在 Photoshop CC 中，用户使用【匹配颜色】命令可以将一个图像中的颜色与另一个图像中的颜色匹配。下面介绍运用【匹配颜色】命令的方法。

第 1 步 在 Photoshop CC 中打开图像文件，**1.** 单击【图像】主菜单，**2.** 在弹出的菜单中选择【调整】菜单项，**3.** 在弹出的子菜单中选择【匹配颜色】菜单项，如图 6-47 所示。

第 2 步 弹出【匹配颜色】对话框，**1.** 在【图像选项】区域下的【明亮度】文本框中，输入 137，**2.** 在【颜色强度】文本框中输入 54，**3.** 在【渐隐】文本框中输入 22，**4.** 在【图像统计】区域下的【源】下拉列表框中，选择准备使用的源文件，**5.** 单击【确定】按钮，如图 6-48 所示。

第 3 步 通过以上方法即可完成运用【匹配颜色】命令的操作，如图 6-49 所示。

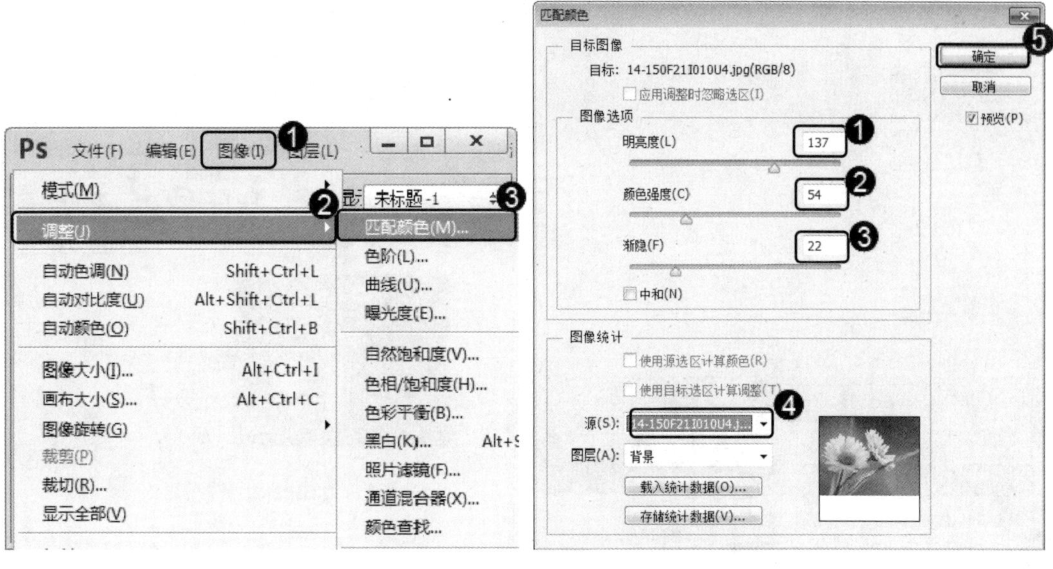

图 6-47　　　　图 6-48

图 6-49

6.4.4　替换颜色

在 Photoshop CC 中，用户使用【替换颜色】命令可以将图像中的某一种颜色替换成其他颜色。下面介绍运用【替换颜色】命令的方法。

第 1 步 在 Photoshop CC 中打开图像文件，**1.** 单击【图像】主菜单，**2.** 在弹出的菜单中选择【调整】菜单项，**3.** 在弹出的子菜单中选择【替换颜色】菜单项，如图 6-50 所示。

第 2 步 弹出【替换颜色】对话框，**1.** 在【颜色容差】文本框中输入 120，**2.** 在预览图像中选取需要替换的颜色，**3.** 在【色相】文本框中输入 45，**4.** 在【饱和度】文本框中输入 18，**5.** 在【明度】文本框中输入 8，**6.** 单击【确定】按钮，如图 6-51 所示。

第 3 步 通过以上方法即可完成运用【替换颜色】命令的操作，如图 6-52 所示。

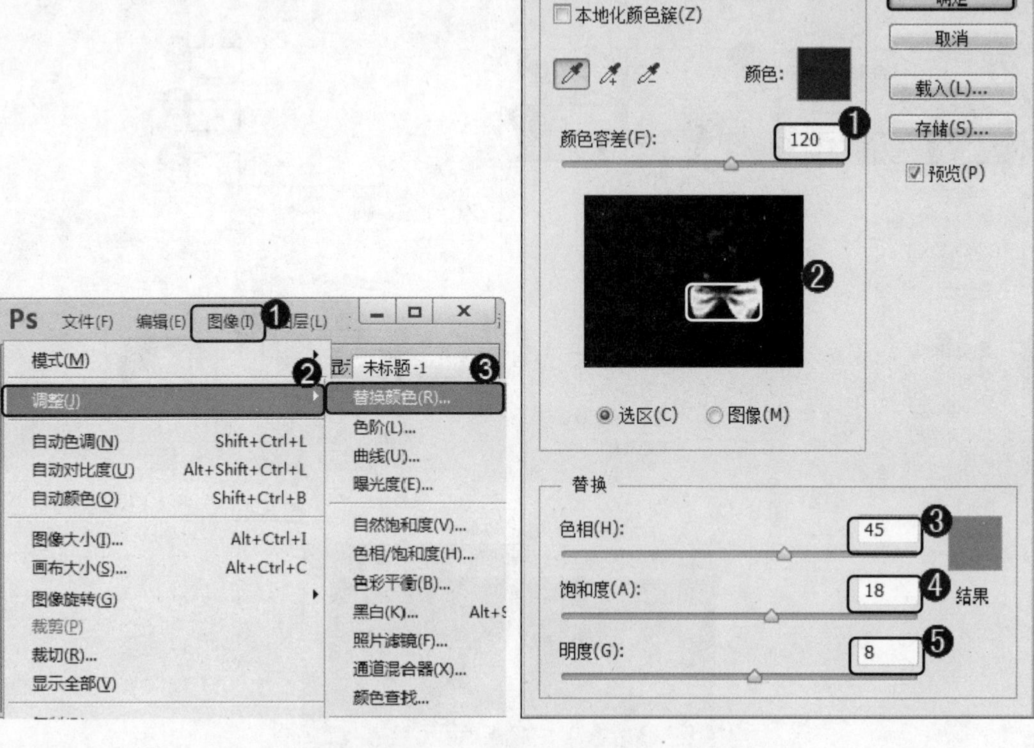

图 6-50　　　　　　　　　　图 6-51

图 6-52

6.5　实践案例与上机指导

通过本章的学习，读者基本可以掌握调整图像色调与色彩的基本知识以及一些常见的操作方法。下面通过练习操作，以达到巩固学习、拓展提高的目的。

6.5.1　曝光度

在 Photoshop CC 中，用户使用【曝光度】命令可以快速调整图像的曝光度。下面介绍使用【曝光度】命令的方法。

第 1 步　在 Photoshop CC 中打开图像文件，1. 单击【图像】主菜单，2. 在弹出的菜单中选择【调整】菜单项，3. 在弹出的子菜单中选择【曝光度】菜单项，如图 6-53 所示。

第 2 步　弹出【曝光度】对话框，1. 在【曝光度】文本框中输入 1.43，2. 在【位移】文本框中输入 0.0476，3. 在【灰度系数校正】文本框中输入 0.69，4. 单击【确定】按钮，如图 6-54 所示。

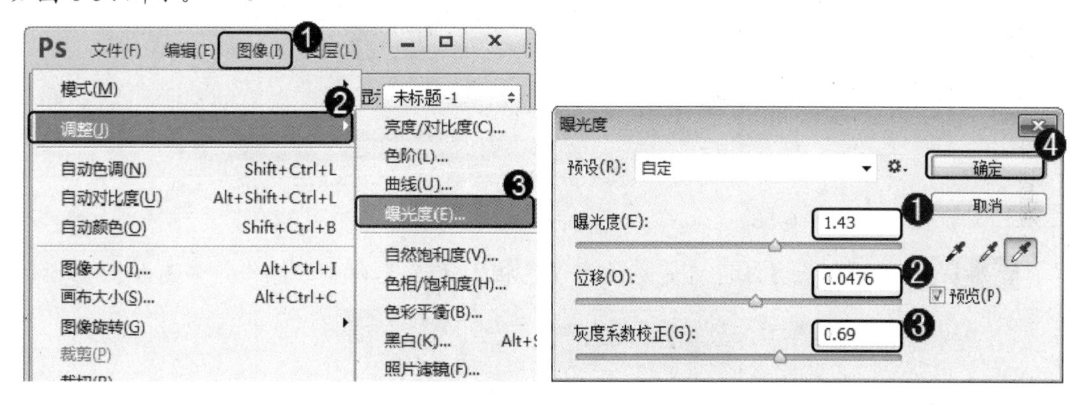

图 6-53　　　　图 6-54

第 3 步　通过以上方法即可完成运用【曝光度】命令的操作，如图 6-55 所示。

图 6-55

6.5.2　色相/饱和度

在 Photoshop CC 中，用户运用【色相/饱和度】命令可以对图像的整体色相与饱和度进行调整，这样可以使图像的颜色更加浓烈饱满。下面介绍运用【色相/饱和度】命令的方法。

第 1 步　在 Photoshop CC 中打开图像文件，1. 单击【图像】主菜单，2. 在弹出的菜单中选择【调整】菜单项，3. 在弹出的子菜单中选择【色相/饱和度】菜单项，如图 6-56

所示。

第 2 步 弹出【色相/饱和度】对话框，1. 在【色相】文本框中输入-22，2. 在【饱和度】文本框中输入 43，3. 在【明度】文本框中输入 0，4. 单击【确定】按钮，如图 6-57 所示。

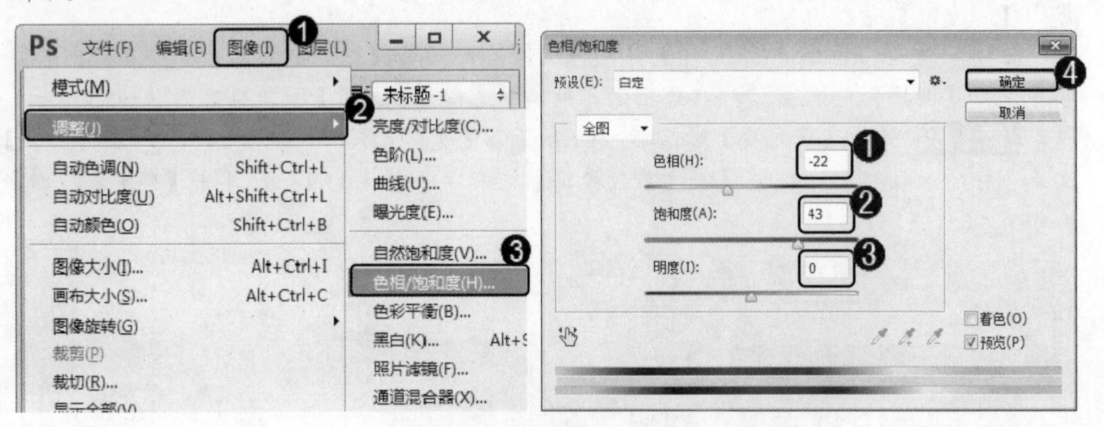

图 6-56 图 6-57

第 3 步 通过以上方法即可完成运用【色相/饱和度】命令的操作，如图 6-58 所示。

图 6-58

6.5.3 可选颜色

在 Photoshop CC 中，用户使用【可选颜色】命令可以对图像中的颜色平衡进行校正和设置。下面介绍运用【可选颜色】命令的方法。

第 1 步 在 Photoshop CC 中打开图像文件，1. 单击【图像】主菜单，2. 在弹出的菜单中选择【调整】菜单项，3. 在弹出的子菜单中选择【可选颜色】菜单项，如图 6-59 所示。

第 2 步 弹出【可选颜色】对话框，1. 在【颜色】下拉列表框中选择【中性色】选项，2. 在【青色】文本框中输入 62，3. 在【洋红】文本框中输入 40，4. 在【黄色】文本框中输入-49，5. 在【黑色】文本框中输入-24，6. 单击【确定】按钮，如图 6-60 所示。

第 3 步 通过以上方法即可完成运用【可选颜色】命令的操作，如图 6-61 所示。

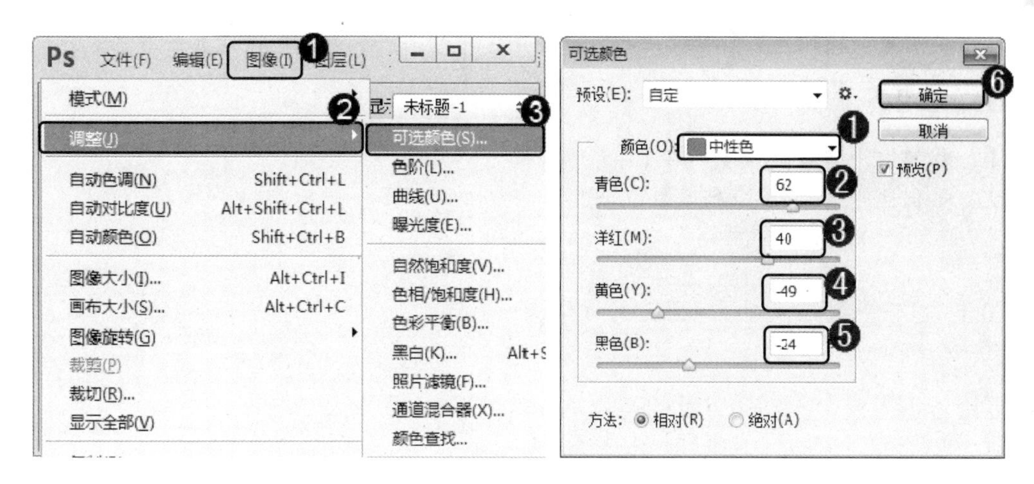

图 6-59　　　　图 6-60

图 6-61

6.6　思考与练习

一、填空题

1. 使用【阴影/高光】命令，用户可以对图像中的________或________区域相邻的________进行校正处理。

2. 运用【自动颜色】命令，用户可以通过对图像中的________、________和________进行标识，自动校正图像________问题。

3. 在 Photoshop CC 中，用户可以对图像进行________、________和________等操作。

二、判断题

1. 使用【色调分离】命令，用户可以将图像制作出手绘的效果。　(　　)
2. 使用【自动色调】命令，用户不可以增强图像的对比度和明暗程度。　(　　)
3. 使用【色彩平衡】命令，用户不可以调整图像偏色方面的问题。　(　　)

4. 使用【替换颜色】命令，用户可以将图像中的某一种颜色替换成其他颜色。 ( )

三、思考题

1. 如何运用【曝光度】命令?
2. 如何运用【色相/饱和度】命令?

第 7 章

设置颜色与画笔应用

本章要点

- 颜色的选取
- 颜色填充与描边
- 图像色彩模式的转换
- 【画笔】面板的设置与应用
- 绘画工具

本章主要内容

本章主要介绍颜色的选取、颜色填充与描边、图像色彩模式的转换、【画笔】面板的设置与应用方面的知识与技巧，同时还讲解如何使用绘画工具。在本章的最后还针对实际的工作需求，讲解使用 Lab 模式、追加画笔样式、使用混合器画笔工具的方法。通过本章的学习，读者可以掌握设置颜色与画笔应用方面的知识，为深入学习 Photoshop CC 知识奠定基础。

7.1 颜色的选取

在 Photoshop CC 中，选取颜色后，用户可以对图像进行填充、描边、设置图层颜色等操作。本节将重点介绍选取与设置颜色方面的知识。

7.1.1 前景色与背景色

在 Photoshop CC 中，使用前景色，用户可以绘画、填充和描边选区；使用背景色，用户可以生成渐变填充和在图像已抹除的区域中填充。下面介绍前景色和背景色方面的知识，如图 7-1 所示。

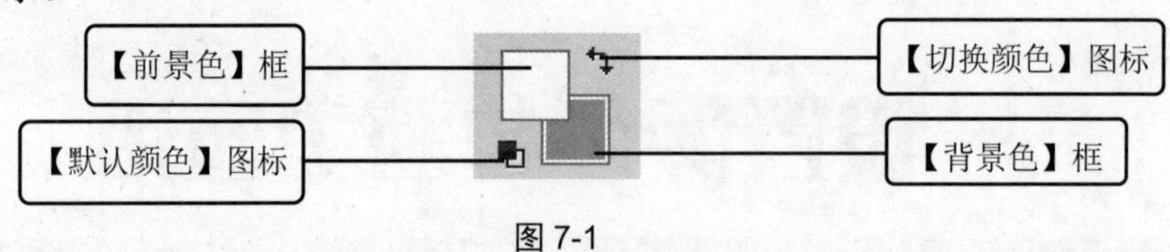

图 7-1

- 【前景色】框：如果准备更改前景色，可以单击工具箱中靠上的颜色选择框，然后在拾色器中选取一种颜色。
- 【默认颜色】图标：单击此图标，可以切换回默认的前景色和背景色颜色。默认的前景色是黑色，默认的背景色是白色。
- 【切换颜色】图标：如果准备反转前景色和背景色，可以单击工具箱中的【切换颜色】图标。
- 【背景色】框：如果准备更改背景色，可以单击工具箱中靠下的颜色选择框，然后在拾色器中选取一种颜色。

智慧锦囊

在 Photoshop CC 中，如果准备选取背景色，用户可以按住 Ctrl 键的同时单击【色板】面板中的颜色，这样即可在色板中选取背景色。

7.1.2 使用拾色器选取颜色

在 Photoshop CC 中，用户使用拾色器可以设置前景色、背景色和文本颜色，使用拾色器选取颜色的方法非常简单。下面详细介绍使用拾色器选取颜色的方法。

第 1 步 启动 Photoshop CC 程序，在左侧的工具箱中单击【前景色】框，如图 7-2 所示。

第 2 步 弹出【拾色器(前景色)】对话框，***1.*** 在色域中拾取颜色，***2.*** 单击【确定】按钮，如图 7-3 所示。

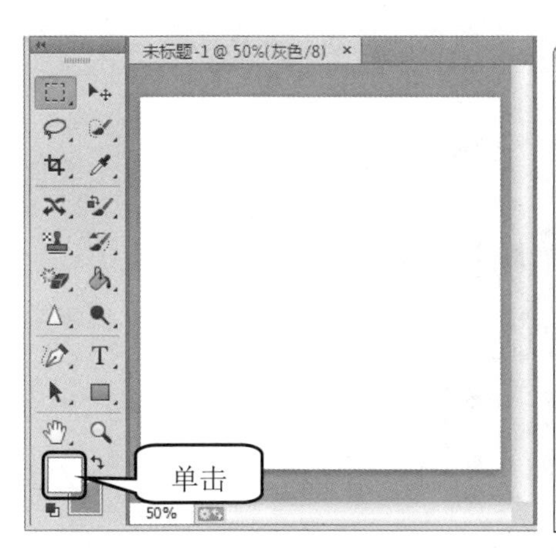

图 7-2

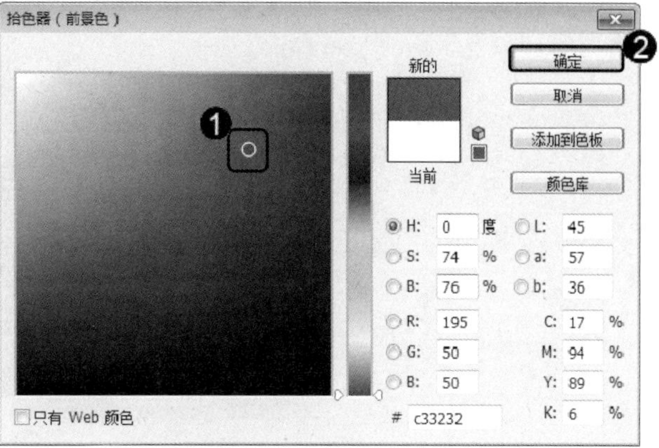

图 7-3

第 3 步 通过以上方法即可完成使用拾色器设置前景颜色的操作，如图 7-4 所示。

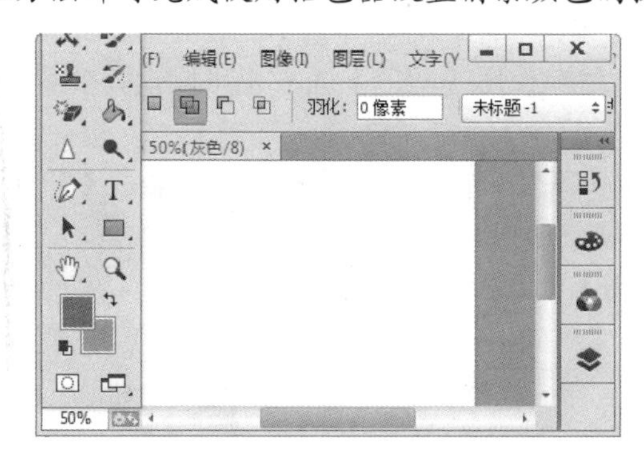

图 7-4

7.1.3　使用吸管工具选取颜色

在 Photoshop CC 中，用户使用吸管工具可以快速拾取当前图像中的任意颜色。下面介绍使用吸管工具的方法。

第 1 步 在 Photoshop CC 中打开图像文件，**1.** 单击工具箱中的【吸管工具】按钮，**2.** 当鼠标指针变为后，在准备选取颜色的位置单击，如图 7-5 所示。

图 7-5

第 2 步 通过以上方法即可完成使用吸管工具选取颜色的操作，用户可以在前景色处查看选取的颜色，如图 7-6 所示。

图 7-6

7.1.4 用【颜色】面板调整颜色

在 Photoshop CC 中，用户使用【颜色】面板也可以设置前景色和背景色，同时还可以追加颜色。下面介绍使用【颜色】面板的方法。

第 1 步 在 Photoshop CC 中新建图像文件后，*1.* 单击【窗口】主菜单，*2.* 在弹出的菜单中选择【颜色】菜单项，如图 7-7 所示。

第 2 步 弹出【颜色】面板，在颜色条中单击选取其中的一个颜色样本，如图 7-8 所示。

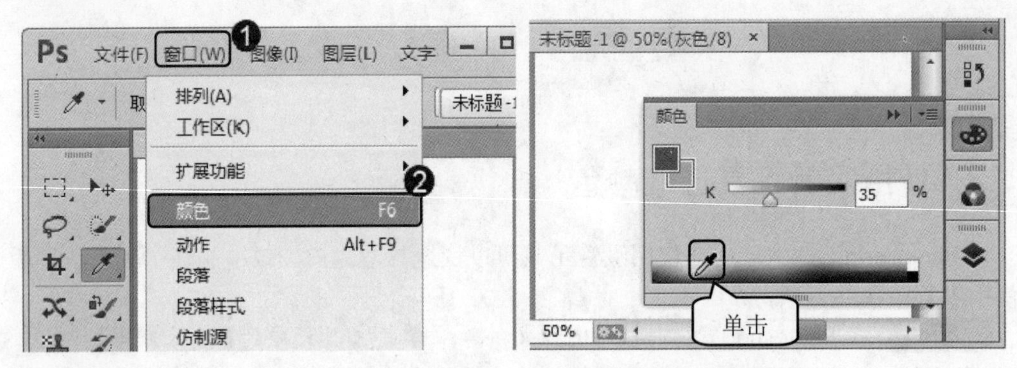

图 7-7　　图 7-8

第 3 步 通过以上方法即可完成使用【颜色】面板设置前景颜色的操作，如图 7-9 所示。

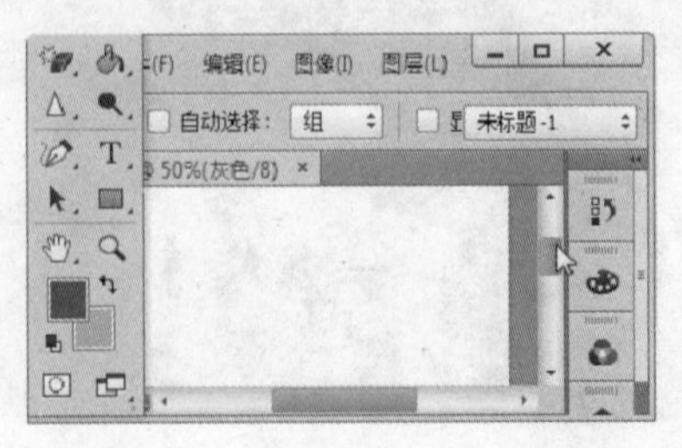

图 7-9

7.1.5　用【色板】面板设置颜色

在 Photoshop CC 中，用户使用【色板】面板也可以设置前景色和背景色，同时还可以追加颜色。下面介绍使用【色板】面板的方法。

第 1 步　在 Photoshop CC 中新建图像文件后，*1.* 单击【窗口】主菜单，*2.* 在弹出的菜单中选择【色板】菜单项，如图 7-10 所示。

第 2 步　弹出【色板】面板，在【色板】面板中单击其中的一个颜色样本，如图 7-11 所示。

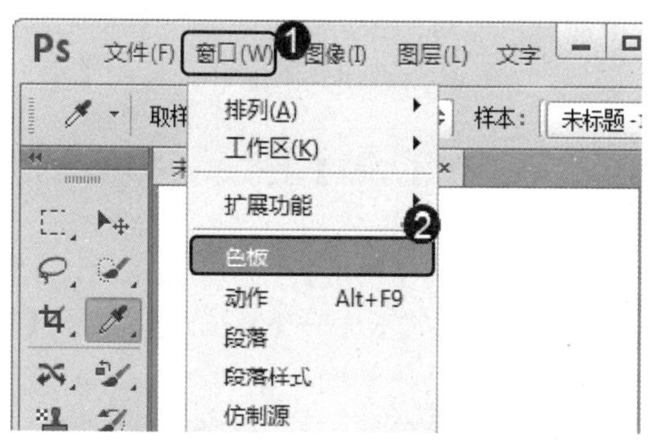

图 7-10

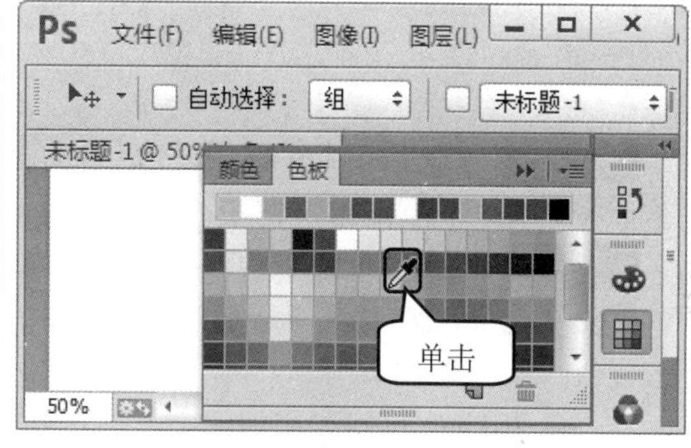

图 7-11

第 3 步　通过以上方法即可完成使用【色板】面板设置前景颜色的操作，如图 7-12 所示。

图 7-12

知识精讲

在 Photoshop CC 中，如果准备在色板中追加颜色，用户可以单击【色板面板】按钮，在弹出的菜单中可以选择 ANPA 等菜单项，此时将弹出提示对话框，单击【追加】按钮即可追加显示 ANPA 中的颜色块。

7.2 颜色填充与描边

在 Photoshop CC 中，填充颜色，用户不仅可以达到美化图像的效果，同时还可以用于区分图像的不同区域。本节将重点介绍颜色的填充方面的知识。

7.2.1 运用【填充】菜单命令填充颜色

在 Photoshop CC 中，用户运用【填充】菜单命令可以对图像进行前景色、背景色、颜色、颜色识别、图案、历史记录、黑色、50%灰色、白色等填充操作。下面介绍运用【填充】菜单命令的方法。

第 1 步 在 Photoshop CC 中新建图像文件后，1. 单击【编辑】主菜单，2. 在弹出的菜单中选择【填充】菜单项，如图 7-13 所示。

第 2 步 弹出【填充】对话框，1. 在【内容】区域下的【使用】下拉列表框中，选择【前景色】选项，2. 在【不透明度】文本框中输入颜色填充的不透明度数值，3. 单击【确定】按钮，如图 7-14 所示。

图 7-13

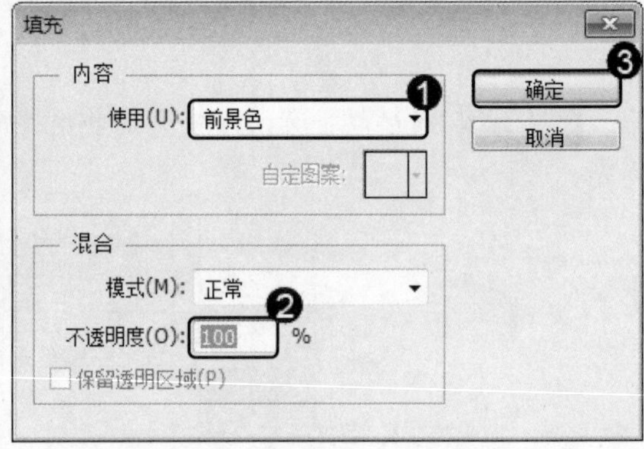

图 7-14

第 3 步 通过以上方法即可完成使用【填充】菜单命令设置前景颜色的操作，如图 7-15 所示。

图 7-15

7.2.2　油漆桶工具的应用

运用油漆桶工具，用户可以使用设置的前景色或自带的图案进行填充。下面介绍运用油漆桶工具填充图案的方法。

第 1 步 在 Photoshop CC 中打开图像文件，**1.** 在工具箱中设置前景色，**2.** 单击【油漆桶工具】按钮，**3.** 当鼠标指针变为时，在准备填充的图像区域处单击鼠标，如图 7-16 所示。

第 2 步 通过以上方法即可完成运用油漆桶工具的操作，如图 7-17 所示。

图 7-16

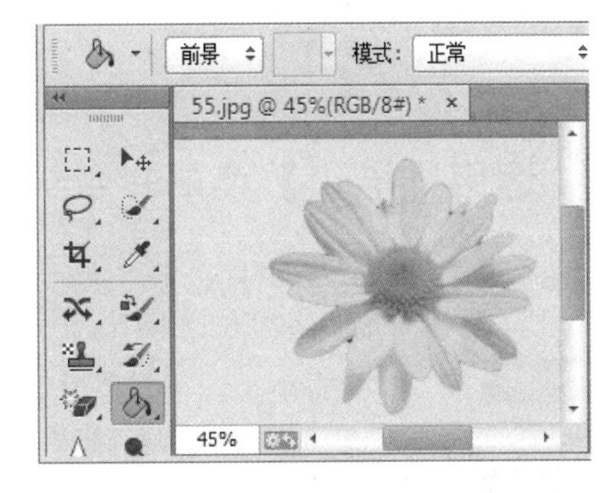

图 7-17

智慧锦囊

在 Photoshop CC 中，如果准备应用【填充】对话框中的功能，按组合键 Shift+F5，这样即可快速调出【填充】对话框。

7.2.3　渐变工具的应用

在 Photoshop CC 中，用户运用渐变工具可以对图像进行填充渐变色彩的操作。下面介绍运用渐变工具的方法。

第 1 步 在 Photoshop CC 中打开图像文件，**1.** 在工具箱中单击【渐变工具】按钮，**2.** 在【前景色】框选择准备应用的颜色，**3.** 在【渐变样式的管理器】列表框中，选择准备应用的画笔样式，**4.** 当鼠标指针变为 -¦- 时，在文档窗口中，指定渐变的第一个点，拖动鼠标到目标位置处，然后释放鼠标，如图 7-18 所示。

第 2 步 通过以上方法即可完成运用渐变工具的操作，如图 7-19 所示。

知识精讲

在 Photoshop CC 中，按组合键 Shift+Delete，这样用户可以将图像快速填充成前景色；按组合键 Ctrl+Delete，这样用户可以将图像快速填充成背景色。

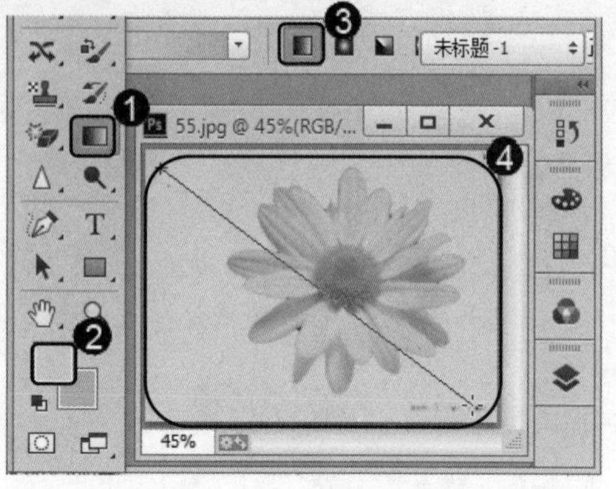

图 7-18

图 7-19

7.2.4 运用【描边】菜单命令制作线描插画

在 Photoshop CC 中，用户运用【描边】菜单命令可以对图像进行描边的操作。下面介绍运用【描边】菜单命令的方法。

第 1 步 在 Photoshop CC 中打开图像文件，选中准备进行描边的选区，**1.** 单击【编辑】主菜单，**2.** 在弹出的菜单中选择【描边】菜单项，如图 7-20 所示。

第 2 步 弹出【描边】对话框，**1.** 在【宽度】文本框中输入 3 像素，**2.** 在【颜色】区域选择颜色，**3.** 选中【居中】单选按钮，**4.** 单击【确定】按钮，如图 7-21 所示。

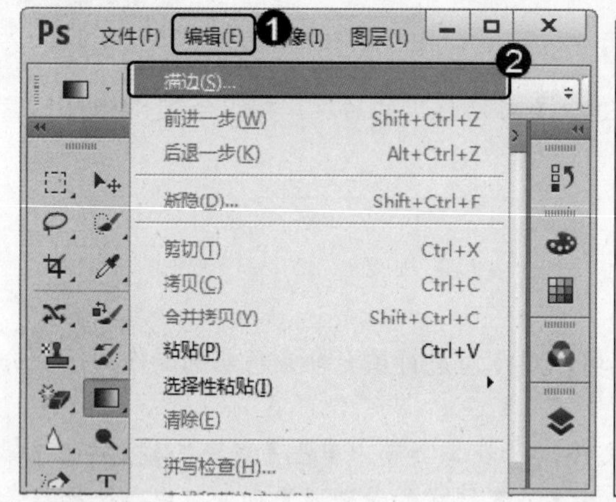

图 7-20

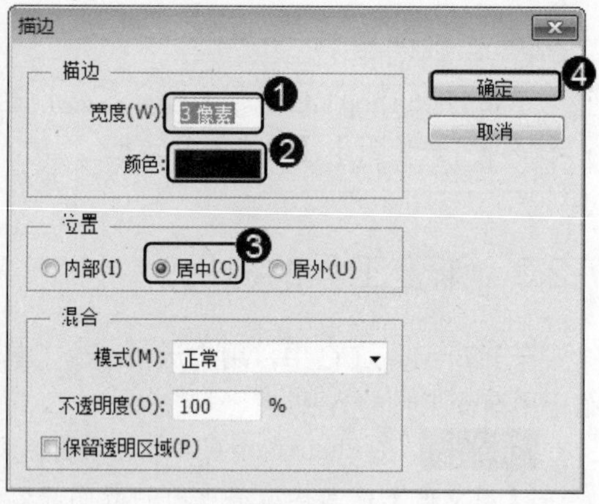

图 7-21

第 3 步 通过以上方法即可完成运用【描边】菜单命令的操作，如图 7-22 所示。

图 7-22

7.3　图像色彩模式的转换

在 Photoshop CC 中，图像的常用色彩模式可分为 RGB 颜色模式、CMYK 颜色模式、位图模式、灰度模式、双色调模式、索引颜色模式等。下面介绍图像色彩模式转换方面的知识。

7.3.1　RGB 颜色模式

RGB 颜色模式采用三基色模型，又称为加色模式，是目前图像软件最常用的基本颜色模式。三基色可复合生成 1670 多万种颜色。下面介绍进入 RGB 颜色模式的操作方法。

第 1 步　在 Photoshop CC 中打开图像文件，*1.* 单击【图像】主菜单，*2.* 在弹出的菜单中选择【模式】菜单项，*3.* 在弹出的子菜单中选择【RGB 颜色】菜单项，如图 7-23 所示。

第 2 步　通过以上方法即可完成进入 RGB 颜色模式的操作，如图 7-24 所示。

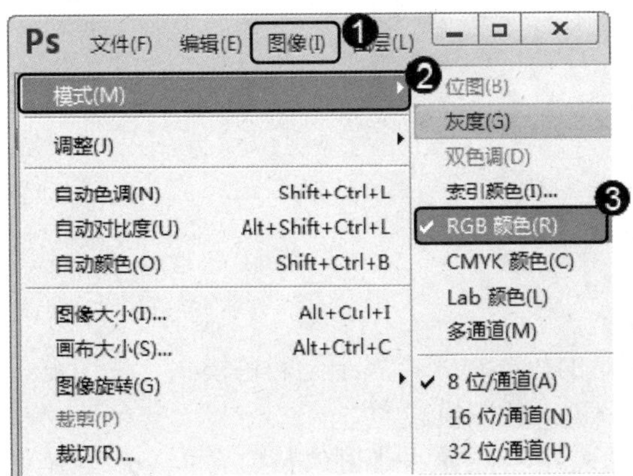

图 7-23

图 7-24

7.3.2 CMYK 颜色模式

在 Photoshop CC 中，CMYK 颜色模式采用印刷三原色模型，又称减色模式。下面介绍进入 CMYK 颜色模式的方法。

第 1 步 在 Photoshop CC 中打开图像文件，1. 单击【图像】主菜单，2. 在弹出的菜单中选择【模式】菜单项，3. 在弹出的子菜单中选择【CMYK 颜色】菜单项，如图 7-25 所示。

第 2 步 弹出 Adobe Photoshop CC 对话框，单击【确定】按钮，如图 7-26 所示。

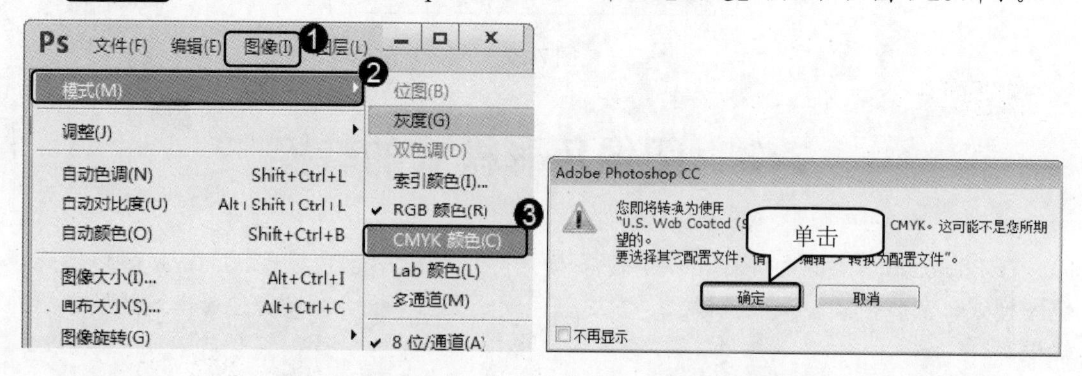

图 7-25　　　　图 7-26

第 3 步 通过以上方法即可完成进入 CMYK 颜色模式的操作，如图 7-27 所示。

图 7-27

7.3.3 位图模式

位图模式又称黑白模式，是一种最简单的色彩模式，属于无彩色模式。位图模式图像只有黑白两色，由 1 位像素组成。下面介绍进入位图模式的方法。

第 1 步 在 Photoshop CC 中打开图像文件，1. 单击【图像】主菜单，2. 在弹出的菜单中选择【模式】菜单项，3. 在弹出的子菜单中选择【位图】菜单项，如图 7-28 所示。

第 2 步 弹出【位图】对话框，1. 在【使用】下拉列表框中选择【50%阈值】选项，2. 单击【确定】按钮，如图 7-29 所示。

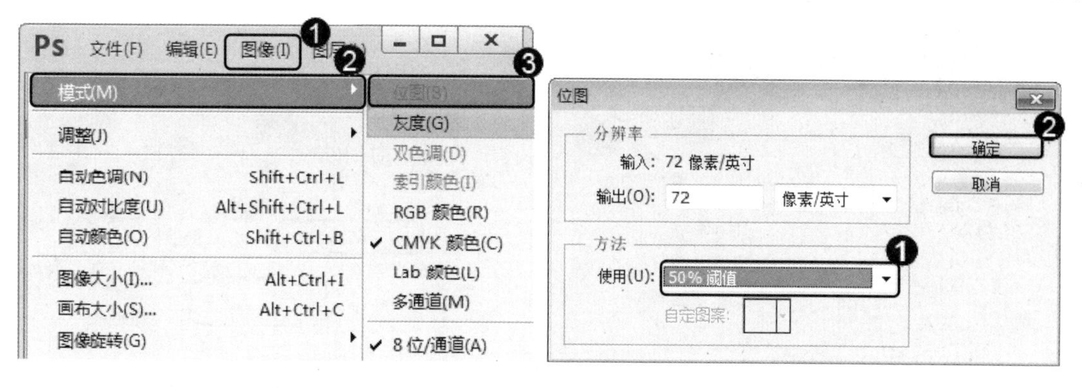

图 7-28　　　　图 7-29

第 3 步　通过以上方法即可完成进入位图模式的操作，如图 7-30 所示。

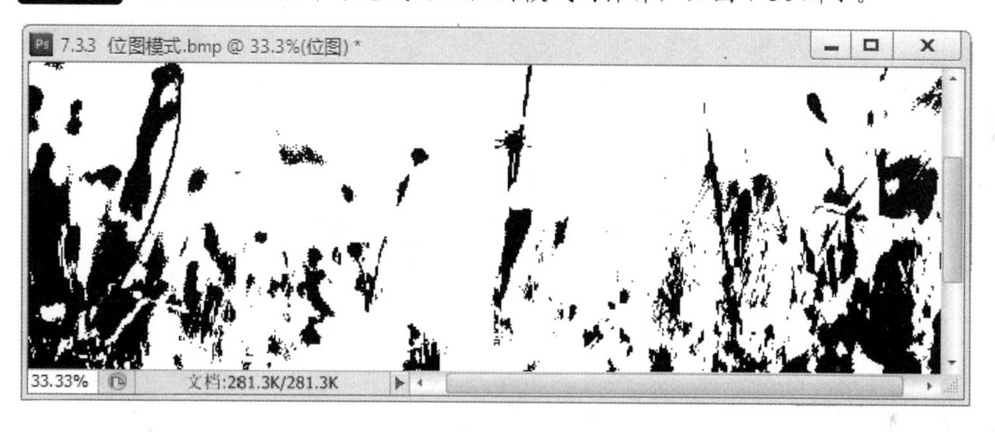

图 7-30

知识精讲

打开【位图】对话框，在【使用】下拉列表框中选择【50%阈值】后，系统会自动以 50%的色调作为分界点，灰度值高于中间色 128 的像素将转换为白色；灰度值低于中间色 128 的像素将转换为黑色。

7.3.4　灰度模式

在 Photoshop CC 中，灰度模式图像中没有颜色信息，色彩饱和度为 0，属于无彩色模式，图像由介于黑白之间的 256 级灰色所组成。下面介绍进入灰度模式的方法。

第 1 步　在 Photoshop CC 中打开图像文件后，1. 单击【图像】主菜单，2. 在弹出的菜单中选择【模式】菜单项，3. 在弹出的子菜单中选择【灰度】菜单项，如图 7-31 所示。

第 2 步　弹出【信息】对话框，程序提示“是否要扔掉颜色信息？”的信息，单击【扔掉】按钮，如图 7-32 所示。

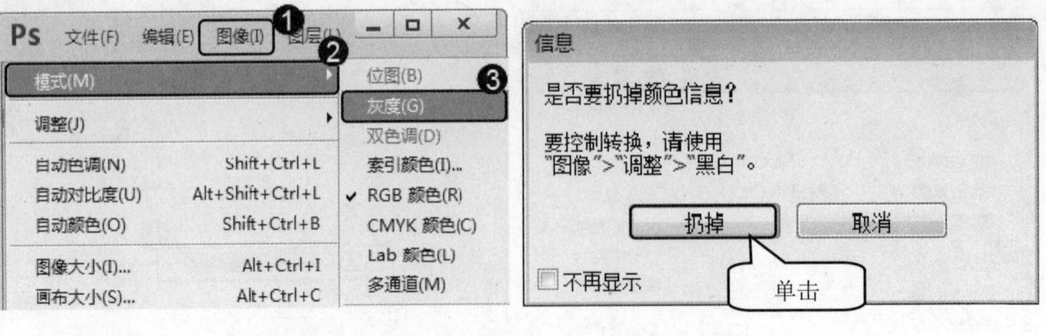

图 7-31　　图 7-32

第 3 步 通过以上方法即可完成进入灰度模式的操作，如图 7-33 所示。

图 7-33

智慧锦囊

在 Photoshop CC 中，如果准备将图像文件转换成位图颜色模式，用户首先需要将图像文件转换成灰度颜色模式。

7.3.5 双色调模式

在 Photoshop CC 中，双色调模式是通过 1～4 种自定义灰色油墨或彩色油墨创建一幅双色调、三色调或者四色调的含有色彩的灰度图像。下面介绍进入双色调模式的方法。

第 1 步 将图像文件转换成灰度模式后，1. 单击【图像】主菜单，2. 在弹出的菜单中选择【模式】菜单项，3. 在弹出的子菜单中选择【双色调】菜单项，如图 7-34 所示。

第 2 步 弹出【双色调选项】对话框，1. 在【类型】下拉列表框中选择【三色调】选项，2. 在【油墨 1】颜色选取框中选取准备应用的颜色，3. 在【油墨 2】颜色选取框中选取准备应用的颜色，4. 在【油墨 3】颜色选取框中选取准备应用的颜色，5. 单击【确定】按钮，如图 7-35 所示。

第 3 步 通过以上方法即可完成进入双色调模式的操作，如图 7-36 所示。

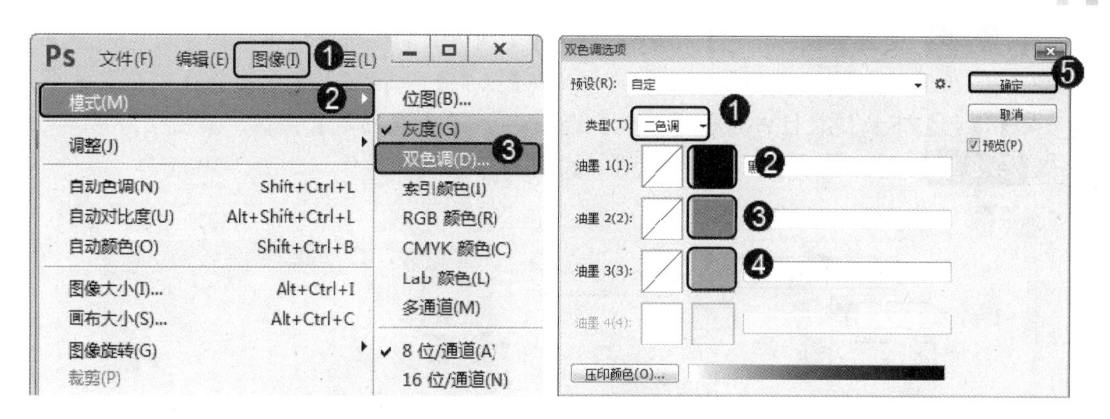

图 7-34　　　　图 7-35

图 7-36

7.3.6　索引颜色模式

索引颜色模式只支持 8 位色彩，是使用系统预先定义好的最多含有 256 种典型颜色的颜色表中的颜色来表现彩色图像的。下面介绍进入索引颜色模式的操作方法。

第 1 步　在 Photoshop CC 中打开图像文件后，**1.** 单击【图像】主菜单，**2.** 在弹出的菜单中选择【模式】菜单项，**3.** 在弹出的子菜单中选择【索引颜色】菜单项，如图 7-37 所示。

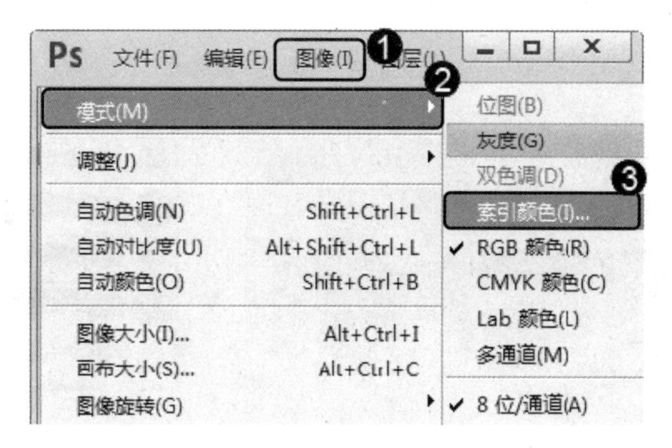

图 7-37

第 2 步 弹出【索引颜色】对话框，1. 在【调板】下拉列表框中选择【局部(可感知)】选项，2. 在【颜色】文本框中输入 12，3. 在【强制】下拉列表框中选择【黑白】选项，4. 在【仿色】下拉列表框中选择【扩散】选项，5. 单击【确定】按钮，如图 7-38 所示。

第 3 步 通过以上方法即可完成进入索引颜色模式的操作，如图 7-39 所示。

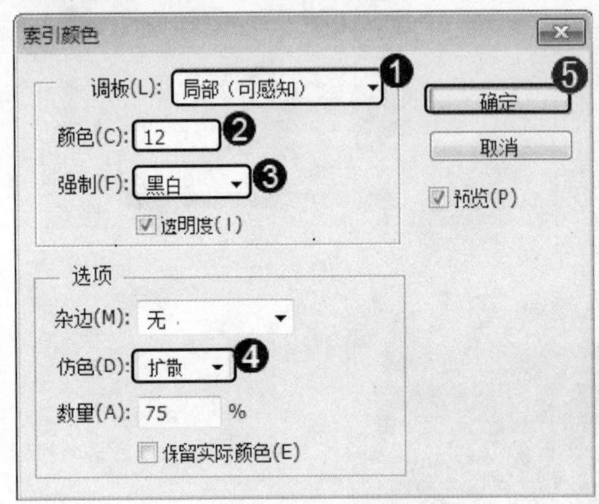

图 7-38

图 7-39

7.4 【画笔】面板的设置与应用

在 Photoshop CC 中，用户可以使用【画笔】面板来设置画笔的大小、设置绘图模式、设置画笔不透明度、形状动态、散布选项等选项。下面介绍使用【画笔】面板方面的知识。

7.4.1 【画笔预设】面板与画笔下拉列表

【画笔预设】面板中提供了各种预设的画笔。预设画笔带有诸如大小、形状、硬度等定义的特性。使用绘画或修饰工具时，如果要选择一个预设的笔尖，并只需要调整画笔大小，可以单击【窗口】主菜单，在弹出的菜单中选择【画笔预设】菜单项，打开【画笔预设】面板进行设置，如图 7-40 和图 7-41 所示。

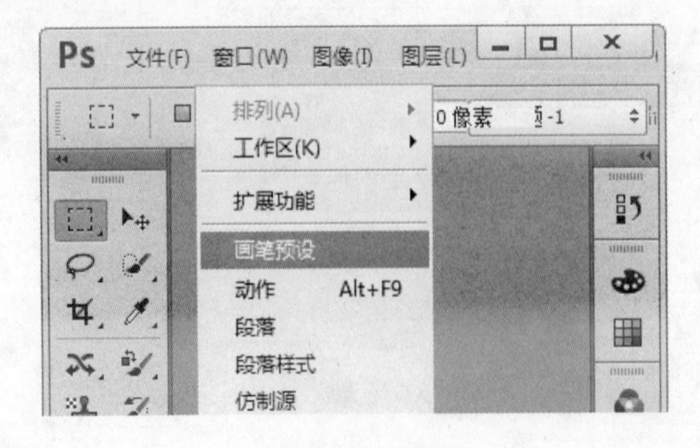

图 7-40

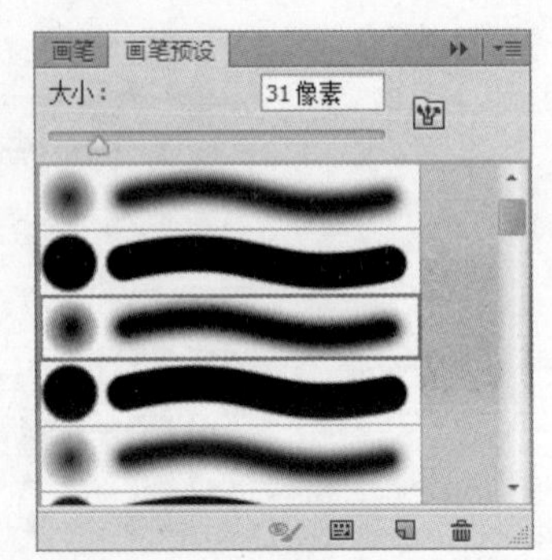

图 7-41

在 Photoshop CC 左侧的工具箱中单击【画笔工具】按钮，然后单击工具栏中的按钮，可以打开画笔下拉列表。在面板汇总不仅可以选择笔尖，调整画笔大小，还可以调整笔尖的硬度，如图 7-42 所示。

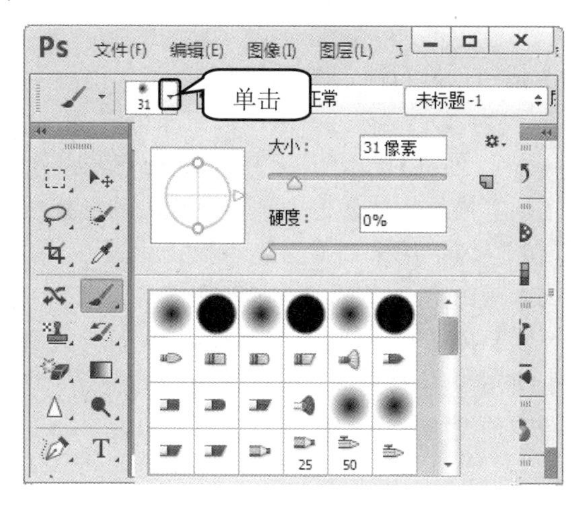

图 7-42

- 【大小】文本框：拖曳滑块或在文本框中输入数值可调整画笔的大小。
- 【硬度】文本框：用来设置画笔笔尖的硬度。
- 【创建新的预设】按钮：单击该按钮，可以打开【画笔名称】对话框，输入画笔的名称后，单击【确定】按钮，可以将当前画笔保存为一个预设的画笔。

7.4.2　认识【画笔】面板

单击【窗口】主菜单，在弹出的菜单中选择【画笔】菜单项即可打开【画笔】面板，如图 7-43 所示。

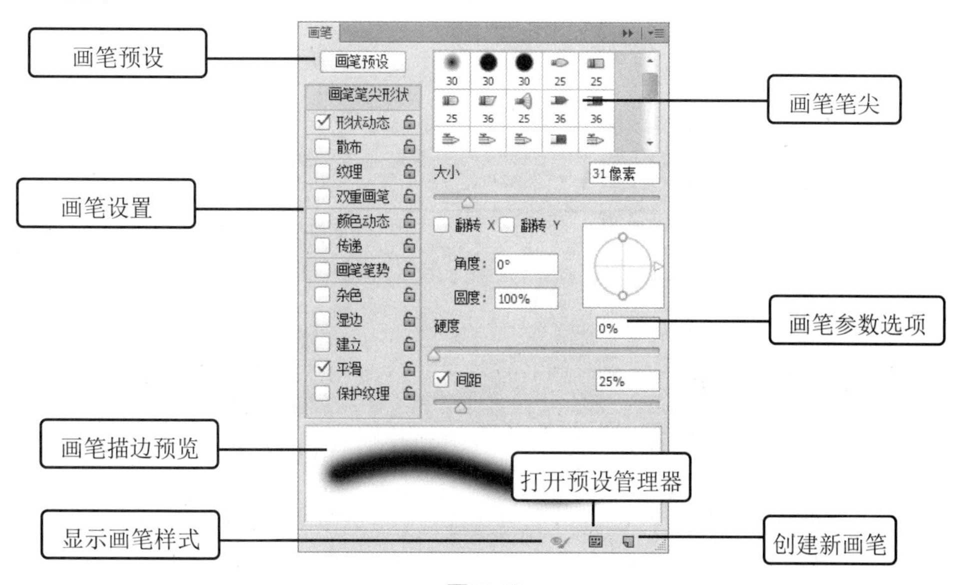

图 7-43

- 【画笔预设】按钮：单击该按钮，可以打开【画笔预设】面板。
- 【画笔设置】区域：单击【画笔设置】区域中的选项，面板中会显示该选项的详细设置内容，它们用来改变画笔的角度、圆度，以及为其添加纹理、颜色动态等变量。
- 【锁定/未锁定】按钮：显示锁定图标时，表示当前画笔的笔尖形状属性(形状动态、散布、纹理等)为锁定状态。单击该按钮即可取消锁定(图标会变为状)。
- 【画笔笔尖/画笔描边预览】：显示了 Photoshop 提供的预设画笔笔尖。选择一个笔尖后，可在【画笔描边预览】框中预览该笔尖的形状。
- 【画笔参数选项】区域：用来调整画笔的参数。
- 【显示画笔样式】按钮：使用毛刷笔尖时，在窗口中显示笔尖样式。
- 【打开预设管理器】按钮：单击该按钮，可以打开【预设管理器】对话框。
- 【创建新画笔】按钮：如果对一个预设的画笔进行了调整，可单击该按钮，将其保存为一个新的预设画笔。

7.4.3 笔尖的种类

Photoshop 提供了 3 种类型的笔尖：圆形笔尖、非圆形的图像样本笔尖及毛刷笔尖，如图 7-44 所示。

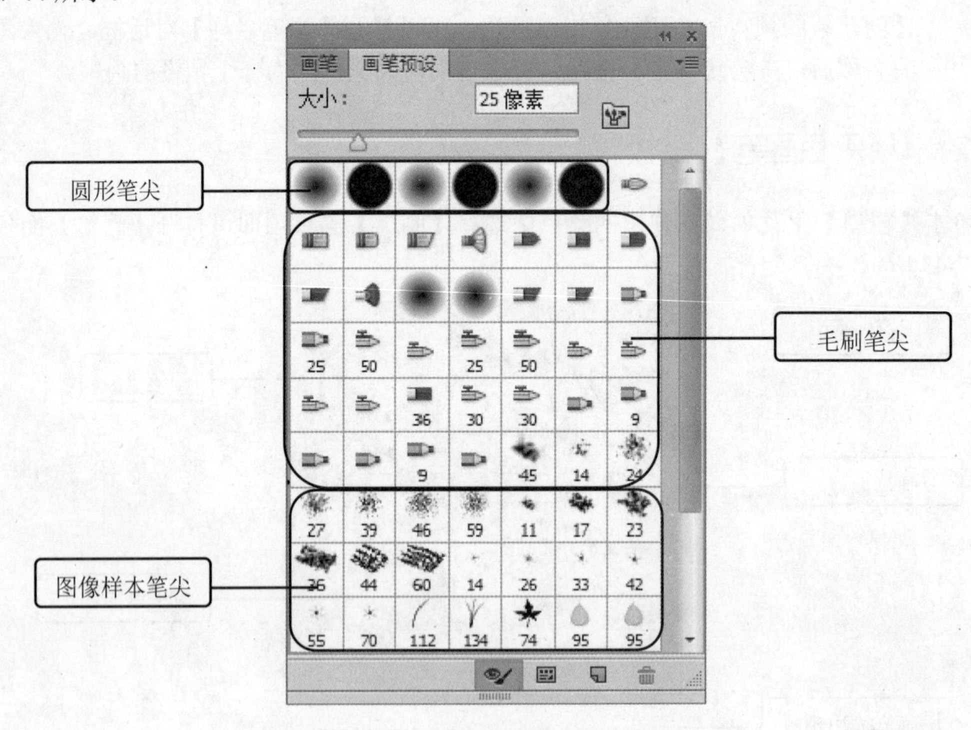

图 7-44

圆形笔尖包含尖角、柔角、实边和柔边几种样式。使用尖角和实边笔尖绘制的线条具有清晰的边缘；而所谓的柔角和柔边，就是线条的边缘柔和，呈现逐渐淡出的效果。

通常情况下，尖角和柔角笔尖比较常用。将笔尖硬度设置为 100%可以得到尖角笔尖，

它具有清晰的边缘；笔尖硬度低于 100%时可以得到柔角笔尖，它的边缘是模糊的。

7.4.4　画笔笔尖形状

如果要对预设的画笔进行一些修改，如调整画笔的大小、角度、圆度、硬度、间距等笔尖形状特性，可以单击【画笔】面板中的【画笔笔尖形状】选项，然后在显示的选项中进行设置，如图 7-45 所示。

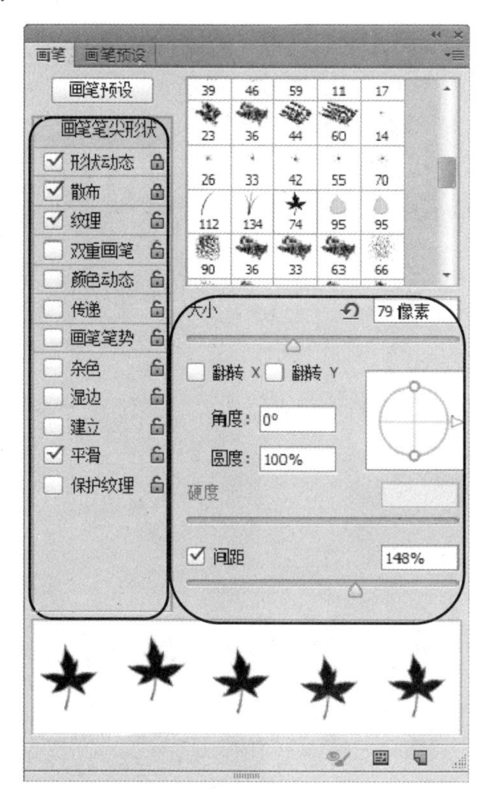

图 7-45

- 【大小】文本框：用来设置画笔的大小，范围为 1～5000 像素。
- 【翻转 X/翻转 Y】复选框：用来改变画笔笔尖在其 X 轴或 Y 轴上的方向。
- 【角度】文本框：用来设置椭圆笔尖和图像样本笔尖的旋转角度。可以在文本框中输入角度值，也可以拖曳箭头进行调整。
- 【圆度】文本框：用来设置画笔长轴和短轴之间的比例。可以在文本框中输入数值，或拖曳控制点来调整。当该值为 100%时，笔尖为圆形，设置为其他值时可将画笔压扁。
- 【硬度】文本框：用来设置画笔硬度中心的大小。该值越小，画笔的边缘越柔和。
- 【间距】文本框：用来控制描边中两个画笔笔迹之间的距离。该值越高，笔迹之间的距离越大。如果取消选择，则 Photoshop 会根据光标的移动速度调整笔迹间距。

7.4.5　形状动态

形状动态决定了描边中画笔的笔迹如何变化，可以使画笔的大小、圆度等产生随机变化效果。双击【画笔】面板中的【形状动态】选项，即可进入【形状动态】选项的设置，如图 7-46 所示。

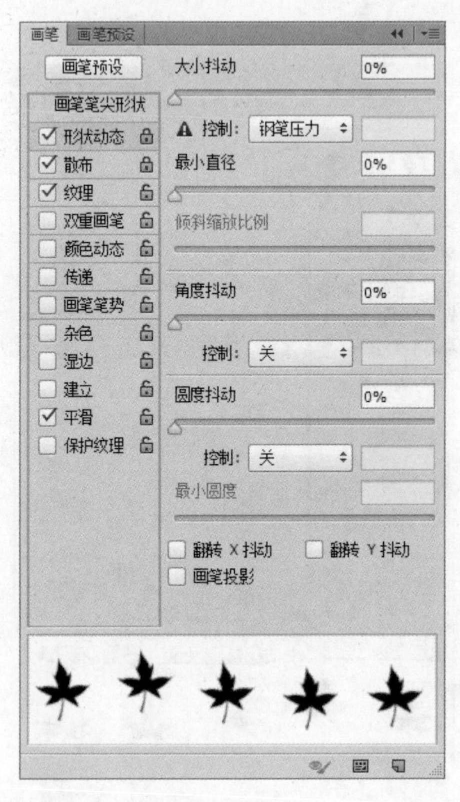

图 7-46

- 【大小抖动】文本框：用来设置画笔笔迹大小的改变方式。该值越高，轮廓越不规则。在【控制】微调框中可以选择抖动的改变方式，选择【关】，表示无抖动；选择【渐隐】，可按照指定数量的步长在初始直径和最小直径之间渐隐画笔轨迹，使其产生逐渐淡出的效果；如果计算机配置有数位板，则可以选择【钢笔压力】、【钢笔斜度】、【光笔轮】和【旋转】选项，用户可根据钢笔的压力、斜度、钢笔的旋转来改变初始直径和最小直径之间的画笔笔迹大小。
- 【最小直径】文本框：启用了【大小抖动】后，可通过该选项设置画笔笔迹可以缩放的百分比。该值越高，笔尖直径的变化越小。
- 【角度抖动】文本框：用来改变画笔笔迹的角度。如果要指定画笔角度的改变方式，可在【控制】下拉列表中选择一个选项。
- 【圆度抖动/最小圆度】文本框：用来设置画笔笔迹的圆度在描边中的变化方式。可以在【控制】下拉按钮中选择一个控制方法，当期用了一种控制方法后，可在【最小圆度】中设置画笔笔迹的最小圆度。

➢ 【翻转 X 抖动/翻转 Y 抖动】复选框：用来设置笔尖在其 X 轴或 Y 轴上的方向。

7.4.6　散布

散布决定了描边中笔迹的数目和位置，是笔迹沿绘制的线条扩散。双击【画笔】面板中的【散布】选项，即可进入【散布】选项的设置，如图 7-47 所示。

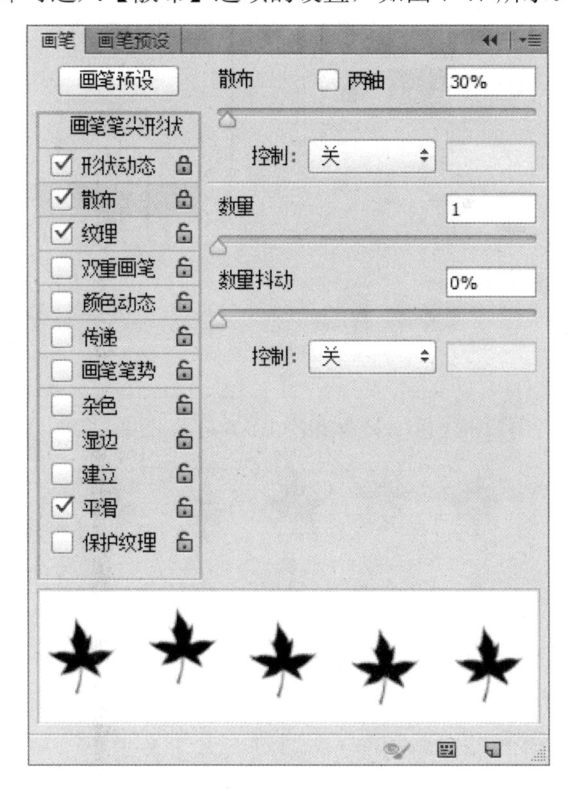

图 7-47

➢ 【散布/两轴】文本框：用来设置画笔笔迹的分散程度。该值越高，分散的范围越广。如果勾选【两轴】复选框，画笔笔迹将以中间为基准，向两侧分散。如果要指定画笔笔迹如何散布变化，可以在【控制】下拉列表中选择需要的选项。

➢ 【数量】文本框：用来指定在每个间距间隔应用的画笔笔迹数量。增加该值可以重复笔迹。

➢ 【数量抖动/控制】：用来指定画笔笔迹的数量如何针对各种间距间隔而变化。【控制】选项用来设置画笔笔迹的数量如何变化。

7.4.7　纹理

如果要使用画笔绘制出的线条如同在带纹理的画布上绘制的一样，可以双击【画笔】面板中的【纹理】选项，进入到【纹理】选项的设置，选择一种图案，将其添加到描边中，以模拟画布效果，如图 7-48 所示。

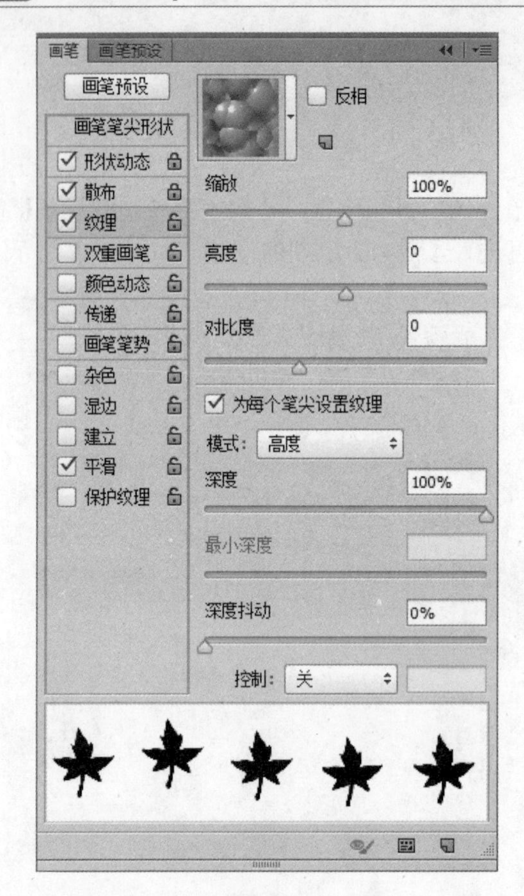

图 7-48

- 【设置纹理/反相】按钮：单击图案缩览图右侧的按钮，可以在打开的下拉面板中选择一个图，将其设置为纹理。勾选【反相】复选框，可基于图中的色调反转纹理中的亮点和暗点。
- 【缩放】：用来缩放图案。
- 【为每个笔尖设置纹理】复选框：用来决定绘画时是否单独渲染每个笔尖。如果不选择该项，将无法使用【深度】变化选项。
- 【模式】下拉列表：在该选项下拉列表中可以选择图案与前景色之间的混合模式。
- 【深度】文本框：用来指定油彩渗入纹理中的深度。该值为 0%时，纹理中的所有点都接受相同量的油彩，进而隐藏图案；该值为 100%时，纹理中的暗点不接受任何油彩。
- 【最小深度】文本框：用来指定当【控制】设置为【渐隐】、【钢笔压力】、【钢笔斜度】或【光笔轮】，并勾选【为每个笔尖设置纹理】复选框时油彩可渗入的最小深度。只有勾选【为每个笔尖设置纹理】复选框后，打开控制选项，该选项才可用。
- 【深度抖动】文本框：用来设置纹理抖动的最大百分比。只有勾选【为每个笔尖设置纹理】复选框后，该选项才可用。如果要指定如何控制画笔笔迹的深度变化，可在【控制】下拉列表中选择需要的选项。

7.4.8　双重画笔

双重画笔是指让描绘的线条中呈现出两种画笔效果。要使用双重画笔，首先要在【画笔笔尖形状】选项中设置主笔尖，然后双击【双重画笔】选项，进入【双重画笔】选项的设置中，再设置另一个笔尖，如图 7-49 所示。

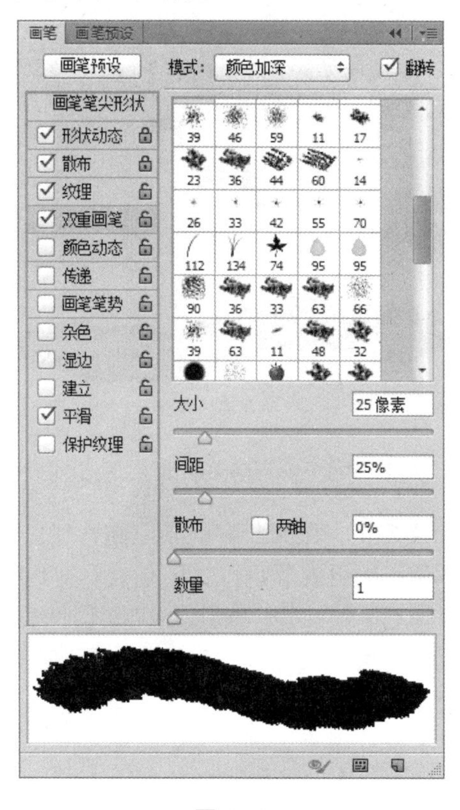

图 7-49

- 【模式】下拉列表：在该选项的下拉列表中可以选择两种笔尖在组合时使用的混合模式。
- 【大小】文本框：用来设置笔尖的大小。
- 【间距】文本框：用来控制描边中双笔尖画笔笔迹之间的距离。
- 【散布】文本框：用来指定描边中双笔尖画笔笔迹的分布方式。如果勾选【两轴】复选框，双笔尖画笔笔迹按径向分布；取消勾选，则双笔尖画笔笔迹垂直于描边路径分布。
- 【数量】文本框：用来指定在每个间距间隔应用的双笔尖笔迹数量。

7.4.9　颜色动态

如果要让绘制出的线条的颜色、饱和度和明度等产生变化，可以双击【颜色动态】选项，进入到【颜色动态】选项的设置中，如图 7-50 所示。

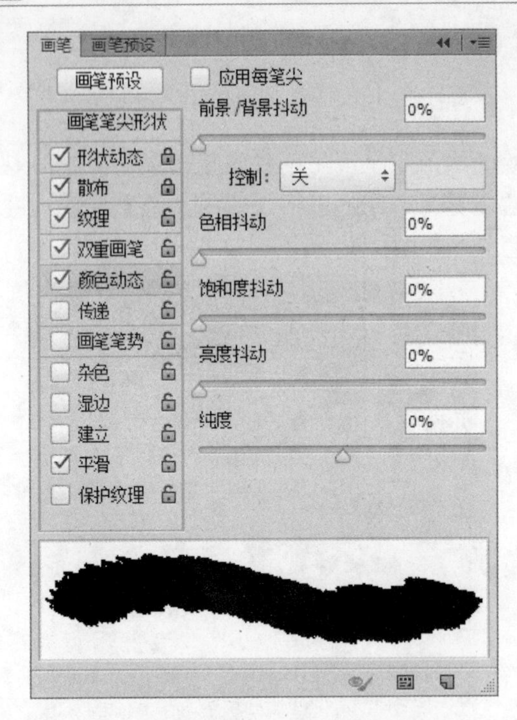

图 7-50

- 【前景/背景抖动】文本框：用来指定前景色和背景色之间的油彩变化方式。该值越小，变化后的颜色越接近前景色；该值越大，变化后的颜色越接近背景色。如果要指定如何控制画笔笔迹的颜色变化，可在【控制】选项中选择一个选项。
- 【色相抖动】文本框：用来设置颜色变化范围。该值越小，颜色越接近前景色；该值越大，色相变化越丰富。
- 【饱和度抖动】文本框：用来设置颜色的饱和度变化范围。该值越小，饱和度越接近前景色；该值越大，色相的饱和度越高。
- 【亮度抖动】文本框：用来设置颜色的亮度变化范围。该值越小，亮度越接近前景色；该值越大，颜色的亮度越大。
- 【纯度】文本框：用来设置颜色的纯度。该值在 1%～100%时，笔迹的颜色为黑白色；该值越高，颜色的纯度越高。

7.4.10 传递

传递用来确定油彩在描边路线中的改变方式，如果要设置传递的效果，可以双击【画笔】面板中的【传递】选项，进入到【传递】选项的设置中，如图 7-51 所示。

- 【不透明度抖动】文本框：用来设置画笔笔迹中油彩不透明度的变化效果。如果要指定如何控制画笔笔迹的不透明度变化，可在【控制】下拉列表中选择一个选项。
- 【流量抖动】文本框：用来设置画笔笔迹中油彩流量的变化程度。如果要指定如何控制画笔笔迹的流量变化，可在【控制】下拉列表中选择一个选项。

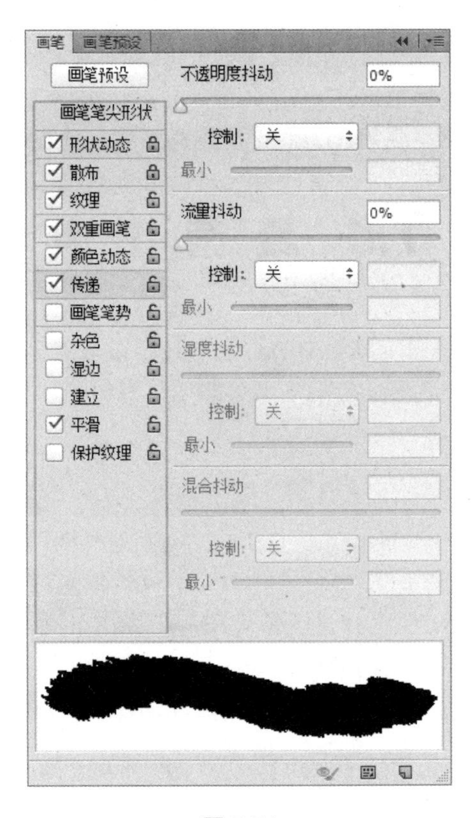

图 7-51

7.4.11　画笔笔势

画笔笔势用来调整毛刷画笔笔尖、侵蚀画笔笔尖的角度，如图 7-52 所示。

图 7-52

➢ 【倾斜 X/倾斜 Y】文本框：可以让笔尖沿 X 轴或 Y 轴倾斜。
➢ 【旋转】：用来旋转笔尖。
➢ 【压力】：用来调整画笔压力，该值越高，绘制速度越快，线条越粗犷。

7.5 绘画工具

在 Photoshop CC 中，使用工具箱中的画笔工具和铅笔工具，用户可以模拟传统介质进行绘画。本节将重点介绍画笔工具与铅笔工具的运用方面的知识。

7.5.1 画笔工具

在 Photoshop CC 中，用户使用画笔工具可以绘制个性的图案到图像文件中。下面介绍使用画笔工具的方法。

第 1 步 在 Photoshop CC 中打开图像文件，*1.* 在工具箱中单击【画笔工具】按钮，*2.* 在【前景色】框选择准备应用的颜色，如图 7-53 所示。

第 2 步 在画笔工具选项栏中单击【画笔工具预设管理器】下拉按钮，在弹出的下拉面板中，选择应用的画笔样式，如图 7-54 所示。

图 7-53

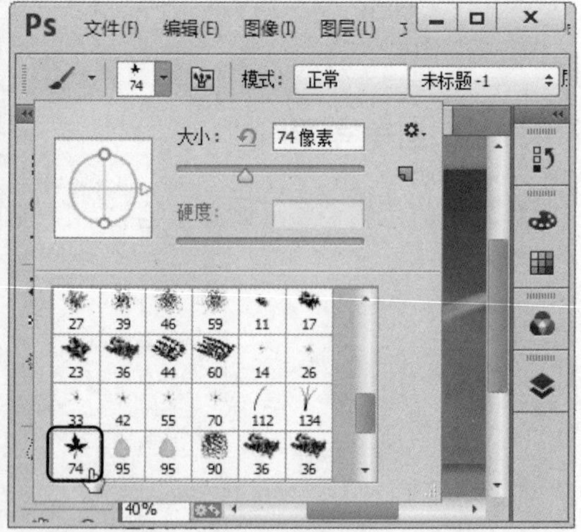

图 7-54

第 3 步 返回到文档窗口中，在准备应用画笔图形的位置处单击，通过以上方法即可完成使用画笔工具的操作，如图 7-55 所示。

图 7-55

7.5.2　铅笔工具

在 Photoshop CC 中，使用铅笔工具可以创建硬边直线，与画笔工具一样可以在当前图像上绘制前景色。下面介绍使用铅笔工具绘制图形的方法。

第 1 步　在 Photoshop CC 中打开图像文件，**1.** 在工具箱中单击【铅笔工具】按钮，**2.** 在【前景色】框选择准备应用的颜色，如图 7-56 所示。

第 2 步　在画笔工具选项栏中单击【画笔工具预设管理器】下拉按钮，在弹出的下拉面板中，选择应用的画笔样式，如图 7-57 所示。

图 7-56

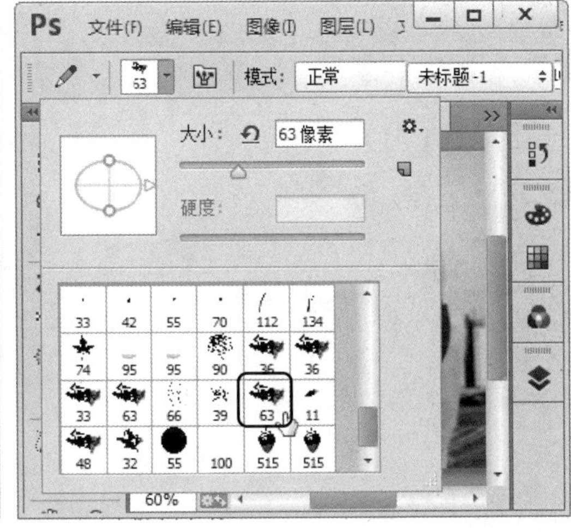

图 7-57

第 3 步　返回到文档窗口中，在准备应用铅笔图形的位置处单击，通过以上方法即可完成使用铅笔工具的操作，如图 7-58 所示。

图 7-58

7.5.3 颜色替换工具

颜色替换工具可以用前景色替换图像中的颜色。该工具不能用于位图、索引或多通道颜色模式的图像。下面详细介绍使用颜色替换工具的操作方法。

第 1 步 在 Photoshop CC 中打开图像文件，1. 在工具箱中单击【颜色替换工具】按钮，2. 在颜色替换工具选项栏中单击【画笔预设】下拉按钮，3. 在弹出的画笔预设框中设置【大小】为 125 像素，【硬度】为 0%，如图 7-59 所示。

第 2 步 在【颜色】面板中输入 R、G、B 数值分别为 243、133、58，调整前景色如图 7-60 所示。

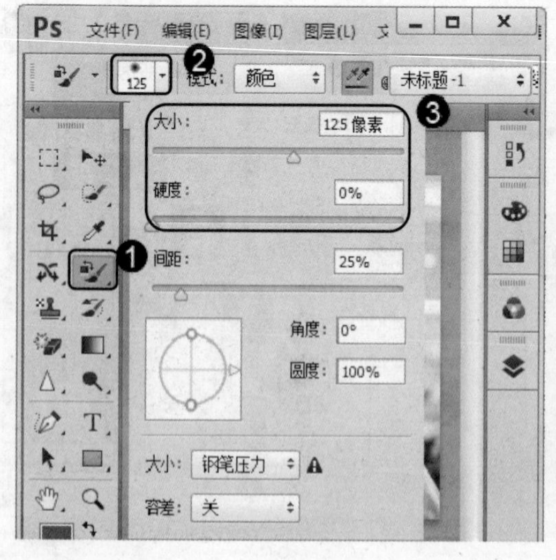

图 7-59

图 7-60

第 3 步 在模特头发上进行涂抹，替换头发颜色，如图 7-61 所示。

图 7-61

7.6　实践案例与上机指导

通过本章的学习，读者基本可以掌握设置颜色与画笔应用的基本知识以及一些常见的操作方法。下面通过练习操作，以达到巩固学习、拓展提高的目的。

7.6.1　Lab 模式

Lab 颜色模式是一种色彩范围最广的色彩模式，它是各种色彩模式之间相互转换的中间模式。下面介绍进入 Lab 颜色模式的方法。

第 1 步 在 Photoshop CC 中打开图像文件，1. 单击【图像】主菜单，2. 在弹出的下拉菜单中选择【模式】菜单项，3. 在弹出的子菜单中选择【Lab 颜色】菜单项，如图 7-62 所示。

第 2 步 通过以上方法即可完成进入 Lab 颜色模式的操作，如图 7-63 所示。

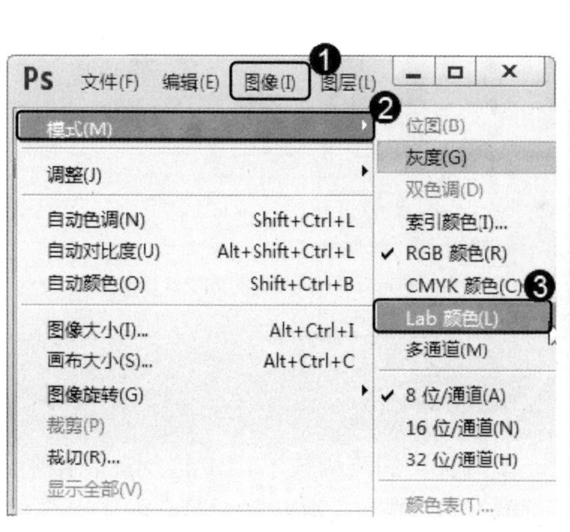

图 7-62

图 7-63

7.6.2 追加画笔样式

在 Photoshop CC 中，如果默认的画笔样式不能满足用户编辑图像的需要，用户可以追加程序自带的其他画笔样式。下面介绍追加画笔样式的方法。

第 1 步 在 Photoshop CC 中打开图像文件，**1.** 在工具箱中单击【画笔】工具，**2.** 在画笔工具选项栏中单击【画笔工具预设管理器】下拉按钮，**3.** 在弹出的下拉面板中，单击【工具】按钮，**4.** 在弹出的菜单中选择【书法画笔】菜单项，如图 7-64 所示。

第 2 步 弹出 Adobe Photoshop 对话框，单击【追加】按钮，如图 7-65 所示。

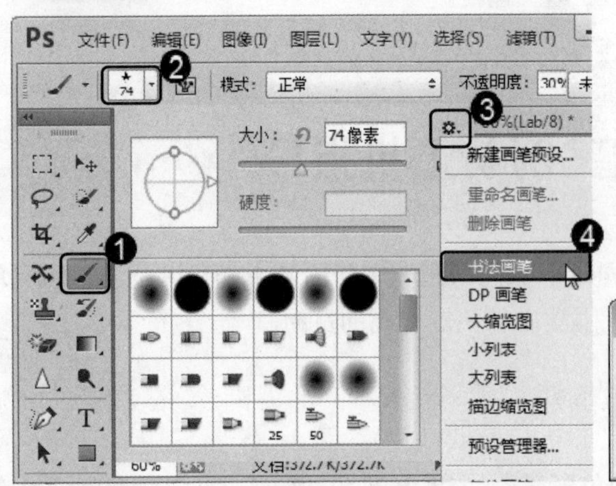

图 7-64

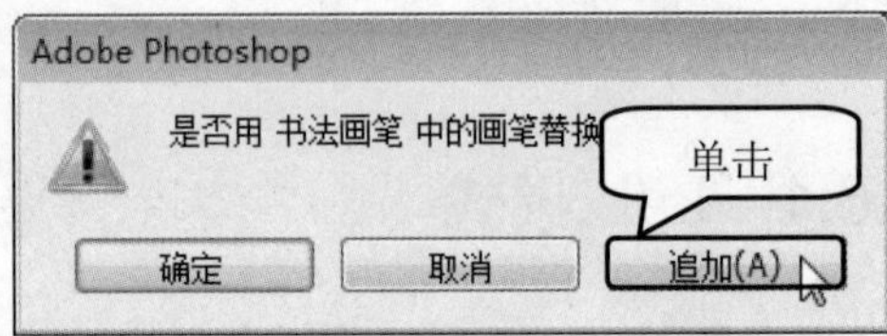

图 7-65

第 3 步 通过以上方法即可完成追加画笔样式的操作，如图 7-66 所示。

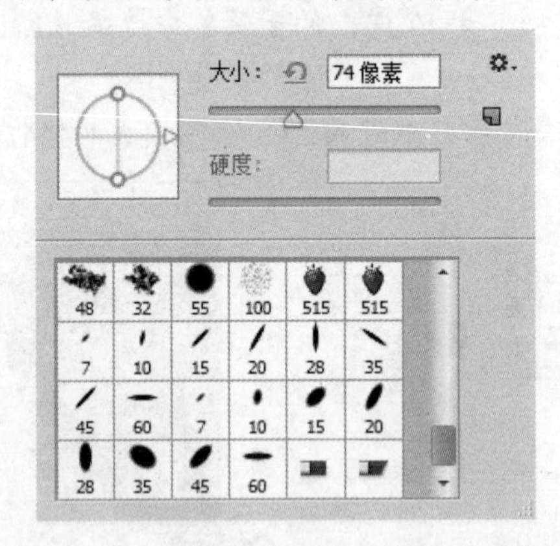

图 7-66

7.6.3 混合器画笔工具

混合器画笔工具可以混合像素，它能模拟真实的绘画技术，如混合画布上的颜色、组合画布上的颜色以及在描边过程中使用不同的绘画湿度。混合器画笔有两个绘画色管，一个是储槽，一个是拾取器。储槽存储最终应用于画布的颜色，并且具有较多的油彩容量。

拾取色管接收来自画布的油彩，其内容与画布颜色是连续混合的。混合器画笔工具的选项栏如图 7-67 和图 7-68 所示。

图 7-67

图 7-68

- 【当前画笔载入弹出式菜单】按钮：单击按钮可以弹出一个下拉菜单。使用混合器画笔工具时，按住 Alt 键单击图像，可以将光标下方的颜色(油彩)载入储槽。若选择【载入画笔】选项，可以失去光标下方的图像，此时画笔笔尖可以反映出取样区域中的任何颜色变化；若选择【只载入纯色】选项，则可拾取单色，此时画笔笔尖的颜色比较均匀；若要清除画笔中的油彩，可以选择【清理画笔】选项。
- 【预设】：提供了【干燥】、【潮湿】等预设的画笔组合。
- 【自动载入/清理】：单击按钮，可以使光标下的颜色与前景色混合；单击按钮，可以清理油彩。若要在每次描边后执行这些任务，可以单击这两个按钮。
- 【潮湿】：可以控制画笔从画布拾取的油彩量，较高的设置会产生较长的绘画条痕。
- 【载入】：用来指定储槽中载入的油彩量，载入速率较低时，绘画描边干燥的速度会更快。
- 【混合】：用来控制画布油彩量同储槽油彩量的比例，比例为 100%时，所有油彩将从画布中拾取；比例为 0 时，所有油彩都来自储槽。
- 【流量】：用来设置当将光标移动到某个区域上方时应用颜色的速率。
- 【对所有图层取样】：拾取所有可见图层的画布颜色。

7.7　思考与练习

一、填空题

1. 使用拾色器，用户可以设置______________、______________和______________。

2. 运用【填充】菜单命令，用户可以对图像进行____________、背景色、__________、颜色识别、________________、黑色、______________和白色等填充操作。

3. 图像的常用色彩模式可分为______________、CMYK 颜色模式、____________、位图模式、______________、索引颜色模式和 Lab 颜色模式等。

二、判断题

1. 使用吸管工具，用户可以快速拾取当前图像中的任意颜色。　　(　　)

2. 使用【画笔】面板，用户不可以设置画笔的大小和形状。　　(　　)

3. RGB 颜色模式采用三基色模型，又称为加色模式。 ( )
4. 运用渐变工具，用户可以对图像进行填充渐变色彩的操作。 ( )

三、思考题

1. 如何进入 CMYK 颜色模式?
2. 如何使用吸管工具?

第 8 章

图层及图层样式

本章要点

- 图层基本原理
- 新建图层和图层组
- 编辑图层
- 排列与分布图层
- 合并与盖印图层
- 图层样式的应用

本章主要内容

本章主要介绍图层基本原理、新建图层和图层组、编辑图层、排列与分布图层、合并与盖印图层方面的知识与技巧，同时还讲解图层样式的应用。在本章的最后还针对实际的工作需求，讲解清除图层样式、图层样式转换为普通图层、合并图层编组的方法。通过本章的学习，读者可以掌握图层及图层样式方面的知识，为深入学习 Photoshop CC 知识奠定基础。

8.1 图层基本原理

在 Photoshop CC 中，使用图层，用户可以将不同图像放置在不同的图层中，方便编辑图像时，起到区分图像位置的操作。本节将重点介绍图层基本原理方面的知识。

8.1.1 什么是图层

从管理图像的角度来看，图层就像是保管图像的文件夹；从图像合成的角度来看，则图层就如同堆叠在一起的透明纸。每一个图层上都保存着不同的图像，用户可以透过上面图层的透明区看到下面图层中的图像。各个图层中的对象都可以单独处理，而不会影响到其他图层中的内容，图层可以移动，也可以调整堆叠顺序。除背景图层外，其他图层都可以通过调整不透明度，让图像内容变得透明；还可以修改混合模式，让上下层之间的图像产生特殊的混合效果。不透明度和混合模式可以反复调节，而不会损伤图像。

图层的主要功能将当前图像组成关系清晰地显示出来，用户可以方便快捷地对各图层进行编辑修改。

8.1.2 【图层】面板

在 Photoshop CC 中，在【图层】面板中，用户可以单独对某个图层中的内容进行编辑，而不影响其他图层中的内容，在【图层】面板中，不同的图层种类具有不同的功能。下面介绍【图层】面板方面的知识，如图 8-1 所示。

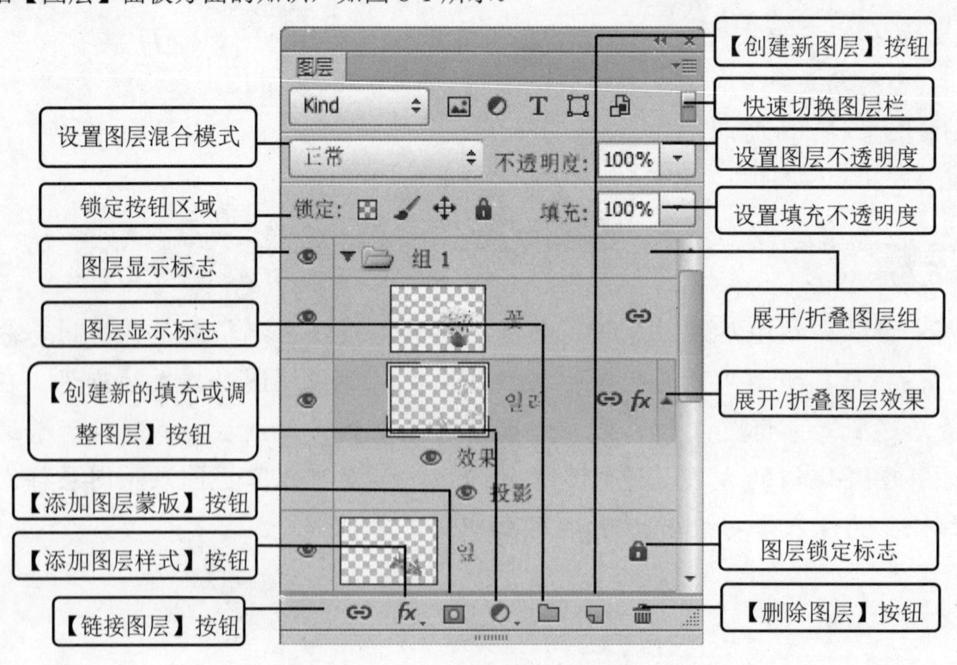

图 8-1

- 设置图层混合模式：在该下拉列表框中可以设置图层的混合模式，如溶解、叠加、色相、差值等，设置与下方图层的混合方式。
- 锁定按钮区域锁定：：该区域中包括【锁定透明像素】按钮、【锁定图像像素】按钮、【锁定位置】按钮和【锁定全部】按钮，可以设置当前图层的属性。
- 设置图层不透明度：可以设置当前图层的不透明度，数值从 0～100。
- 设置填充不透明度：可以设置当前图层填充的不透明度，数值从 0～100。
- 展开/折叠图层组：可以将图层编组，在该图标中可以将图层组展开或折叠。
- 展开/折叠图层效果：单击该图标可以将当前图层的效果在图层下方显示，再次单击可以隐藏该图层的效果。
- 图层锁定标志：表明当前图层为锁定状态。
- 【链接图层】按钮：在【图层】面板中选中准备链接的图层，单击该按钮可以将其链接起来。
- 【添加图层样式】按钮fx：选中准备设置的图层，单击该按钮，在弹出的下拉菜单中选择准备设置的图层样式，在弹出的【图层样式】对话框中可以设置图层的样式，如投影、内阴影、外发光等。
- 【添加图层蒙版】按钮：选中准备添加蒙版的图层，单击该按钮可为其添加蒙版。
- 【创建新的填充或调整图层】按钮：选中准备填充的图层，单击该按钮，在弹出的下拉菜单中选择准备调整的菜单项，如纯色、渐变、色阶等。
- 【创建新图层】按钮：单击该按钮可以创建一个透明图层。
- 【删除图层】按钮：选中准备删除的图层，单击该按钮即可将当前选中的图层删除。
- 快速切换图层栏：开启【快速切换图层】按钮后，单击该栏中的图层图标，将快速切换至该图层中，如单击文字图层图标，【图层】面板将切换至文字图层中。

8.1.3　图层的类型

在 Photoshop 中可以创建多种类型的图层，它们都有各自的功能和用途，在【图层】面板中的显示状态也各不相同。下面详细介绍图层的类型。

- 中性色图层：填充了中性色并预设了混合模式的特殊图层，可用于承载滤镜或在上面绘画。
- 链接图层：保持链接状态的多个图层。
- 剪贴蒙版：蒙版的一种，可使用一个图层中的图像控制它上面多个图层的显示范围。
- 智能对象：包含有智能对象的图层。
- 调整图层：可以调整图像的亮度、色彩平衡等，但不会改变像素值，而且可以重复编辑。
- 填充图层：填充了纯色、渐变或图案的特殊图层。

- 图层蒙版图层：添加了图层蒙版的图层，蒙版可以控制图像的显示范围。
- 矢量蒙版图层：添加了矢量形状的蒙版图层。
- 图层样式：添加了图层样式的图层，通过图层样式可以快速创建特效，如投影、发光、浮雕效果等。
- 图层组：用来组织和管理图层，以便于查找和编辑图层，类似于 Windows 的文件夹。
- 变形文字图层：进行了变形处理后的文字图层。
- 文字图层：使用文字工具输入文字时创建的图层。
- 视频图层：包含视频文件帧的图层。
- 3D 图层：包含 3D 文件或置入的 3D 文件图层。
- 背景图层：新建文档时创建的图层，它始终位于面板的最下层，名称为“背景”二字，且为斜体。

8.2 新建图层和图层组

在 Photoshop CC 中，掌握图层基本原理方面的知识后，用户可以根据需要，创建不同类型的新图层和图层组。本节将重点介绍创建新图层和图层组方面的知识。

8.2.1 创建新图层

在 Photoshop CC 中，用户可以在【图层】面板中，快速创建一个空白图层。下面介绍创建普通透明图层的方法。

第 1 步 在 Photoshop CC 中，*1.* 单击【窗口】主菜单，*2.* 在弹出的菜单中选择【图层】菜单项，如图 8-2 所示。

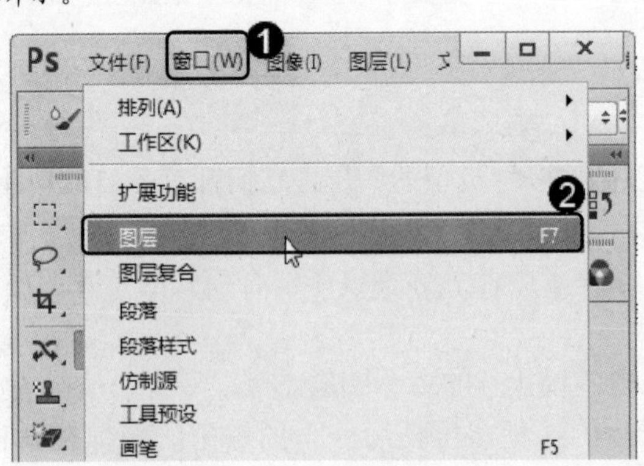

图 8-2

第 2 步 打开【图层】面板，单击【创建新图层】按钮，如图 8-3 所示。

第 3 步 通过以上方法即可完成创建普通透明图层的操作，如图 8-4 所示。

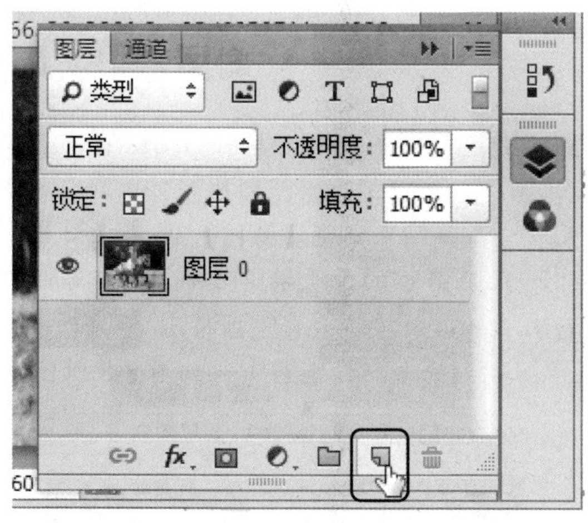

图 8-3

图 8-4

智慧锦囊

在 Photoshop CC 中，按组合键 Ctrl+Shift+N，用户同样可以进行创建新图层的操作。

8.2.2　创建图层组

在 Photoshop CC 中，用户可以将图层按照不同的类型存放在不同的图层组内。下面介绍创建图层组的方法。

第 1 步　在 Photoshop CC 中打开图像文件，**1.** 单击【图层】面板中的【创建新组】按钮，**2.** 创建新组后，在新组名称处双击，在弹出的文本框中输入新组名称，如图 8-5 所示。

第 2 步　单击选中准备添加到图层组中的图层，将选中的图层拖动到图层组名称的位置处，然后释放鼠标，如图 8-6 所示。

图 8-5

图 8-6

8.2.3 通过复制和剪切创建图层

用户还可以通过剪切图层来创建新的图层，通过剪切图层来创建新的图层的方法非常简单。下面详细介绍操作方法。

第 1 步 在 Photoshop CC 中打开图像文件，在图像中创建选区，**1.** 单击【图层】主菜单，**2.** 在弹出的菜单中选择【新建】菜单项，**3.** 在弹出的子菜单中选择【通过剪切的图层】菜单项，如图 8-7 所示。

第 2 步 此时，选区内的图像从原图层中剪切到一个新的图层中，如图 8-8 所示。

图 8-7　　图 8-8

8.2.4 创建背景图层

在 Photoshop CC 中新建文档时，在弹出的【新建】对话框中的【背景内容】下拉列表框中使用白色或背景色作为背景内容，【图层】面板最下面的图层就是背景图层，如图 8-9 所示。

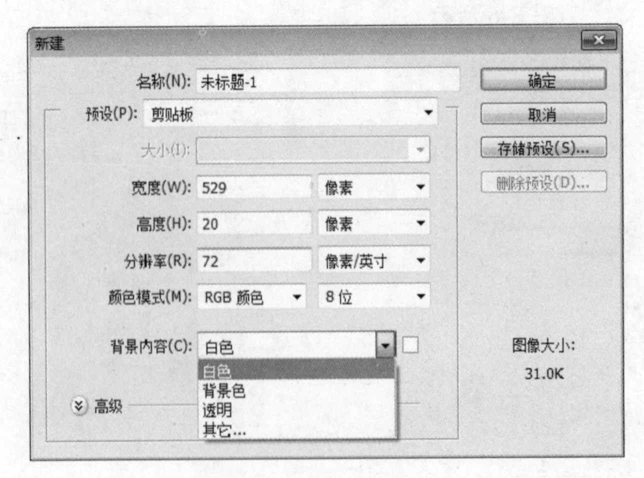

图 8-9

若文档中没有背景图层时，选择一个图层，执行【图层】→【新建】→【图层背景】命令，可以将其转换为背景图层，如图 8-10 和图 8-11 所示。

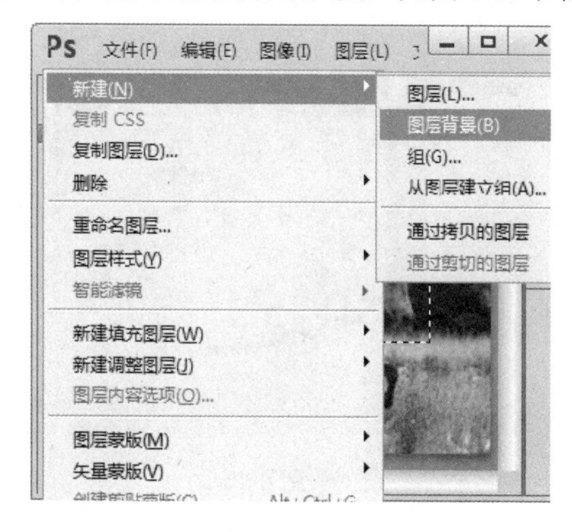

图 8-10

图 8-11

8.2.5　将背景图层转换为普通图层

背景图层比较特殊，它永远在【图层】面板的最底层，不能调整堆叠顺序，并且不能设置透明度、混合模式，也不能添加效果，要进行这些操作，需要将背景图层转换为普通图层。下面详细介绍将背景图层转换为普通图层的方法。

第 1 步　在【图层】面板中双击背景图层，弹出【新建图层】对话框，1. 在【名称】文本框中输入名称，2. 单击【确定】按钮，如图 8-12 所示。

第 2 步　通过以上步骤，背景图层即可转换为普通图层，如图 8-13 所示。

图 8-12

图 8-13

8.2.6　将图层移入或移出图层组

将图层移入或移出图层组的操作非常简单，在 Photoshop CC 中的【图层】面板中，选中并拖动准备添加到图层组的图层至图层组上，即可添加图层到图层组，如图 8-14 所示；

选中并向下拖动准备移出图层组的图层，即可将图层移出图层组，如图 8-15 所示。

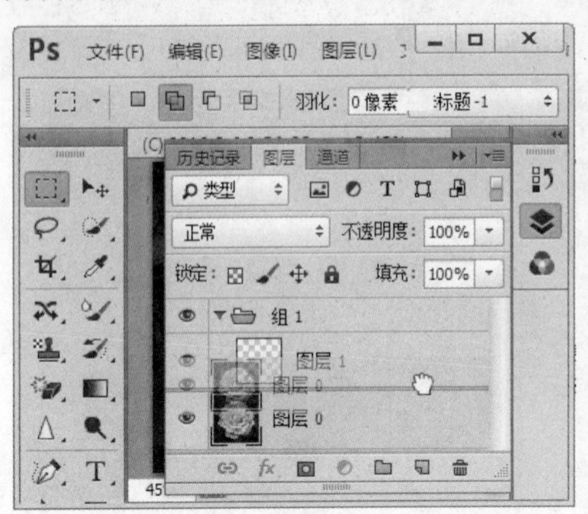

图 8-14

图 8-15

8.3 编辑图层

图层的编辑方法包括选择图层、复制图层、链接图层、显示与隐藏图层和栅格化图层等。本节将详细介绍编辑图层的方法。

8.3.1 选择和取消选择图层

在 Photoshop CC 中，选择准备应用的图层，这样用户可以在选择的图层中进行图像编辑的操作，完成操作后可以取消选择图层。下面介绍选择和取消选择图层的方法。

第 1 步 在【图层】面板中，单击准备选择的图层，如图 8-16 所示。

第 2 步 通过以上方法即可完成选择准备应用的图层的操作，如图 8-17 所示。

图 8-16

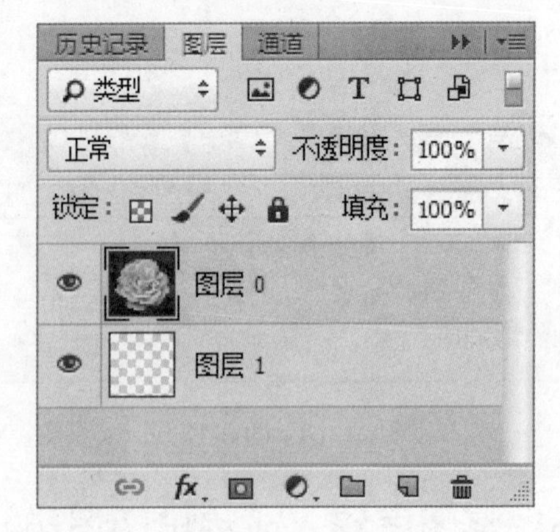

图 8-17

第 3 步 在【图层】面板空白处单击，如图 8-18 所示。

第 4 步 通过以上步骤即可取消选择，如图 8-19 所示。

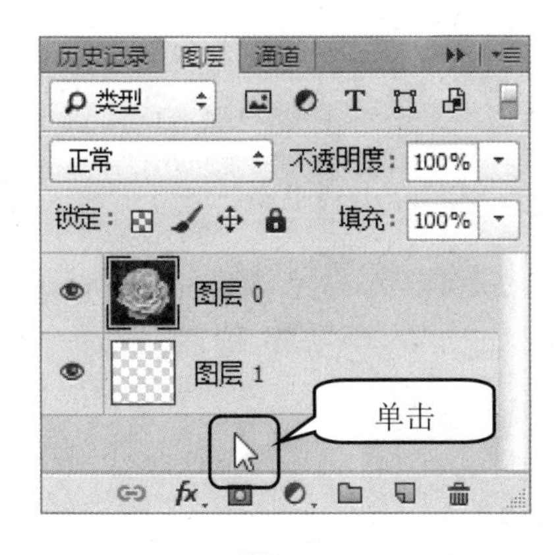

图 8-18

图 8-19

8.3.2　复制图层

在 Photoshop CC 中，用户可以将选择的图层复制，这样可对一个图层上的同一图像设置出不同的效果。下面介绍复制图层的方法。

第 1 步　在【图层】面板中，右键单击准备复制的图层，在弹出的快捷菜单中，选择【复制图层】命令，如图 8-20 所示。

第 2 步　弹出【复制图层】对话框，单击【确定】按钮，如图 8-21 所示。

图 8-20

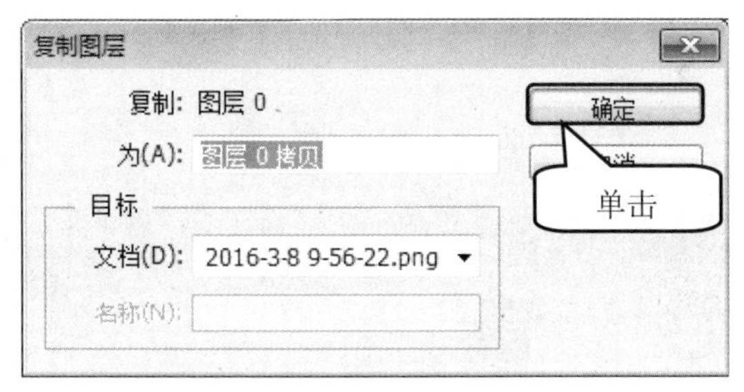

图 8-21

第 3 步　通过上述操作即可完成复制图层的操作，如图 8-22 所示。

图 8-22

8.3.3 删除图层

在 Photoshop CC 中，用户可以在【图层】面板中删除不再准备应用的图层。下面详细介绍删除图层的方法。

第 1 步 在【图层】面板中，选中准备删除的图层，单击面板底部的【删除图层】按钮，如图 8-23 所示。

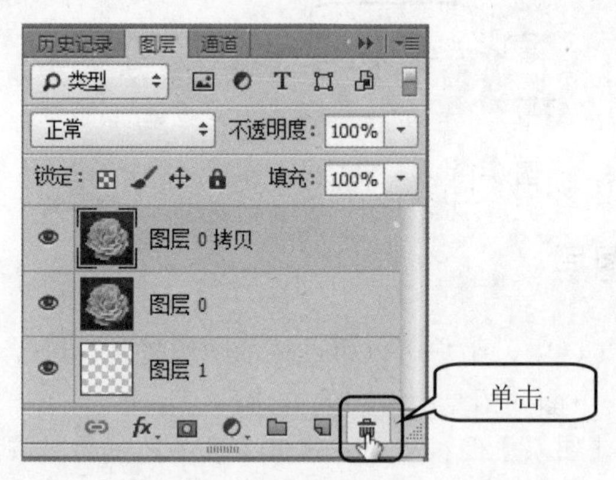

图 8-23

第 2 步 弹出 Adobe Photoshop CC 对话框，单击【是】按钮，如图 8-24 所示。

第 3 步 通过以上方法即可完成删除图层的操作，如图 8-25 所示。

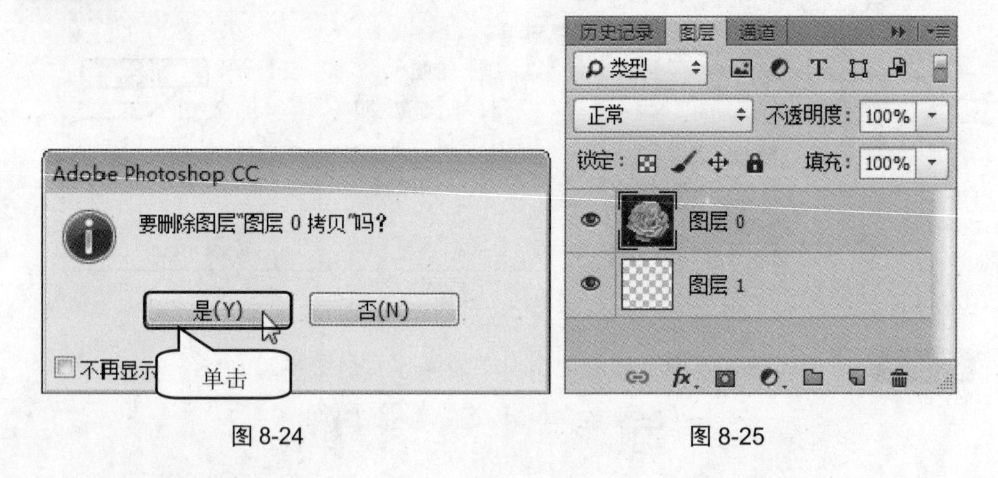

图 8-24　　图 8-25

8.3.4 显示与隐藏图层

在 Photoshop CC 中，用户可以将设置的图层样式暂时隐藏，这样方便用户对图像进行编辑。下面介绍隐藏图层样式的方法。

第 1 步 在【图层】面板中，单击准备隐藏样式前的【切换所有图层效果可见性】图标，如图 8-26 所示。

第 2 步 通过以上方法即可完成隐藏图层样式的操作，如图 8-27 所示。

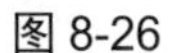
图 8-26

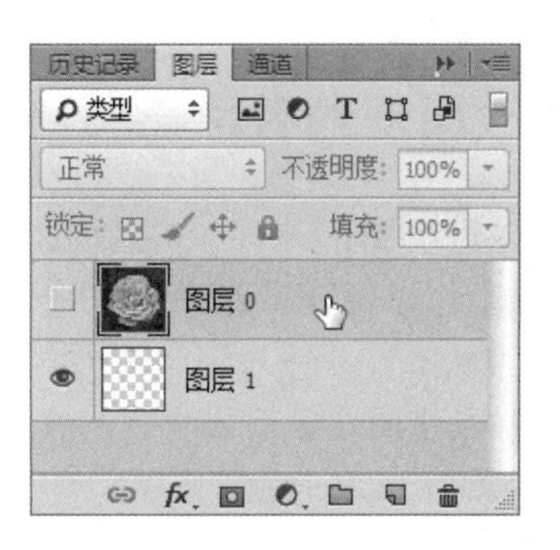

图 8-27

8.3.5　链接图层与取消链接

如果要同时处理多个图层中的图像，为了方便操作，则可以将这些图层链接在一起再进行操作。下面详细介绍链接图层与取消链接的操作。

第 1 步　在【图层】面板中，**1.** 将准备链接的图层选中，**2.** 单击面板底部的【链接图层】按钮，如图 8-28 所示。

第 2 步　通过以上方法即可完成链接图层的操作，如图 8-29 所示。

图 8-28

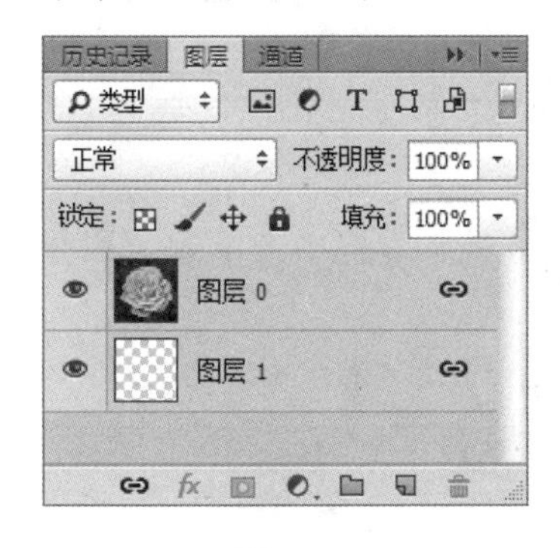

图 8-29

第 3 步　**1.** 选中准备取消链接的图层，**2.** 单击面板底部的【链接图层】按钮，如图 8-30 所示。

第 4 步　通过以上步骤即可完成取消链接的操作，如图 8-31 所示。

图 8-30

图 8-31

8.3.6 修改图层的名称与颜色

在图层数量较多的文档中，可以为一些重要的图层设置容易识别的名称或可以区别于其他图层的颜色，以便在操作中能够快速找到它们。下面详细介绍修改图层的名称与颜色的方法。

第 1 步 在【图层】面板中，双击准备修改名称的图层名称，在弹出的文本框中输入新名称，如图 8-32 所示。

第 2 步 按 Enter 键，即可完成修改图层名称的操作，如图 8-33 所示。

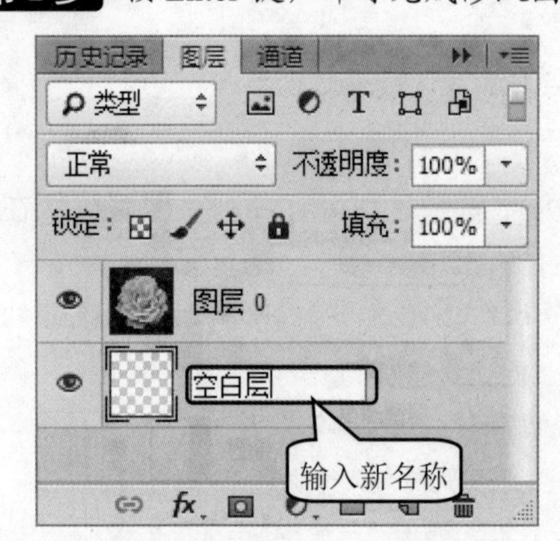

图 8-32

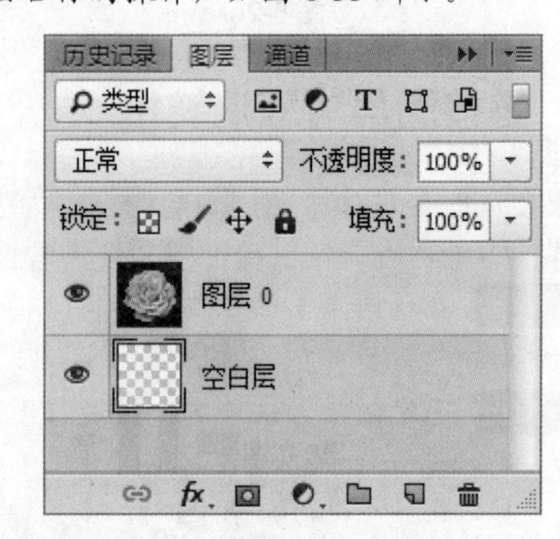

图 8-33

第 3 步 鼠标右键单击准备设置颜色的图层，在弹出的菜单中选择颜色，如图 8-34 所示。

第 4 步 通过以上步骤即可完成修改图层颜色的操作，如图 8-35 所示。

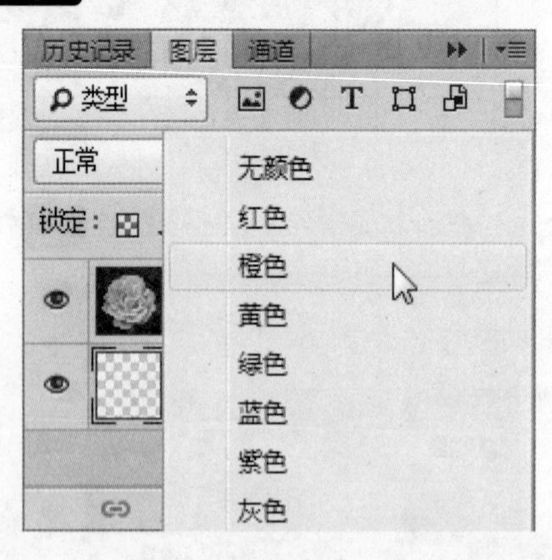

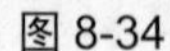

图 8-34

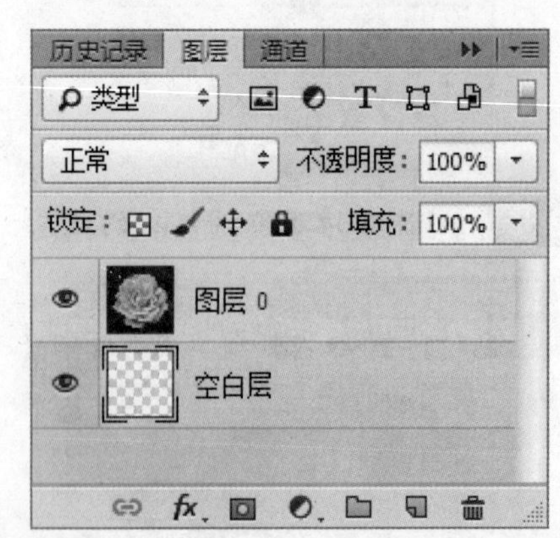

图 8-35

8.3.7 锁定图层

【图层】面板中提供了用于保护图层透明区域、图像像素、位置等属性的锁定功能，如图 8-36 所示。用户可以根据需要完全锁定或部分锁定图层，以免因操作失误对图层的内容造成修改。

➢ 【锁定透明像素】按钮：单击该按钮后，可以将编辑范围限定在图层的不透明区域，图层的透明区域会受到保护。
➢ 【锁定图像像素】按钮：单击该按钮后，智能对图层进行移动和变换操作，不能在图层上进行绘画、擦除或应用滤镜。
➢ 【锁定位置】按钮：单击该按钮后，图层不能移动。对于设置了精确位置的图像，锁定位置后就不必担心被意外移动了。
➢ 【锁定全部】按钮：单击该按钮后，可以锁定以上全部选项。

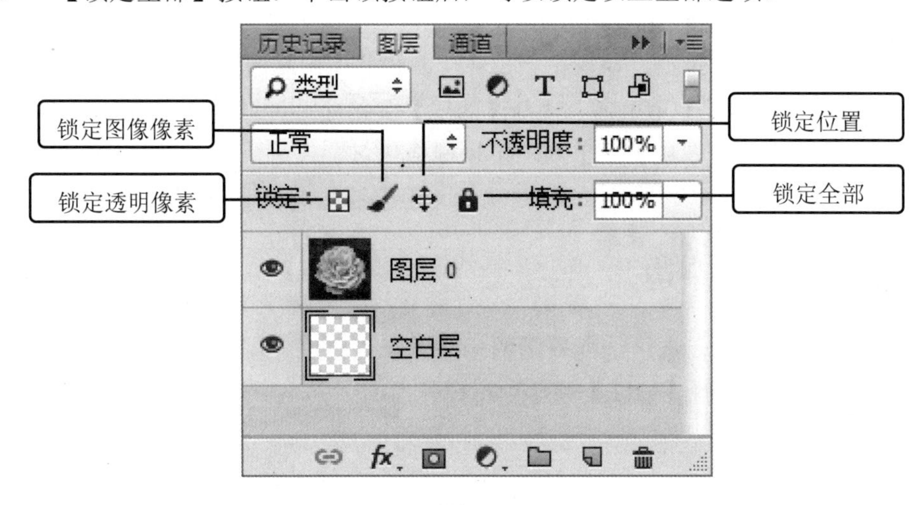

图 8-36

8.3.8　栅格化图层内容

如果要使用绘画工具和滤镜编辑文字图层、形状图层、矢量蒙版或智能对象等包含矢量数据的图层，需要先将其栅格化，让图层中的内容转化为光栅图像，然后才能进行相应的编辑。

选中准备栅格化的图层，单击【图层】主菜单，在弹出的菜单中选择【栅格化】菜单项，在弹出的子菜单中选择准备栅格化的内容即可，如图 8-37 所示。

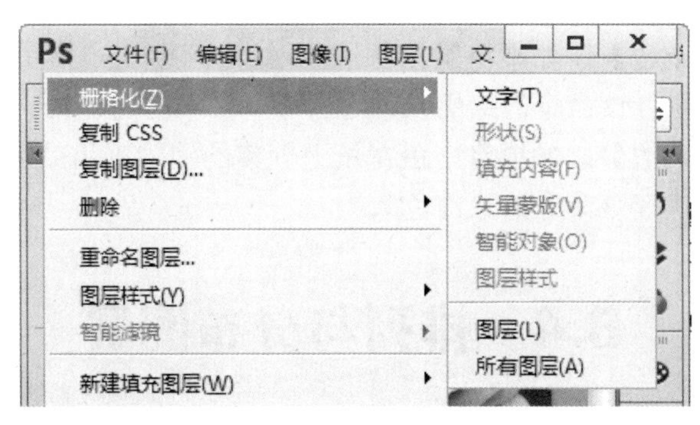

图 8-37

在【栅格化】子菜单中的各菜单项的功能如下。

➢ 【文字】菜单项：栅格化文字图层，使文字变为光栅图像。文字图层栅格化以后，文字内容不能修改。

➢ 【形状/填充内容/矢量蒙版】菜单项：选择【形状】菜单项，可以栅格化形状图层；选择【填充内容】菜单项，可以栅格化形状图层的填充内容，并基于形状创建矢量蒙版；选择【矢量蒙版】菜单项，可以栅格化矢量蒙版，将其转换为图层蒙版。

➢ 【智能对象】菜单项：栅格化智能对象，使其转换为像素。

➢ 【视频】菜单项：栅格化视频图层，选定的图层将拼合到【时间轴】面板中选定的当前帧的复合中。

➢ 3D 菜单项：栅格化 3D 图层。

➢ 【图层样式】菜单项：栅格化图层样式，将其应用到图层内容中。

➢ 【图层/所有图层】菜单项：选择【图层】菜单项，可以栅格化当前选择的所有图层；选择【所有图层】菜单项，可以栅格化包含矢量数据、智能对象和生成的数据的所有图层。

8.3.9 清除图像的杂边

当移动或粘贴选区时，选区边框周围的一些像素也会包含在选区内，单击【图层】主菜单，在弹出的菜单中选择【修边】菜单项，在弹出的子菜单中选择准备清除的内容即可，如图 8-38 所示。

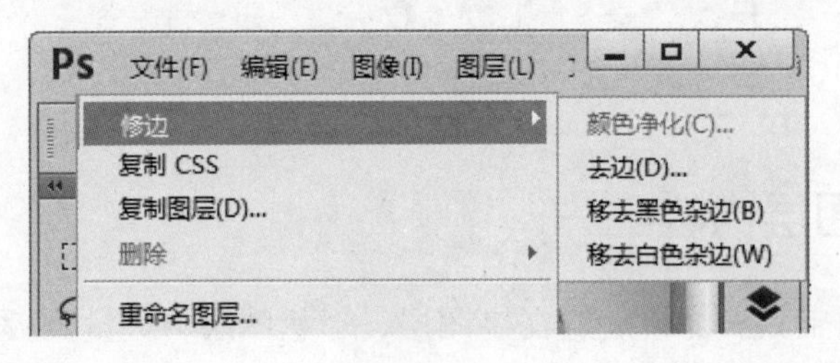

图 8-38

➢ 【颜色净化】菜单项：去除彩色杂边。

➢ 【去边】：用包含纯色(不含背景色的颜色)的邻近像素的颜色替换任何边缘像素的颜色。

➢ 【移去黑色杂边】：如果将黑色背景上创建的消除锯齿的选区粘贴到其他颜色的背景上，可执行该命令消除黑色杂边。

➢ 【移去白色杂边】：如果将白色背景上创建的消除锯齿的选区粘贴到其他颜色的背景上，可执行该命令消除白色杂边。

8.4 排列与分布图层

在【图层】面板中，图层是按照创建的先后顺序堆叠排列的。我们可以重新调整图层的堆叠顺序，也可以选择多个图层将其对齐，或者按照相同的间距分布。本节将详细介绍排列与分布图层的操作方法。

8.4.1　调整图层的排列顺序

在【图层】面板中，图层是按照创建的先后顺序堆叠排列的。将一个图层拖曳到另一个图层的上面或下面，即可调整图层的堆叠顺序。改变图层顺序会影响图层的显示效果。

用户还可以单击【图层】主菜单，在弹出的菜单中选择【排列】菜单项，在弹出的子菜单中选择需要的菜单项即可，如图 8-39 所示。

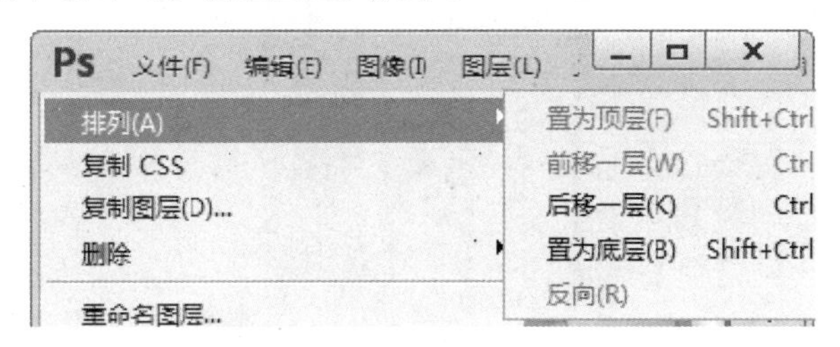

图 8-39

- 【置为顶层】菜单项：将所选图层调整到最顶层。
- 【前移一层/后移一层】菜单项：可以将所选图层向上或向下移动一个堆叠顺序。
- 【置为底层】菜单项：将所选图层调整到最底层。
- 【反向】菜单项：在【图层】面板中选择多个图层以后，选择该项，可以反转它们的堆叠顺序。

8.4.2　对齐图层

用户还可以将多个图层对齐，对齐图层的方法非常简单。下面详细介绍对齐图层的操作方法。

第 1 步　在【图层】面板中，选中图层 1、图层 2 和图层 3，如图 8-40 所示。

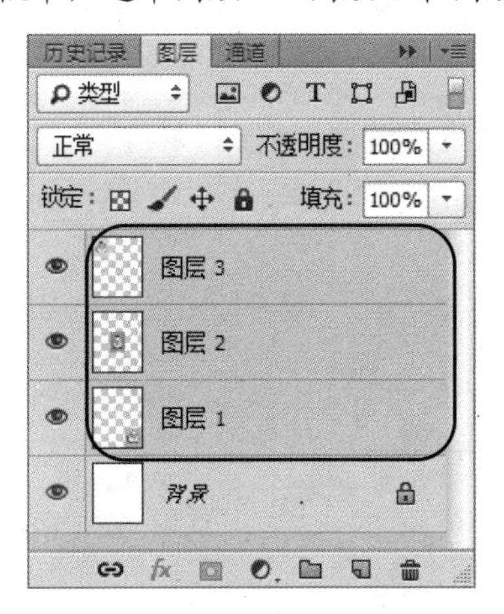

图 8-40

第 2 步　*1.* 单击【图层】主菜单，*2.* 在弹出的菜单中选择【对齐】菜单项，*3.* 在弹出的子菜单中选择【顶边】菜单项，如图 8-41 所示。

第 3 步 通过上述操作即可将选定图层上的顶端像素与所有选定图层上最顶端的像素对齐，如图 8-42 所示。

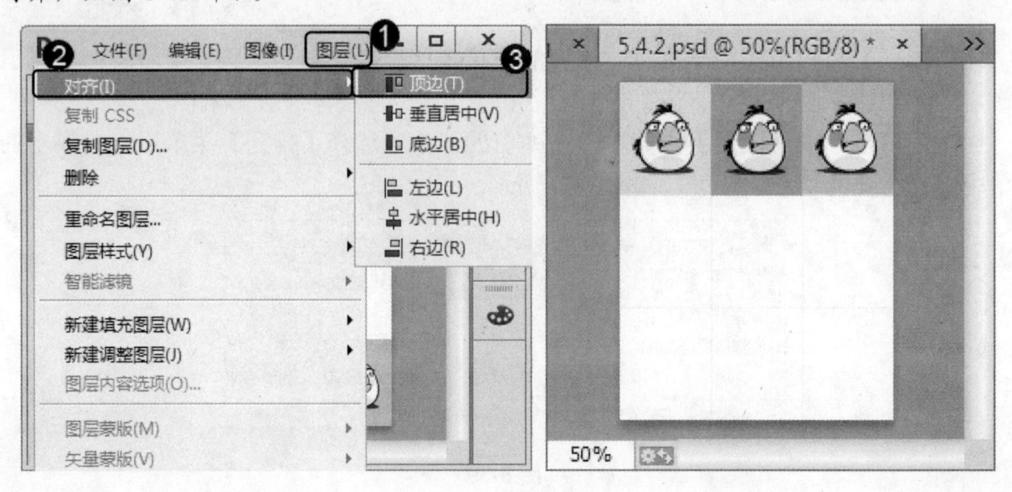

图 8-41　　　　图 8-42

8.4.3　将图层与选区对齐

用户还可以将图层与选区对齐，将图层与选区对齐的方法非常简单。下面详细介绍将图层与选区对齐的操作方法。

第 1 步 在 Photoshop CC 中打开图像文件，**1.** 在文档中创建一个选区，**2.** 在【图层】面板中选中一个图层，如图 8-43 所示。

第 2 步 **1.** 单击【图层】主菜单，**2.** 在弹出的菜单中选择【将图层与选区对齐】菜单项，**3.** 在弹出的子菜单中选择【垂直居中】菜单项，如图 8-44 所示。

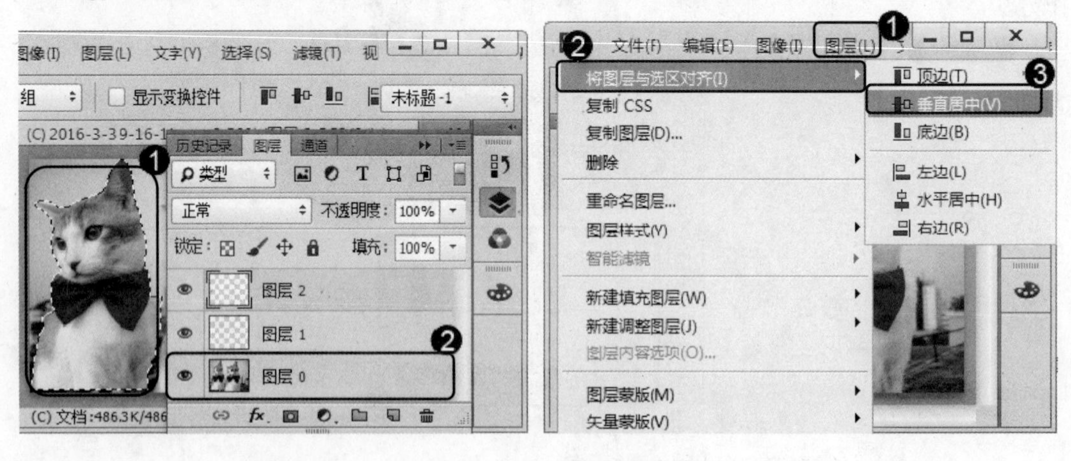

图 8-43　　　　图 8-44

第 3 步 通过上述操作即可完成将图层与选区对齐的操作，如图 8-45 所示。

图 8-45

8.4.4　图层过滤

图层过滤主要是通过对图层进行多种方法的分类、过滤与检索，帮助用户迅速找到复杂文件中的某个图层。在【图层】面板的顶部可以看到图层的过滤选项，包括【类型】、【名称】、【效果】、【模式】、【属性】、【颜色】、【智能对象】和【选定】8 种过滤方式，如图 8-46 所示。在使用某种图层过滤时，单击右侧的【打开或关闭图层过滤】按钮即可显示出所有图层。

图 8-46

- 【类型】选项：设置过滤方式为“类型”时，可以从“像素图层过滤”“调整图层过滤”“文字图层过滤”“形状图层过滤”“智能对象过滤”中选择一种或多种图层滤镜。可以看到【图层】面板中所选图层滤镜类型以外的图层全部被隐藏了，如果没有该类型的图层，则不显示任何图层。
- 【名称】选项：设置过滤方式为“名称”时，可以在右侧的文本框中输入关键字，所有包含该关键字的图层都将显示出来。
- 【效果】选项：设置过滤方式为“效果”时，在右侧的下拉列表中选中某种效果，所有包含该效果的图层将显示在【图层】面板中。
- 【模式】选项：设置过滤方式为“模式”时，在右侧的下拉列表中选中某种模式，使用该模式的图层将显示在【图层】面板中。

➢ 【属性】选项：设置过滤方式为“属性”时，在右侧的下拉列表中选中某种属性，使用该属性的图层将显示在【图层】面板中。

➢ 【颜色】选项：设置过滤方式为“颜色”时，在右侧的下拉列表中选中某种颜色，使用该颜色的图层将显示在【图层】面板中。

8.4.5 分布图层

如果要让 3 个或更多的图层采用一定的规律均匀分布，可以运用【分布】命令。下面详细介绍分布图层的操作方法。

第 1 步 在【图层】面板中，选中图层 1、图层 2、图层 3 和图层 4，如图 8-47 所示。

第 2 步 *1.* 单击【图层】主菜单，*2.* 在弹出的菜单中选择【分布】菜单项，*3.* 在弹出的子菜单中选择【顶边】菜单项，如图 8-48 所示。

图 8-47

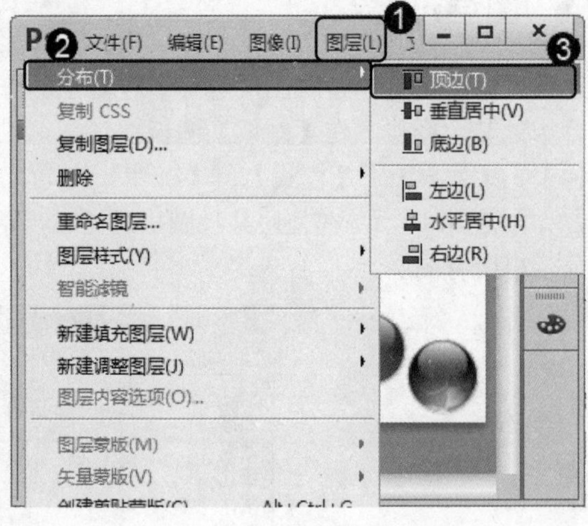

图 8-48

第 3 步 可以看到从每个图层的顶端像素开始，间隔均匀地分布图层，如图 8-49 所示。

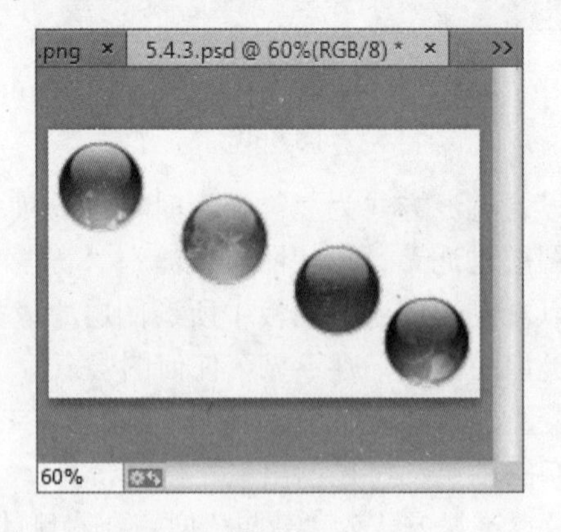

图 8-49

8.5　合并与盖印图层

图层、图层组合图层样式会占用计算机的内存，导致计算机的处理速度变慢。如果将相同属性的图层合并，或者将没有用处的图层删除，则可以缩小文件的大小，释放内存空间。此外，对于复杂的图像文件，图层数量变少以后，既便于管理，也可以快速找到需要的图层。

8.5.1　合并图层

用户可以将多个图层合并为一个图层，以便于操作，合并图层的方法非常简单。下面详细介绍合并图层的方法。

第 1 步 在【图层】面板中，选中图层 1、图层 2 和图层 3，如图 8-50 所示。

第 2 步 1. 单击【图层】主菜单，2. 在弹出的菜单中选择【合并图层】菜单项，如图 8-51 所示。

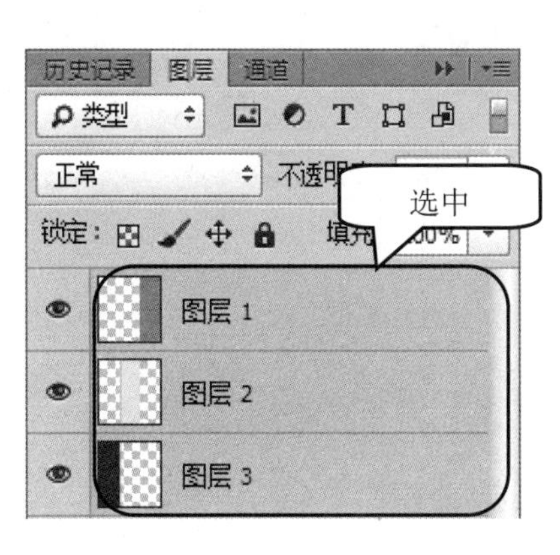

图 8-50

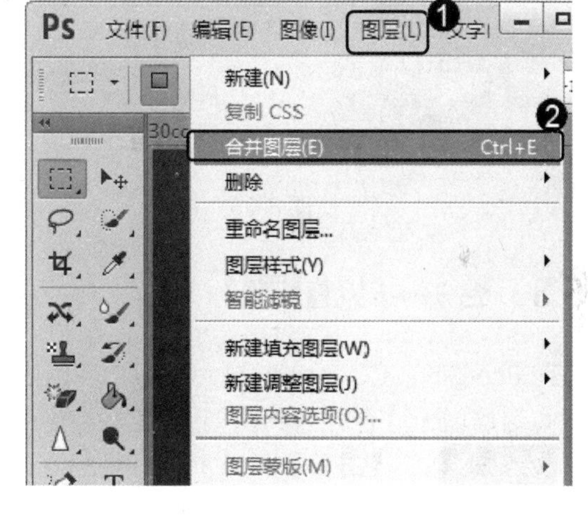

图 8-51

第 3 步 通过以上步骤即可完成合并图层的操作，如图 8-52 所示。

图 8-52

8.5.2 向下合并图层

向下合并图层是指两个相邻的图层，上面的图层向下与下面的图层合并为一个图层的过程。下面介绍向下合并图层的方法。

第 1 步 在【图层】面板中，用鼠标右键单击准备向下合并的图层，在弹出的快捷菜单中选择【向下合并】命令，如图 8-53 所示。

第 2 步 选中的图层已经向下合并，合并后的图层显示合并前下一图层的名称，通过以上方法即可完成向下合并图层的操作，如图 8-54 所示。

图 8-53

图 8-54

8.5.3 合并可见图层

在 Photoshop CC 中，合并可见图层是指用户可以将所有可显示的图层合并成一个图层，隐藏的图层则无法合并到此图层中。下面介绍合并可见图层的方法。

第 1 步 在【图层】面板中，用鼠标右键单击任意一个可见图层，在弹出的快捷菜单中选择【合并可见图层】命令，如图 8-55 所示。

第 2 步 通过以上方法即可完成合并可见图层的操作，如图 8-56 所示。

图 8-55

图 8-56

8.5.4　拼合图像

在 Photoshop CC 中，拼合图像是将所有图层都合并到背景图层中，如果存在隐藏的图层，将会弹出对话框提示是否删除隐藏的图层。下面介绍拼合图像的方法。

第 1 步 在【图层】面板中，用鼠标右键单击任意一个图层，在弹出的快捷菜单中选择【拼合图像】命令，如图 8-57 所示。

第 2 步 通过以上方法即可完成拼合图像的操作，如图 8-58 所示。

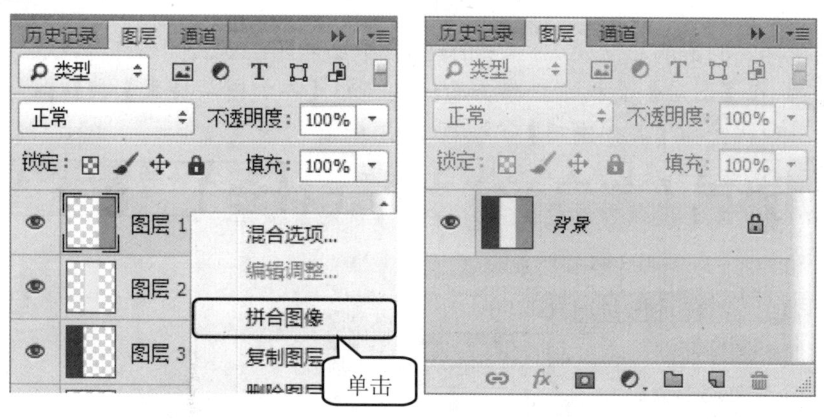

图 8-57　　　　图 8-58

8.5.5　盖印图层

在 Photoshop CC 中，用户使用盖印图层方法可将多个图层中的内容合并到一个图层中，同时可以保留原图层。下面介绍盖印图层的方法。

第 1 步 打开图像文件，在【图层】面板中单击任意一个图层，按组合键 Ctrl+Shift+Alt+E，如图 8-59 所示。

第 2 步 在【图层】面板中，可见的图层已经全部盖印到新图层中，通过以上操作方法即可完成盖印图层的操作，如图 8-60 所示。

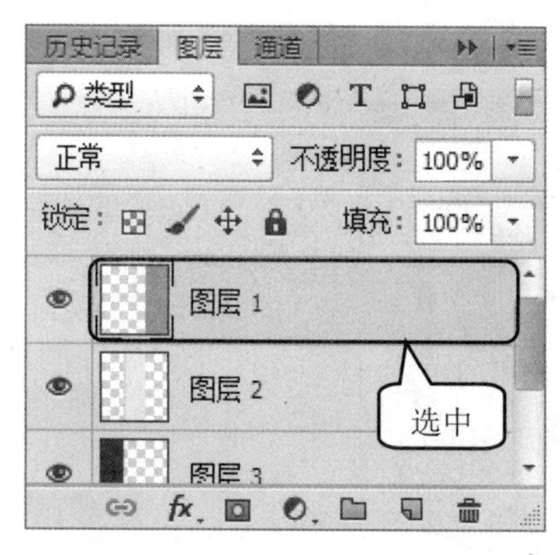

图 8-59

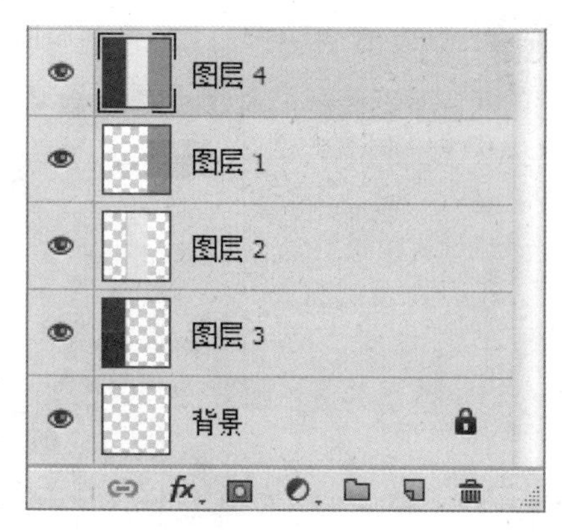

图 8-60

8.6 图层样式的应用

在 Photoshop CC 中，用户可以对图像进行添加各种应用图层样式的操作，方便用户编辑各种特殊效果。本节将重点介绍图层样式的应用方面的知识。

8.6.1 添加图层样式

添加图层样式的方法非常简单。下面详细介绍添加图层样式的操作方法。

第 1 步 在【图层】面板中，单击面板底部的【添加图层样式】按钮 fx，在弹出的菜单中选择一种样式如【混合选项】，如图 8-61 所示。

第 2 步 弹出【图层样式】对话框，1. 在左侧的【样式】区域勾选准备应用的样式，可以在右侧的【预览】区域查看效果，2. 单击【确定】按钮，如图 8-62 所示。

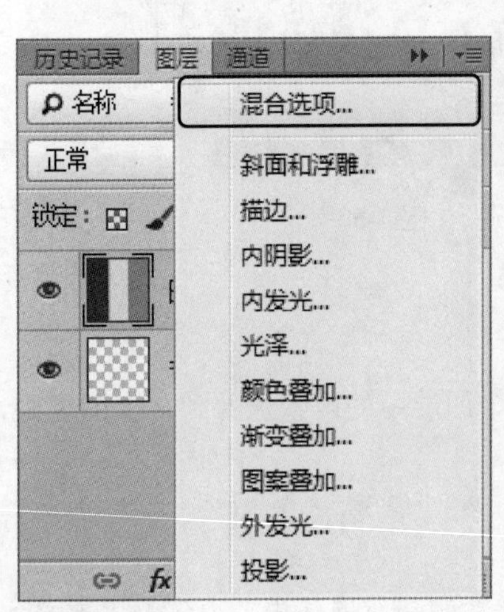

图 8-61

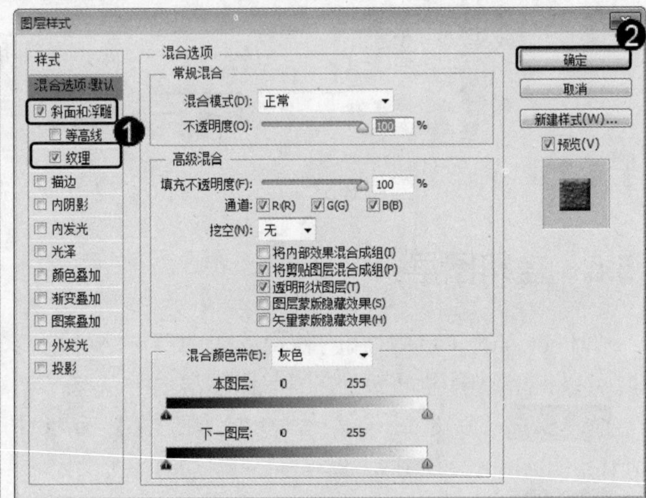

图 8-62

第 3 步 通过上述操作即可完成添加图层样式的操作，如图 8-63 所示。

图 8-63

8.6.2　显示与隐藏图层样式效果

在【图层】面板中，效果前的眼睛图标用来控制效果的可见性，如果要隐藏一个效果，可单击该效果名称前的眼睛图标，再次单击眼睛图标即可显示样式效果，如图 8-64 所示。

图 8-64

8.6.3　投影和内阴影的应用

投影是指在图层内容的后面添加阴影。内阴影是指紧靠在图层内容的边缘内添加阴影，使图层具有凹陷外观。下面介绍设置图层投影和内阴影的方法。

第 1 步　在【图层】面板中，用鼠标右键单击准备设置常规混合选项的图层，在弹出的快捷菜单中选择【混合选项】命令，如图 8-65 所示。

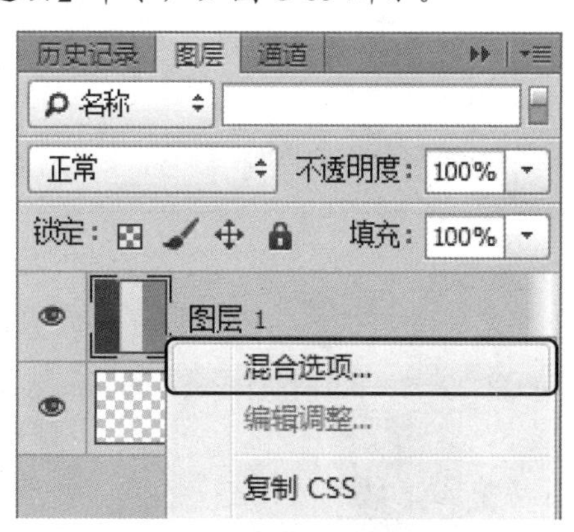

图 8-65

第 2 步　弹出【图层样式】对话框，**1.** 勾选【投影】选项，进入【投影】设置界面，**2.** 【角度】文本框中输入 120，**3.** 在【距离】文本框中输入 25，**4.** 在【大小】文本框中输入 62，**5.** 单击【确定】按钮，如图 8-66 所示。

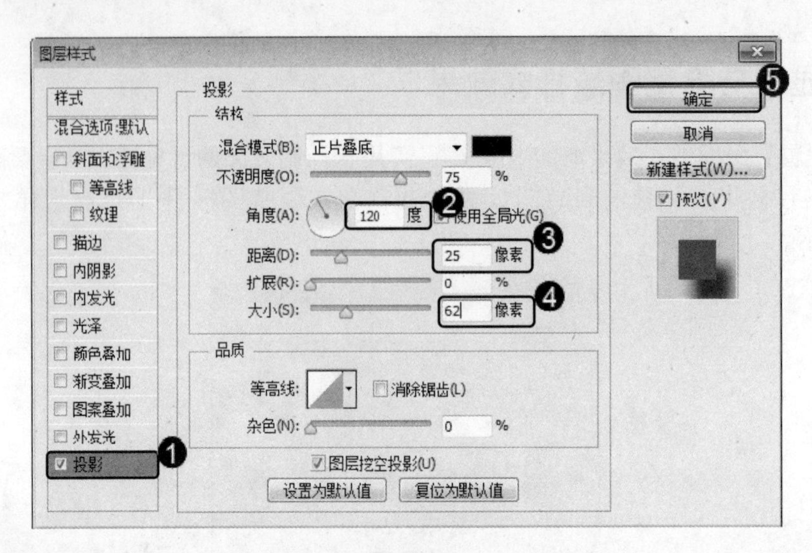

图 8-66

第 3 步 选中【内阴影】选项，*1.* 在【角度】文本框中输入-139，*2.* 在【距离】文本框中输入 30，*3.* 在【阻塞】文本框中输入 57，*4.* 在【大小】文本框中输入 32，*5.* 单击【确定】按钮，如图 8-67 所示。

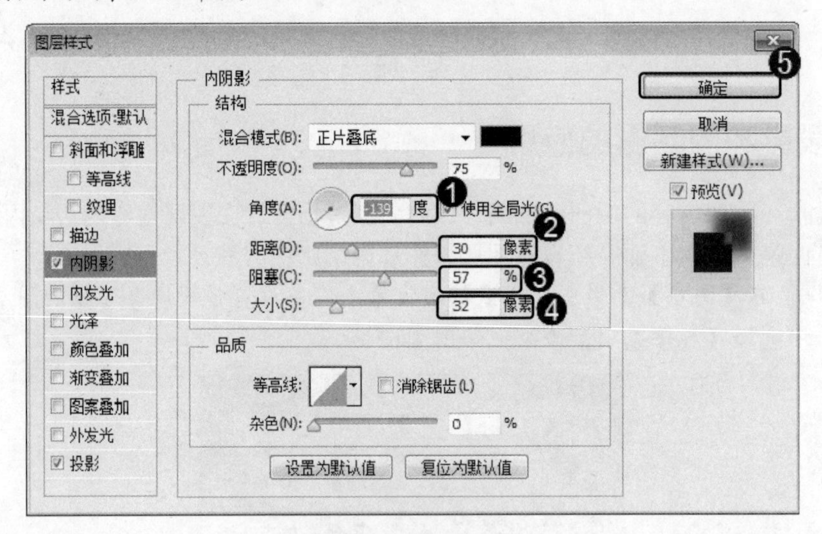

图 8-67

第 4 步 过以上方法即可完成运用投影与内阴影样式的操作，如图 8-68 所示。

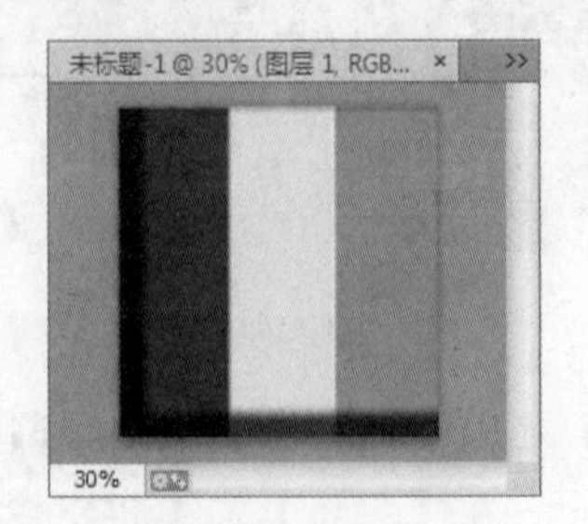

图 8-68

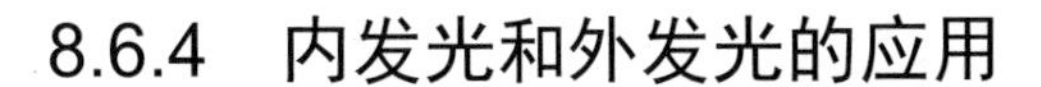

8.6.4　内发光和外发光的应用

内发光图层样式是指添加从图层内容的内边缘发光的效果；外发光表示添加从图层内容的外边缘发光的效果。下面介绍内发光和外发光的应用方面的知识。

第 1 步 选择准备设置内发光的图层，**1.** 打开【图层样式】对话框，选中【内发光】选项，**2.** 在【混合模式】下拉列表框中选择【变暗】选项，**3.** 在颜色框中设置准备内发光的颜色，**4.** 在【阻塞】和【大小】文本框中分别输入 8 和 49，**5.** 单击【确定】按钮，如图 8-69 所示。

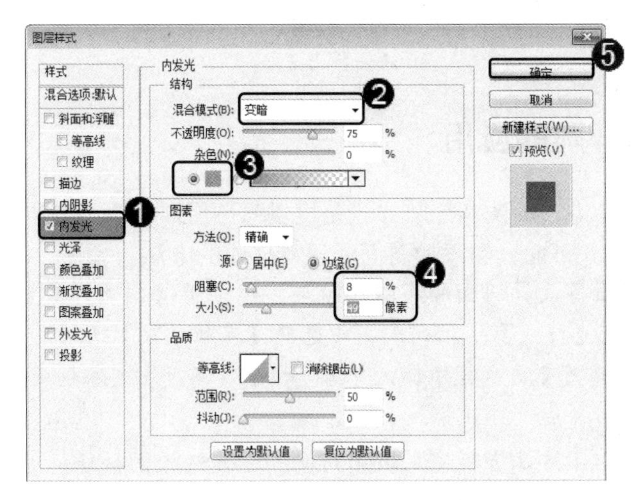

图 8-69

第 2 步 选择准备设置外发光的图层，**1.** 打开【图层样式】对话框，双击【外发光】选项，**2.** 在【混合模式】下拉列表框中选择【变亮】选项，**3.** 在颜色框中设置准备外发光的颜色，**4.** 在【大小】文本框中输入 111，**5.** 单击【确定】按钮，如图 8-70 所示。

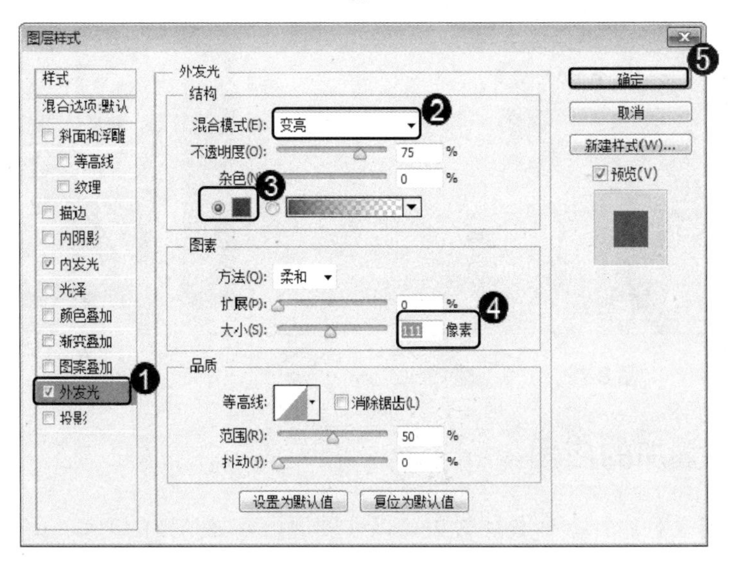

图 8-70

第 3 步 通过以上方法即可完成运用内发光和外发光样式的操作，如图 8-71 所示。

图 8-71

8.6.5 斜面和浮雕的应用

在 Photoshop CC 中，斜面和浮雕样式是可以对图层添加高光与阴影的组合，这样可以使其呈现立体浮雕感。下面介绍添加斜面和浮雕样式的方法。

第 1 步 选择准备设置斜面和浮雕的图层，**1.** 打开【图层样式】对话框，选中【斜面和浮雕】选项，**2.** 在【样式】下拉列表框中选择【浮雕效果】选项，**3.** 在【大小】文本框中输入 191，**4.** 在【角度】文本框中输入 144，**5.** 在【高度】文本框中输入 16，**6.** 单击【确定】按钮，如图 8-72 所示。

第 2 步 通过以上方法即可完成运用斜面和浮雕样式的操作，如图 8-73 所示。

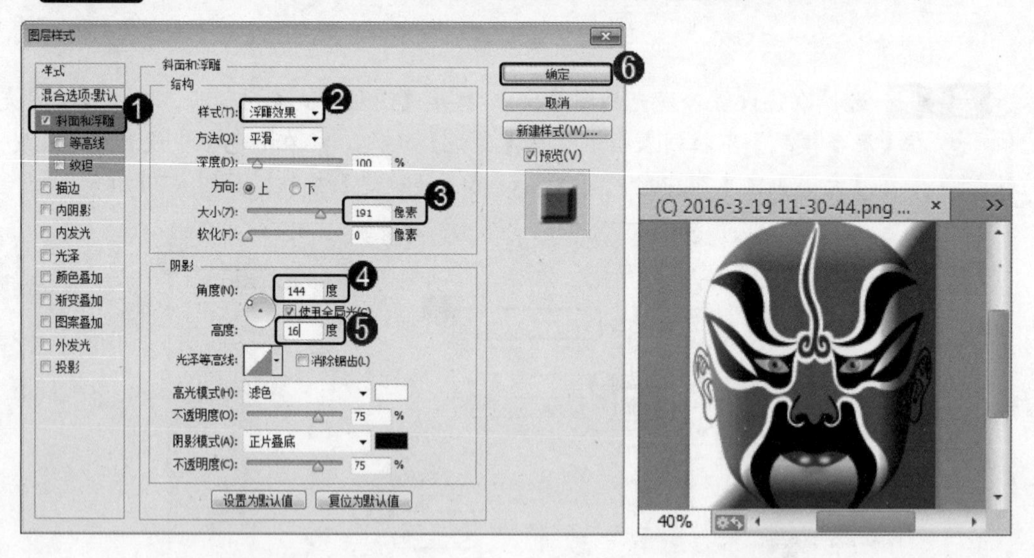

图 8-72　　图 8-73

8.6.6 渐变叠加的应用

在 Photoshop CC 中，渐变叠加效果可以在图层上叠加指定的渐变颜色。下面详细介绍为图层添加渐变叠加的方法。

第 1 步 选择准备设置渐变叠加的图层，1. 打开【图层样式】对话框，选中【渐变叠加】选项，2. 在【渐变】下拉列表框中设置准备使用的渐变颜色，3. 单击【确定】按钮，如图 8-74 所示。

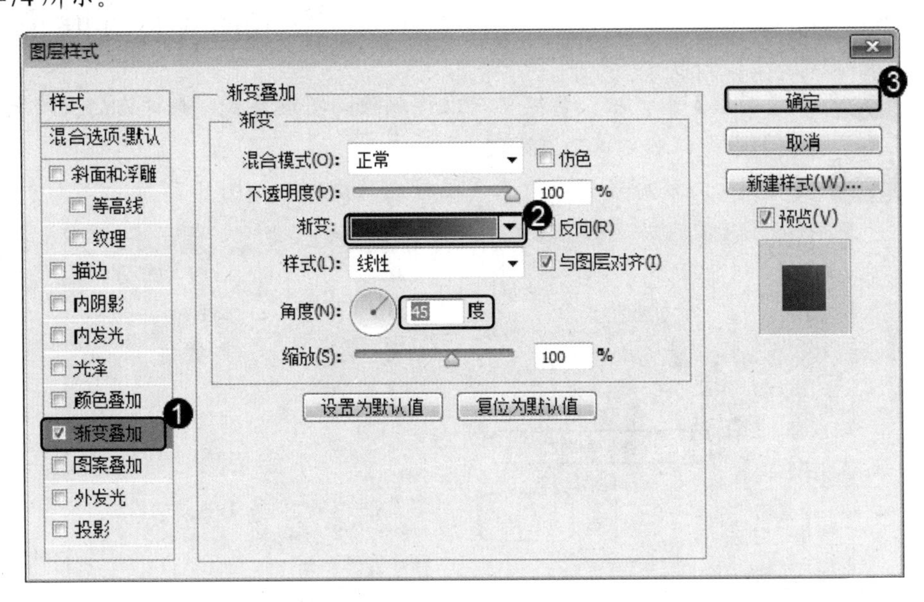

图 8-74

第 2 步 通过以上方法即可完成运用渐变叠加样式的操作，如图 8-75 所示。

图 8-75

8.7　实践案例与上机指导

通过本章的学习，读者基本可以掌握图层及图层样式的基本知识以及一些常见的操作方法。下面通过练习操作，以达到巩固学习、拓展提高的目的。

8.7.1 清除图层样式

在 Photoshop CC 中，用户可以清除不再准备使用的图层样式，以便对图层进行管理。下面介绍清除图层样式的方法。

第 1 步 在【图层】面板中，右键单击准备删除的图层样式，在弹出的快捷菜单中选择【清除图层样式】命令，如图 8-76 所示。

第 2 步 通过以上方法即可完成清除图层样式的操作，如图 8-77 所示。

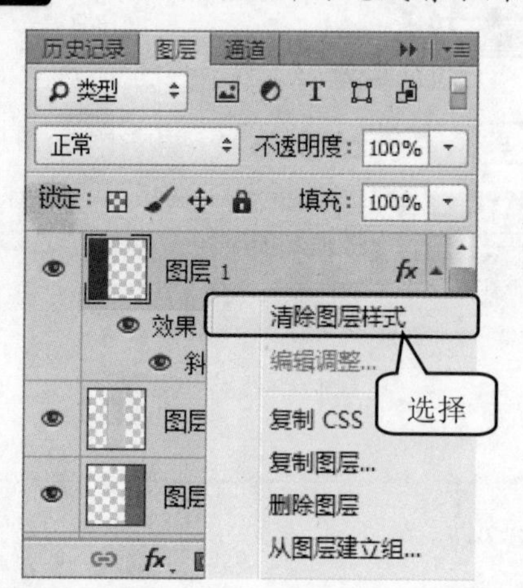

图 8-76

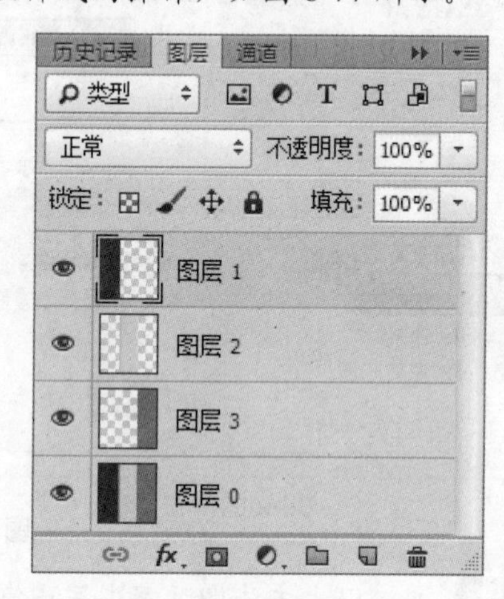

图 8-77

8.7.2 图层样式转换为普通图层的方法

在 Photoshop CC 中，用户可以将已经创建的图层样式转换为普通图层。下面介绍将图层样式转换为普通图层的方法。

第 1 步 在【图层】面板中，**1.** 右键单击准备转换为普通图层的图层样式，**2.** 在弹出的快捷菜单中选择【创建图层】命令，如图 8-78 所示。

第 2 步 通过以上方法即可完成将图层样式转换为普通图层的操作，如图 8-79 所示。

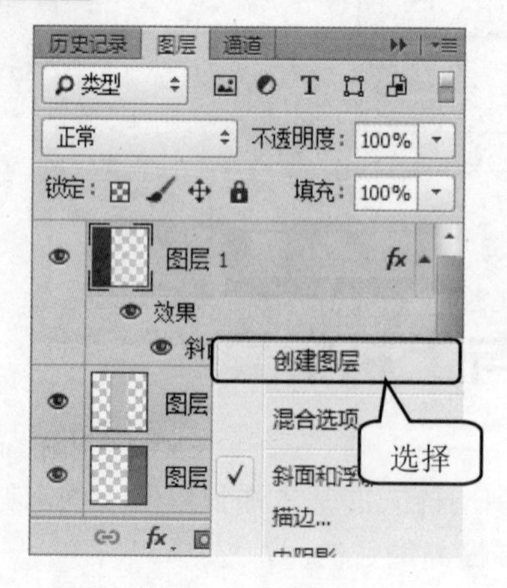

图 8-78

图 8-79

8.7.3　合并图层编组

在 Photoshop CC 中，用户可以将某一图层组中的所有图层合并成一个图层。下面介绍合并图层编组的方法。

第 1 步 在【图层】面板中，右键单击已创建的图层组，在弹出的快捷菜单中选择【合并组】命令，如图 8-80 所示。

第 2 步 通过以上方法即可完成合并图层编组的操作，如图 8-81 所示。

图 8-80

图 8-81

8.8　思考与练习

一、填空题

1. 创建图层后，用户可以对图层进行__________的设置、_________和_________等操作。

2. _____________是指在图层内容的后面添加阴影，_______________是指紧靠在图层内容的边缘内添加阴影，使图层具有_______________外观。

二、判断题

1. 图层的主要功能将当前图像组成关系不清晰地显示出来。　　(　　)
2. 在 Photoshop CC 中，用户可以将普通的图层转换成背景图层。　　(　　)
3. 在 Photoshop CC 中，用户可以将图层按照不同的类型存放在不同的图层组内。　　(　　)

三、思考题

1. 如何创建图层？
2. 如何合并可见图层？

第 9 章

文字工具的应用

本章要点

- 认识文字工具
- 创建文字
- 【字符】面板和【段落】面板
- 编辑文字
- 转换文字图层区

本章主要内容

本章主要介绍认识文字工具、创建文字、【字符】面板和【段落】面板以及编辑文字方面的知识与技巧，同时还讲解如何转换文字图层区。在本章的最后还针对实际的工作需求，讲解语言选项、OpenType 字体以及如何存储和载入文字样式的方法。通过本章的学习，读者可以掌握文字工具的应用方面的知识，为深入学习 Photoshop CC 知识奠定基础。

9.1 认识文字工具组

文字工具组不只应用于排版方面，在平面设计与图像编辑中也占有非常重要的地位。Photoshop 中的文字工具组由基于矢量的文字轮廓组成。对已有的对象进行编辑时，可以任意缩放文字或调整文字大小，不会产生锯齿现象。本节将详细介绍文字工具组方面的知识。

9.1.1 文字工具

Photoshop 中包括两种文字工具，分别是横排文字工具组和直排文字工具组。横排文字工具组可以用来输入横向排列的文字，直排文字工具组可以用来输入竖向排列的文字，如图 9-1 和图 9-2 所示。

图 9-1

图 9-2

横排文字工具组和直排文字工具组的选项栏参数相同，在文字工具组选项栏中可以设置字体的系列、样式、大小、颜色、对齐方式等，如图 9-3 和图 9-4 所示。

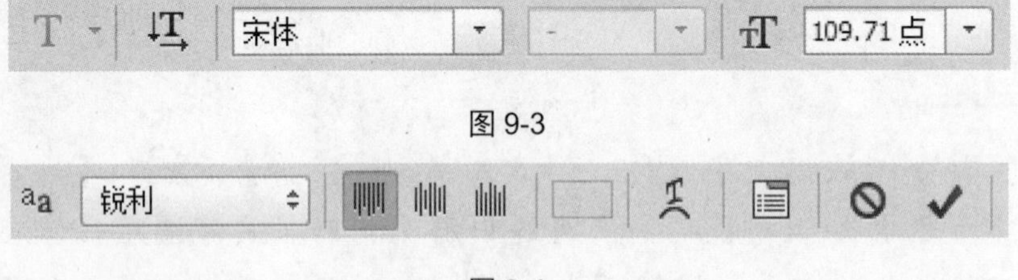

图 9-3

图 9-4

9.1.2 文字蒙版工具

使用文字蒙版工具可以创建文字选区，其中包含横排文字蒙版工具和直排文字蒙版工具两种。使用文字蒙版工具输入文字以后，文字将以选区的形式出现。在文字选区中，可以填充前景色、背景色、渐变颜色等。下面详细介绍文字蒙版工具的使用方法。

第 1 步 在 Photoshop CC 中打开图像文件，**1.** 单击工具箱中的【横排文字蒙版工具】按钮，**2.** 在图像中的合适位置单击鼠标放置光标，输入内容，如图 9-5 所示。

第 2 步 单击【移动工具】按钮，使文字变为可以动的图层，如图 9-6 所示。

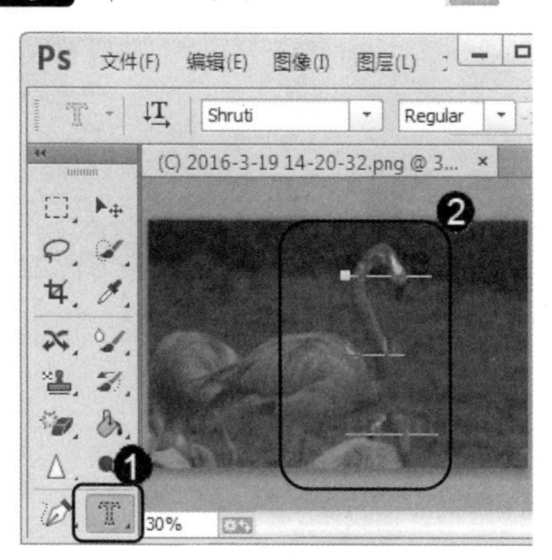

图 9-5

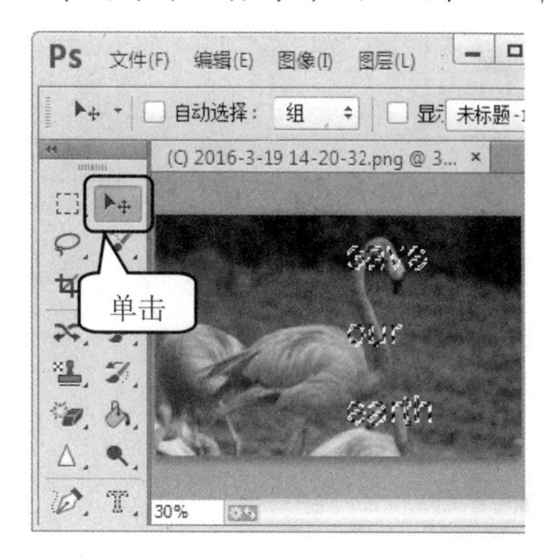

图 9-6

第 3 步 在【图层】面板中单击【添加图层蒙版】按钮，如图 9-7 所示。

第 4 步 此时可以看到文字选区内部的图像部分被保留下来，如图 9-8 所示。

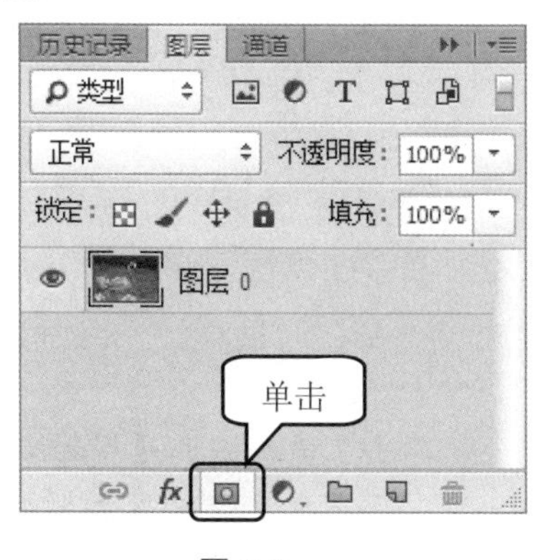

图 9-7

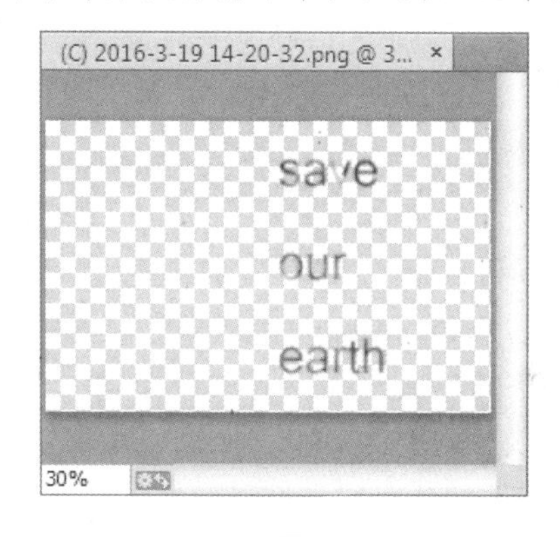

图 9-8

9.2　创建文字

在平面设计中经常需要使用到多种版式类型的文字。在 Photoshop 中将文字分为点文字、段落文字、路径文字、变形文字等类型。本节将详细介绍创建文字方面的知识。

9.2.1　点文字

点文字是一个水平或垂直的文本行，每行文字都是独立的。行的长度随着文字的输入而不断增加，不会进行自动换行，需要按 Enter 键进行换行。下面详细介绍创建点文字的方法。

第 1 步 在 Photoshop CC 中打开图像文件，**1.** 单击工具箱中的【横排文字工具】按钮，**2.** 在工具选项栏中设置字体和字号，**3.** 设置前景色为棕色，输入文字，如图 9-9 所示。

第 2 步 文字输入完成后，单击【移动】工具使其变为文字图层，按 Ctrl+T 组合键对文字进行自由变换，通过以上步骤即可完成创建点文字的操作，如图 9-10 所示。

图 9-9

图 9-10

9.2.2 段落文字

在 Photoshop CC 中，在定界框中输入段落文字时，系统提供自动换行和可调文字区域大小等功能。在 Photoshop 中输入段落文字的方法非常简单。下面详细介绍在 Photoshop 中输入段落文字的方法。

第 1 步 在 Photoshop CC 中打开图像文件，1. 单击工具箱中的【横排文字工具】按钮 T，2. 在文档窗口中的指定位置处，拖曳鼠标画取一个段落文字定界文本框，如图 9-11 所示。

第 2 步 在直排文字工具选项栏中，1. 在【字体】下拉列表框中选择准备应用的字体，如【黑体】，2. 在字体大小下拉列表框中，设置字体大小，如【6 点】，3. 在段落文字定界框中输入文字，如图 9-12 所示。

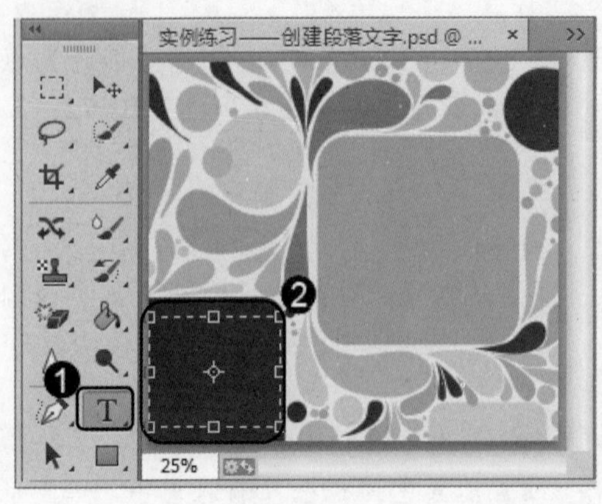

图 9-11

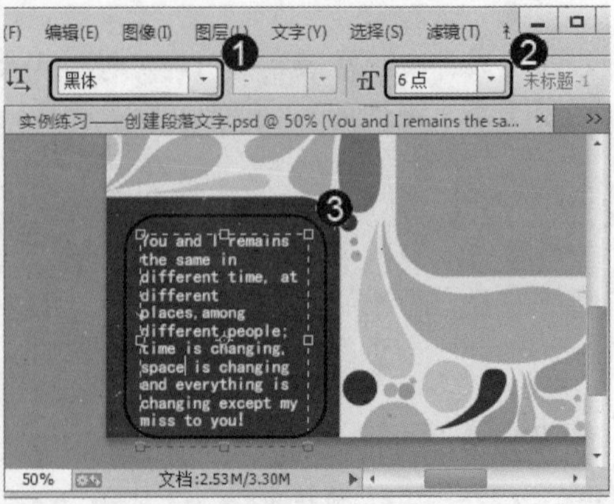

图 9-12

第 3 步 输入段落文字后，然后按 Ctrl+Enter 组合键，这样可以退出文字编辑状态，通过以上方法即可完成创建段落文字的操作，如图 9-13 所示。

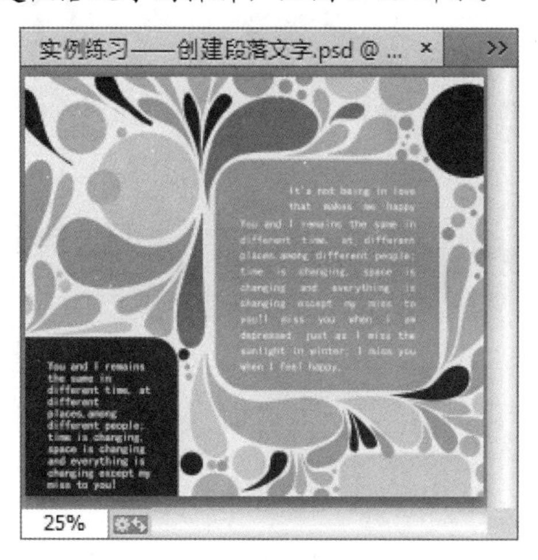

图 9-13

9.2.3　路径文字

在 Photoshop CC 中，创建完路径后，用户可以沿路径输入排列文字。下面介绍输入沿路径排列文字的方法。

第 1 步 在 Photoshop CC 中打开图像文件，1. 在工具箱中单击【钢笔工具】按钮，2. 在文档窗口中绘制一条路径，如图 9-14 所示。

第 2 步 路径绘制完成后，1. 在工具箱中单击【横排文字工具】按钮，2. 将鼠标指针移动至路径处，当鼠标指针变为时，单击鼠标并输入文字，如图 9-15 所示。

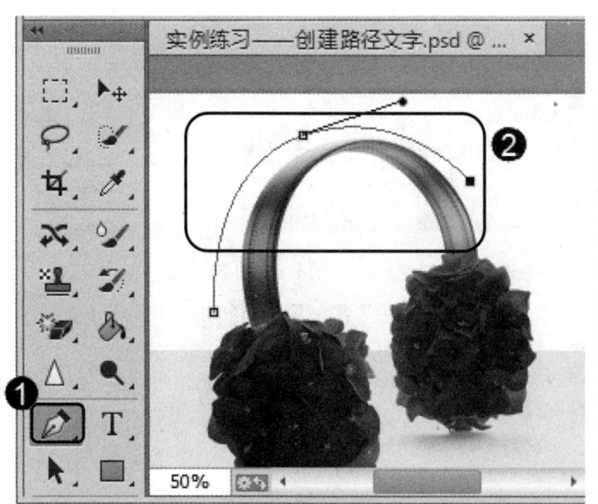

图 9-14

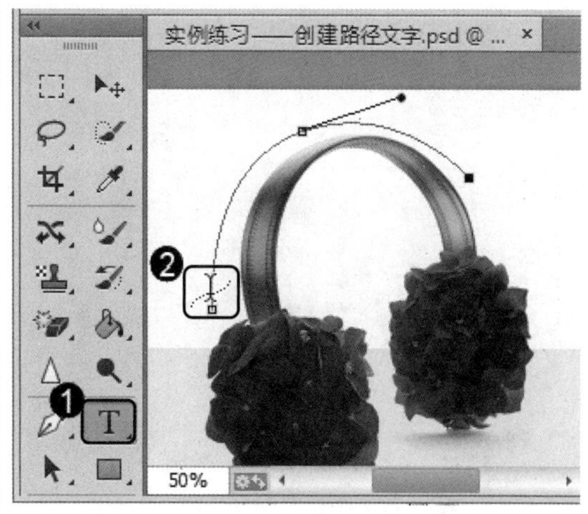

图 9-15

第 3 步 通过以上方法即可完成输入沿路径排列文字的操作，如图 9-16 所示。

图 9-16

9.2.4 变形文字

在 Photoshop CC 中，用户可以对创建的文字进行处理得到变形文字，如拱形、波浪、鱼形等。下面将重点介绍创建变形文字的方法。

第 1 步 在 Photoshop CC 中创建文字后，在文字工具选项栏中单击【创建变形文字】按钮，如图 9-17 所示。

第 2 步 弹出【变形文字】对话框，**1.** 在【样式】下拉列表框中，选择准备应用的样式，**2.** 在【弯曲】文本框中输入弯曲数值，**3.** 在【水平扭曲】文本框内输入字体水平扭曲度，**4.** 在【垂直扭曲】文本框内输入字体垂直扭曲度，**5.** 单击【确定】按钮，如图 9-18 所示。

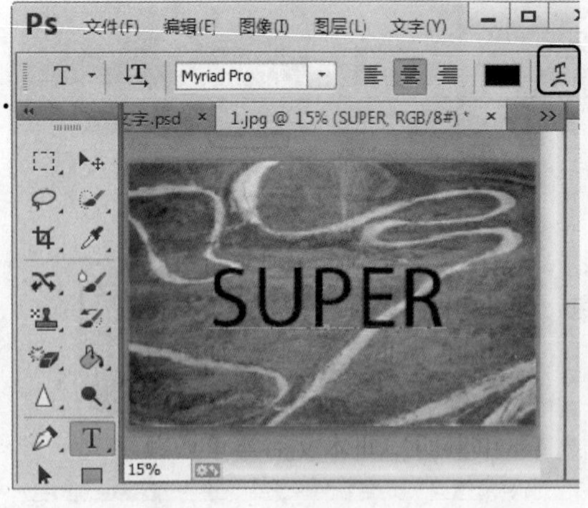

图 9-17

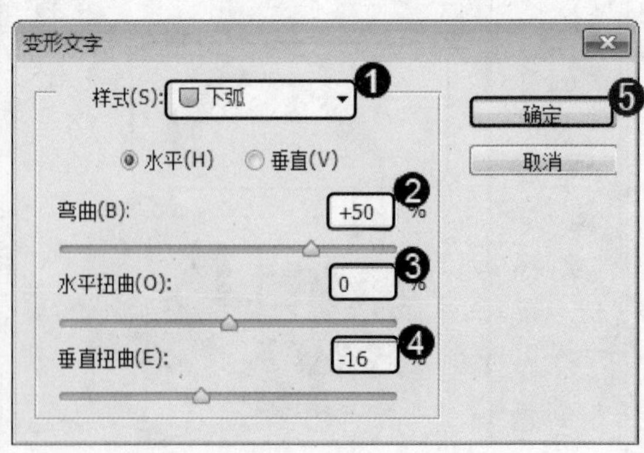

图 9-18

第 3 步 通过以上方法即可完成创建变形文字的操作，如图 9-19 所示。

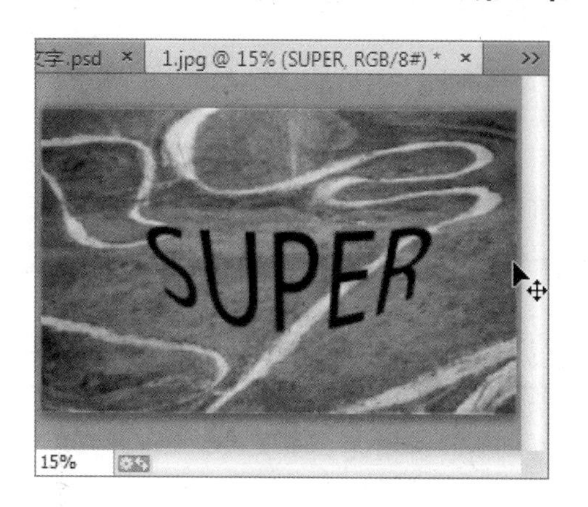

图 9-19

9.3 【字符】面板和【段落】面板

在文字工具组的选项栏中，可以快捷地对文本的部分属性进行修改。如果要对文本进行更多的设置，就需要使用【字符】面板和【段落】面板。本节将详细讲解关于【字符】面板和【段落】面板的知识。

9.3.1 使用【字符】面板

在【字符】面板中，除了包括常见的字体系列、字体样式、文字大小、文字颜色和消除锯齿等设置，还包括行距、字距等常见设置，在【窗口】菜单中选择【字符】菜单项即可打开【字符】面板，如图 9-20 所示。

图 9-20

- 【设置行距】下拉列表：行距就是上一行文字基线与下一行文字基线之间的距离。选择需要调整的文字图层，然后在设置行距数值框中输入行距数或在下拉列表框中选择预设的行距值，接着按 Enter 键即可。

- 【垂直缩放】文本框 /【水平缩放】文本框：用于设置文字的垂直或水平缩放比例，以调整文字的高度或宽度。
- 【比例间距】下拉列表：是按指定的百分比来减少字符周围的空间。字符本身并不会被伸展或挤压，而是字符之间的间距被伸展或挤压了。
- 【字距调整】下拉列表：用于设置文字的字符间距。输入正值时，字距会扩大；输入负值时，字距会缩小。
- 【字距微调】下拉列表：用于设置两个字符之间的字距微调。在设置时，先要将光标插入到需要进行字距微调的两个字符之间，然后在数值框中输入所需的字距微调数量，输入正值时，字距会扩大；输入负值时，字距会缩小。
- 【基线偏移】文本框：用来设置文字与文字基线之间的距离。输入正值时，文字会上移；输入负值时，文字会下移。
- 【文字样式】按钮：设置文字的效果，共有仿粗体、仿斜体、全部大写字母、小型大写字母、上标、下标、下划线和删除线 8 种。
- 【语言设置】下拉按钮 美国英语：用于设置文本连字符和拼写的语言类型。
- 【消除锯齿方式】下拉按钮 锐利：输入文字以后，可以在选项栏中为文字指定一种消除锯齿的方式。

9.3.2 使用【段落】面板

【段落】面板提供了用于设置段落编排格式的所有选项，还可以设置段落文本的对齐方式和缩进量等参数，在【窗口】菜单中选择【段落】菜单项即可打开【段落】面板，如图 9-21 所示。

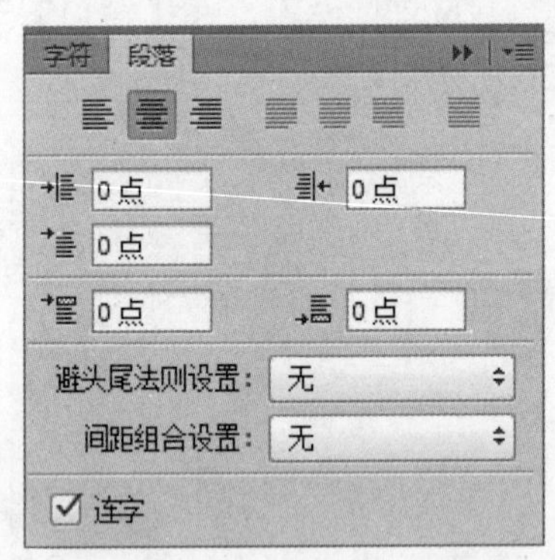

图 9-21

- 【左对齐文本】按钮：文字左对齐，段落右端参差不齐。
- 【居中对齐文本】按钮：文字居中对齐，段落两端参差不齐。
- 【右对齐文本】按钮：文字右对齐，段落左端参差不齐。
- 【最后一行左对齐】按钮：最后一行左对齐，其他行左右两端强制对齐。
- 【最后一行居中对齐】按钮：最后一行居中对齐，其他行左右两端强制对齐。
- 【最后一行右对齐】按钮：最后一行右对齐，其他行左右两端强制对齐。
- 【全部对齐】按钮：在字符间添加额外的间距，使文本左右两端强制对齐。

- 【左缩进】文本框：用于设置段落文本向左(横排文字)或向上(直排文字)的缩进量。
- 【右缩进】文本框：用于设置段落文本向右(横排文字)或向下(直排文字)的缩进量。
- 【首行缩进】文本框：用于设置段落文本中每个段落的第 1 行向右(横排文字)或第 1 列文字向下(直排文字)的缩进量。
- 【段前添加空格】文本框：设置光标所在段落与前一个段落之间的间隔距离。
- 【段后添加空格】文本框：设置当前段落与另外一个段落之间的间隔距离。
- 【避头尾法则设置】下拉按钮：不能出现在一行的开头或结尾的字符称为避头尾字符，Photoshop 提供了基于标准 JIS 的宽松和严格的避头尾集，宽松的避头尾设置忽略长元音字符和字符。选择“JIS 宽松”或“JIS 严格”选项时，可以防止在一行的开头或结尾出现不能使用的字母。
- 【间距组合设置】下拉按钮：间距组合时日语字符、罗马字符、标点和特殊字符在行开头。行结尾和数字的间距指定日语文本编排。选择“间距组合 1”选项，可以对标点使用半角间距；选择“间距组合 2”选项，可以对行中除最后一个字符外的大多数字符使用全角间距；“间距组合 3”选项，可以对行中的大多数字符和最后一个字符使用全角间距；“间距组合 4”选项，可以对所有字符使用全角间距。
- 【连字】复选框：勾选该复选框，在输入英文单词时，如果段落文本框的宽度不够，英文单词将自动换行，并在单词之间用连字符连接起来。

9.3.3 【字符/段落样式】面板

在进行例如书籍、报纸杂志等的包含大量文字排版的任务时，经常会需要为多个文字图层赋予相同的样式，而在 Photoshop CC 中提供的【字符样式】面板功能为此类操作提供了便利的操作方式。在【字符样式】面板汇总可以创建字符样式、更改字符属性，并将字符属性存储在字符样式面板中，在需要使用时，只需选中文字图层，并单击相应字符样式即可，在【窗口】菜单中选择【字符样式】菜单项即可打开【字符样式】面板，如图 9-22 所示。

图 9-22

- 【清除覆盖】：单击即可清除当前字体样式。
- 【通过合并并覆盖重新定义字符样式】：单击该按钮即可以所选文字合并覆盖当前字符样式。
- 【创建新样式】：单击该按钮可以创建新的样式。
- 【删除选项样式/组】单击该按钮，可以将当前选中的新样式或新样式组删除。

【段落样式】面板与【字符样式】面板的使用方法相同，都可以进行样式的定义、编辑与调用。字符样式主要用于类似标题文字的较少文字的排版，而段落样式的设置选项多应用于类似正文的大段文字的排版。

9.4 编 辑 文 字

在 Photoshop CC 中，创建文字后，用户可以对创建的文字进行编辑操作，这样可以使创建的文字根据用户的需要进行设置，创建出符合绘制要求的文字样式。本节将重点介绍编辑文字方面的知识。

9.4.1 切换文字方向

在 Photoshop CC 中，用户可以根据绘制图像的需要，对创建文字的方向进行切换。下面介绍切换文字方向的方法。

第 1 步 将光标定位在文字中，在文字工具选项栏中单击【切换文本取向】按钮，如图 9-23 所示。

第 2 步 通过以上方法即可完成切换文字方向的操作，如图 9-24 所示。

图 9-23

图 9-24

9.4.2 修改文本属性

第 1 步 在 Photoshop CC 中创建文字后，*1.* 选中文字，*2.* 在工具栏中设置文字的字体和字号，如图 9-25 所示。

图 9-25

第 2 步 通过以上方法即可完成修改文字属性的操作，如图 9-26 所示。

图 9-26

9.4.3　查找和替换文字

在 Photoshop CC 中，如果准备批量更改文本，用户可以使用查找和替换功能。下面介绍查找和替换文字的方法。

第 1 步 创建段落文字后，1. 单击【编辑】主菜单，2. 在弹出的菜单中选择【查找和替换文本】菜单项，如图 9-27 所示。

第 2 步 弹出【查找和替换文本】对话框，1. 在【查找内容】文本框中输入准备查找的文字，2. 在【更改为】文本框中输入准备替换的文字，3. 单击【更改全部】按钮，如图 9-28 所示。

第 3 步 通过以上方法即可完成查找和替换文字的操作，如图 9-29 所示。

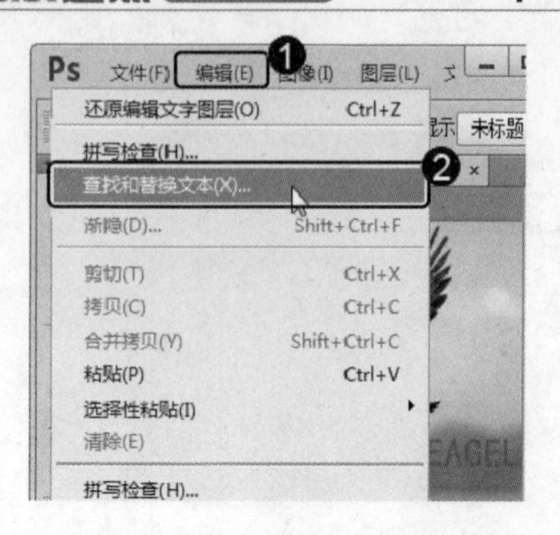

图 9-27

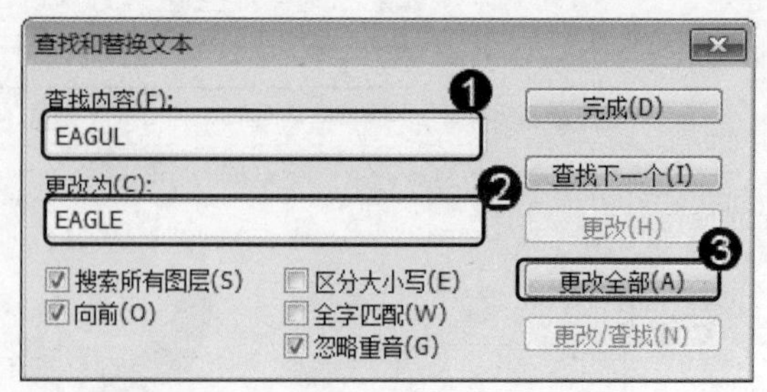

图 9-28

图 9-29

9.4.4 点文本和段落文本的转换

点文本和段落文本可以互相转换，如果是点文本，单击【文字】主菜单，在弹出的菜单中选择【转换为段落文本】菜单项，可将其转换为段落文本；如果是段落文本，单击【文字】主菜单，在弹出的菜单中选择【转换为点文本】菜单项，可将其转换为点文本，如图 9-30 和图 9-31 所示。

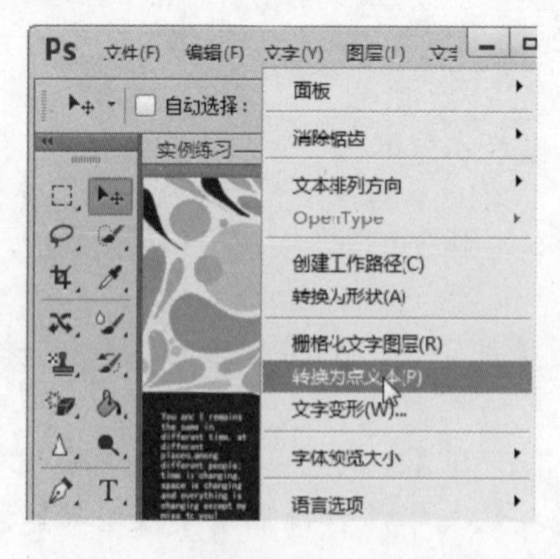

图 9-30

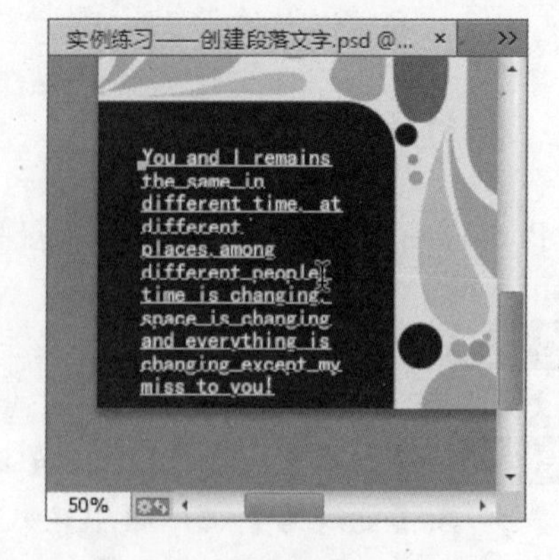

图 9-31

将段落文本转换为点文本时，溢出定界框的字符将会被删除掉。因此，为避免丢失文字，应首先调整定界框，使所有文字在转换前都显示出来。

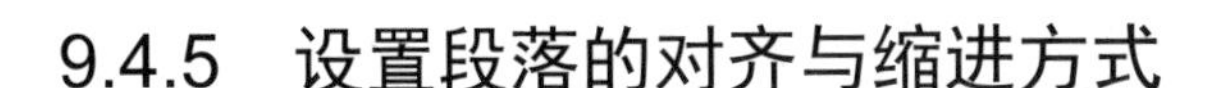

9.4.5　设置段落的对齐与缩进方式

在 Photoshop CC 中，使用【段落】面板，用户可以对文字的段落属性进行设置，如调整对齐方式和缩进量等，使其更加美观。下面介绍设置段落的对齐与缩进的方法。

第 1 步 打开创建文字的图像文件，在【图层】面板中，选择准备设置的文字图层，如图 9-32 所示。

第 2 步 在【段落】面板中，1. 单击【居中对齐文本】按钮，2. 在【左推进】文本框中输入 20 点，3. 在【右推进】文本框中输入 20 点，如图 9-33 所示。

图 9-32

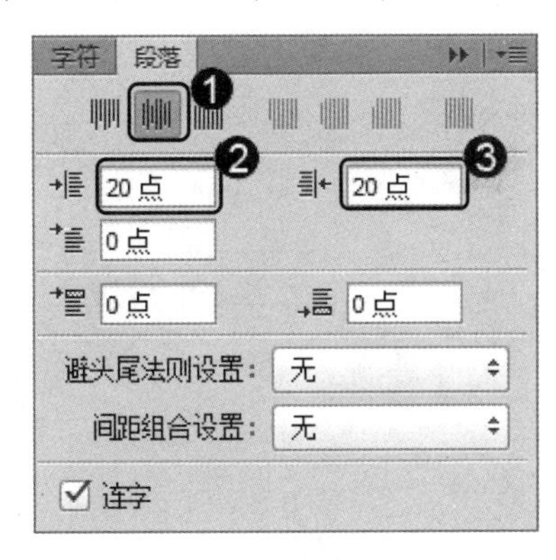

图 9-33

第 3 步 通过以上方法即可完成设置段落对齐与缩进方式的操作，如图 9-34 所示。

图 9-34

9.5　转换文字图层区

在 Photoshop 中，文字图层作为特殊的矢量对象，不能够像普通图层一样进行编辑。因此为了进行更多操作，可以在编辑和处理文字时，将文字图层转换为普通图层，或将文字转换为形状、路径。本节将详细介绍转换文字图层的知识。

9.5.1 将文字图层转换为普通图层

Photoshop 中的文字图层不能直接应用滤镜或进行涂抹绘制等变换操作。若要对文本应用这些滤镜或变换时，就需要将其转换为普通图层，使矢量文字对象变成像素图像。下面详细介绍将文字图层转换为普通图层的操作方法。

第 1 步 在【图层】面板中，右键单击要转换为普通图层的文字图层，在弹出的快捷菜单中选择【栅格化文字】命令，如图 9-35 所示。

第 2 步 通过以上步骤即可将文字图层转换为普通图层，如图 9-36 所示。

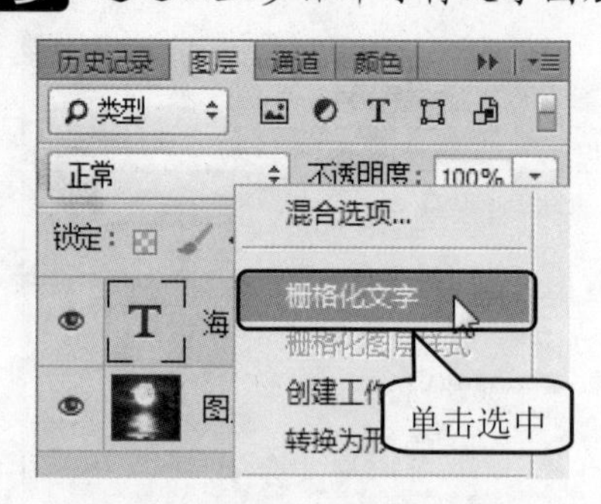

图 9-35

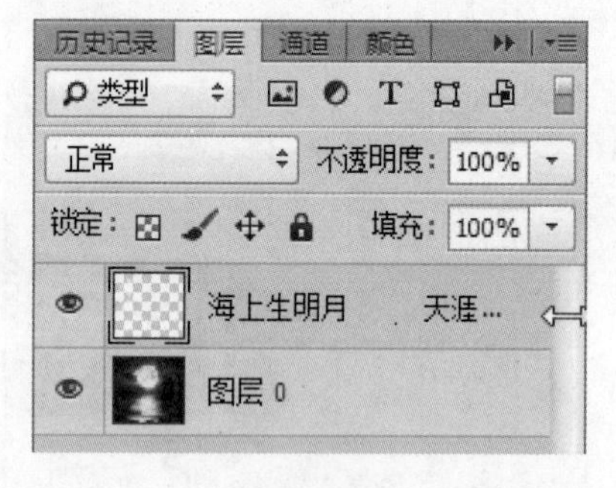

图 9-36

9.5.2 将文字图层转换为形状

用户还可以根据需要将文字图层转换为形状。将文字图层转换为形状的方法非常简单。下面详细介绍将文字图层转换为形状的方法。

第 1 步 在【图层】面板中，右键单击要转换为形状的文字图层，在弹出的快捷菜单中选择【转换为形状】命令，如图 9-37 所示。

第 2 步 通过以上步骤即可将文字图层转换为形状，如图 9-38 所示。

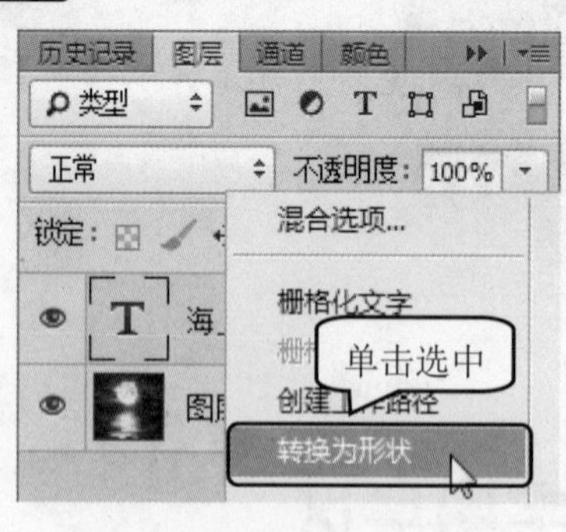

图 9-37

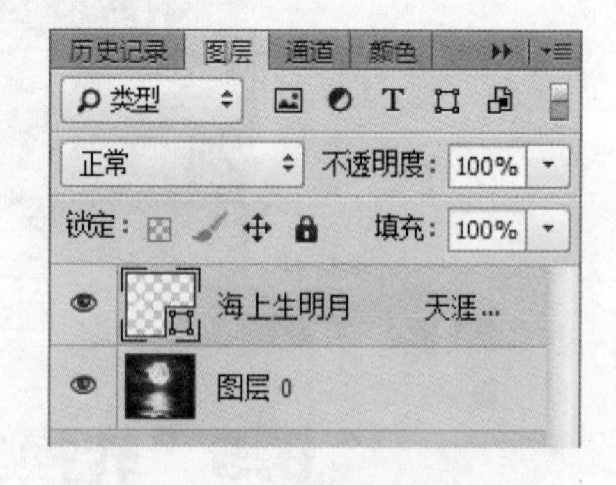

图 9-38

9.5.3 创建文字的工作路径

用户还可以根据需要将文字图层转换为路径。将文字图层转换为路径的方法非常简单。下面详细介绍将文字图层转换为路径的方法。

第 1 步 在【图层】面板中，选中准备创建文字路径的文字图层，如图 9-39 所示。

第 2 步 在菜单栏中，1. 单击【文字】主菜单，2. 在弹出的下拉菜单中选择【创建工作路径】菜单项，通过以上步骤即可完成创建文字路径的操作，如图 9-40 所示。

图 9-39

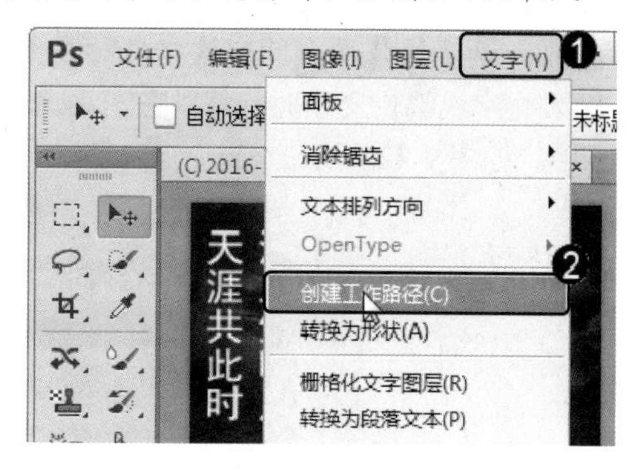

图 9-40

9.6　实践案例与上机指导

通过本章的学习，读者基本可以掌握文字工具的应用的基本知识以及一些常见的操作方法。下面通过练习操作，以达到巩固学习、拓展提高的目的。

9.6.1　语言选项

单击【文字】主菜单，在弹出的菜单中选择【语言选项】菜单项，在弹出的子菜单中 Photoshop 提供了多种处理东亚语言、中东语言、阿拉伯数字等文字的选项，如图 9-41 所示。

图 9-41

9.6.2　OpenType 字体

OpenType 字体是 Windows 和 Macitosh 操作系统都支持的字体文件。使用 OpenType 字体以后，在这两个操作平台间交换文件时，不会出现字体替换或其他导致文本重新排列的问题。输入文字或编辑文本时，可以在工具选项栏或【字符】面板中选择 OpenType 字体(图标为 O 状)，如图 9-42 所示。

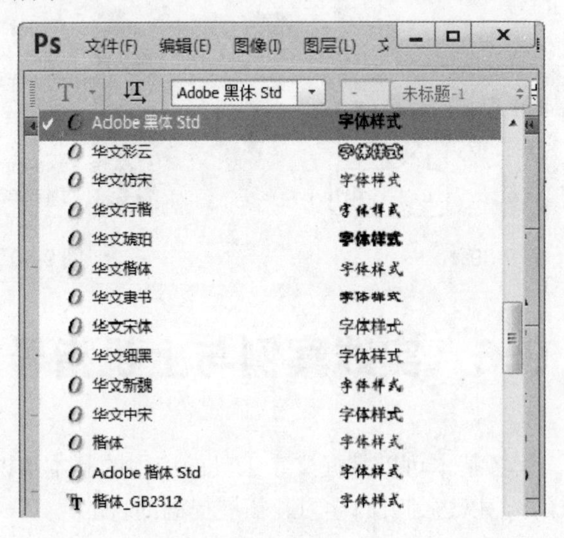

图 9-42

9.6.3　存储和载入文字样式

当前的字符和段落样式可存储为文字默认样式，它们会自动应用于新的文档，以及尚未包含文字样式的现有文档。如果要将当前的字符和段落样式存储为文字默认样式，单击【文字】主菜单，在弹出的菜单中选择【存储默认文字样式】菜单项，如图 9-43 所示；如果要将默认字符和段落样式应用于文档，可以选择【载入默认文字样式】菜单项，如图 9-44 所示。

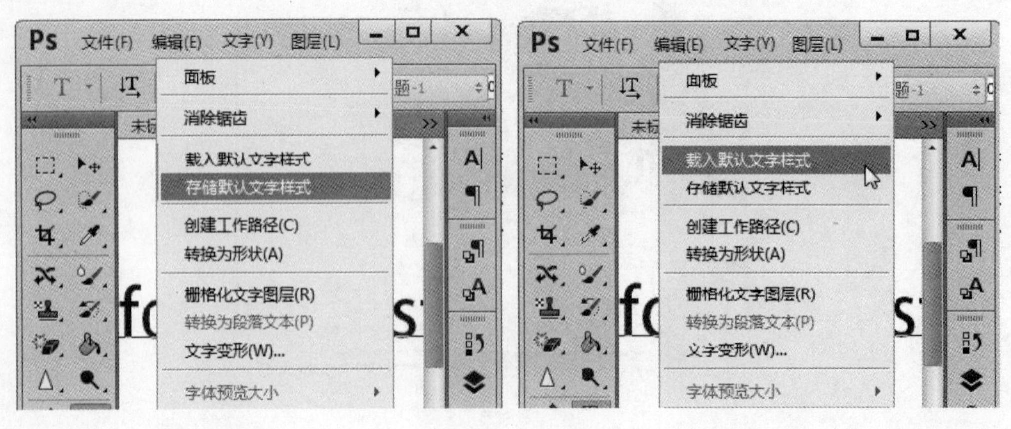

图 9-43　　　　图 9-44

9.7 思考与练习

一、填空题

1. 在 Photoshop CC 中，在____________中输入段落文字时，系统提供____________和______________等功能。

2. 【段落】面板提供了用于设置______________的所有选项，还可以设置段落文本的对齐方式和___________等参数。

3. 在 Photoshop 中，文字图层作为特殊的矢量对象，不能够像普通图层一样进行编辑。因此为了进行更多操作，可以在编辑和处理文字时，将文字图层转换为___________，或将文字转换为___________、___________。

4. 在 Photoshop CC 中，如果准备批量更改文本，用户可以使用___________功能。

二、判断题

1. 使用工具箱中的直排文字工具，用户可以输入横排文字。（　　）
2. 在 Photoshop CC 中，创建文字后，用户可以选择文字的选区。（　　）
3. 在 Photoshop CC 中，用户不可以对创建文字的方向进行切换。（　　）
4. 在 Photoshop CC 中，创建变形文字效果，用户可以更改文字的形状，美化文本。（　　）

三、思考题

1. 如何切换文字方向？
2. 如何将文字转换为路径？

新起点 电脑教程

第10章

矢量工具与路径

本章要点

- 认识绘图模式
- 了解路径与锚点
- 钢笔工具组
- 选择与编辑路径
- 路径的基本操作
- 形状工具

本章主要内容

本章主要介绍认识绘图模式、了解路径与锚点、钢笔工具组、选择与编辑路径、路径的基本操作方面的知识与技巧，同时还讲解如何使用形状工具。在本章的最后还针对实际工作需求，讲解将选区转换为路径、运用直线工具以及合并形状图层的方法。通过本章的学习，读者可以掌握矢量工具与路径方面的知识，为深入学习 Photoshop CC 知识奠定基础。

10.1 认识绘图模式

Photoshop 中的钢笔和形状等矢量工具可以创建不同类型的对象，包括形状图层、工作路径和像素图形。选择一个矢量工具后，需要先在工具选项栏中选择相应的绘图模式，然后再进行绘图操作。本节将详细介绍有关绘图模式方面的知识。

10.1.1 选择绘图模式

Photoshop 的矢量绘图工具包括钢笔工具和形状工具。钢笔工具主要用于绘制不规则的图形，而形状工具则是通过选择内置的图形样式绘制较为规则的图形。在绘图前首先要在工具栏中选择绘图模式：形状、路径和像素，如图 10-1 所示。

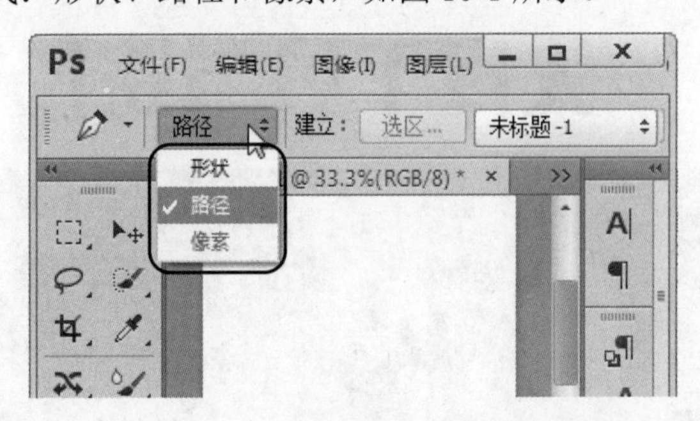

图 10-1

10.1.2 形状

在工具箱中单击【自定义形状工具】按钮，在选项工具栏中单击【填充】按钮，在弹出的【填充】下拉列表中可以从无颜色、纯色、渐变、图案 4 个类型中选择一种，如图 10-2 所示。

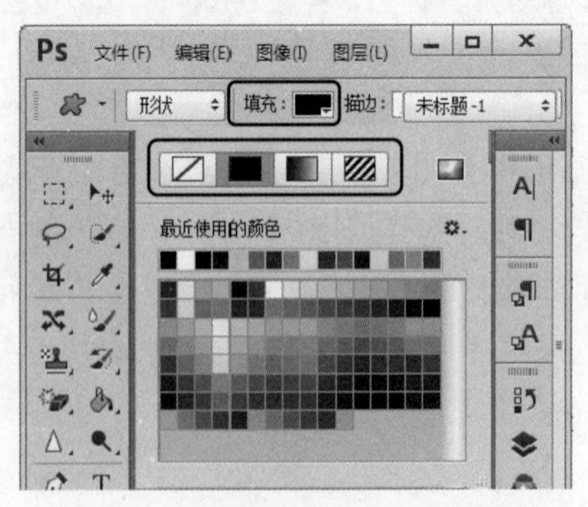

图 10-2

描边也可以进行无颜色、纯色、渐变、图案 4 种类型的设置。在颜色设置的右侧可以进行描边粗细的设置。还可以对形状描边类型进行设置，单击下拉列表，在弹出的下拉列表框中可以选择预设的描边类型，还可以对描边的对齐方式、端点类型以及角点类型进行设置，如图 10-3 所示。

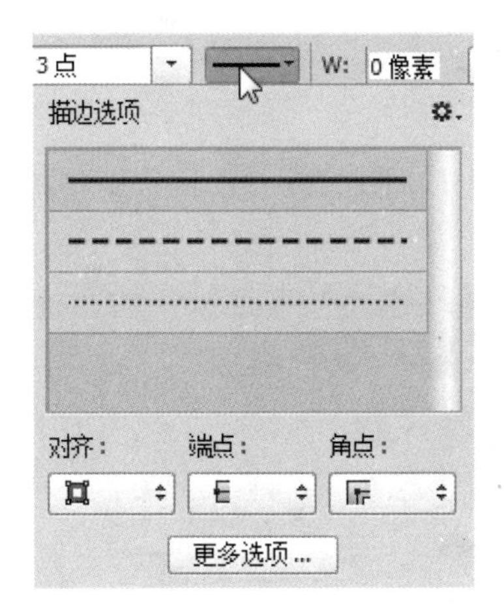

图 10-3

10.1.3　路径

单击工具箱中的形状工具，在选项栏中单击【路径】选项，可以创建工作路径。工作路径不会出现在【图层】面板中，只会出现在【路径】面板中，如图 10-4 所示。

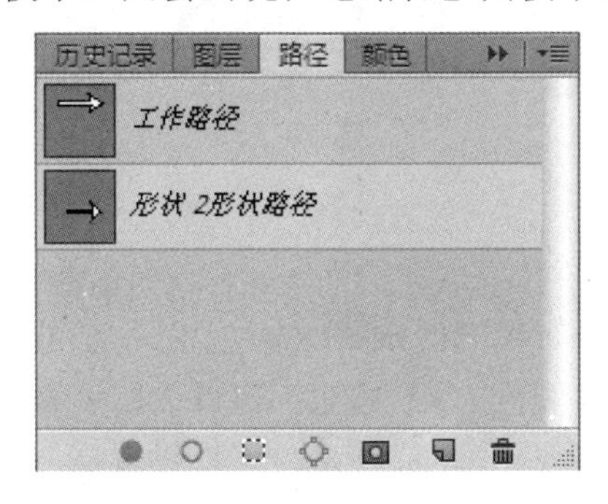

图 10-4

绘制完毕后可以在选项栏中快速地将路径转换为选区、蒙版或形状，如图 10-5 所示。

图 10-5

10.1.4　像素

在使用形状工具状态下可以选择“像素”方式，在选项栏中设置绘图模式为【像素】，并设置合适的混合模式与不透明度，如图 10-6 所示。这种绘图模式会以当前前景色在所选图层中进行绘制。

图 10-6

10.1.5 修改形状和路径

创建形状图层或路径后，可以通过【属性】面板调整图形的大小、位置、填色和描边属性，如图 10-7 所示。

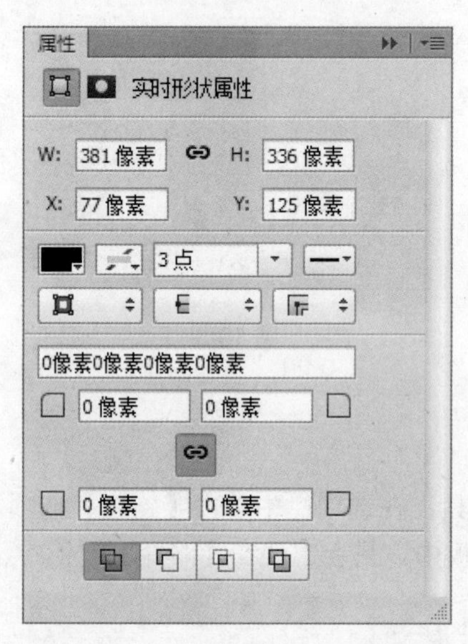

图 10-7

- W/H 文本框：可以设置图形的宽度(W)和高度(H)。如果要进行等比缩放，可单击按钮。
- X/Y 文本框：可以设置图形的水平(X)位置和垂直(Y)位置。
- 【填充颜色/描边颜色】按钮：可以设置填充和描边颜色。
- 【描边宽度】下拉列表框：可以设置描边宽度。
- 【描边样式】下拉列表框：可以选择用实线、虚线或圆点来描边。
- 描边选项下拉列表框：单击按钮，可在下拉列表中设置描边与路径的对齐方式，包括内部、居中和外部。单击按钮，可以设置描边的端点样式，包括端面、圆形和方形。单击按钮，可以设置路径转角处的转折样式，包括斜接、圆形和斜面。
- 修改角半径文本框：创建矩形或圆角矩形后，可以调整角半径；如果要分别调整角半径，可单击按钮，在下面的文本框中输入数值，或者将光标放在角图标上，单击并向左或向右拖曳。
- 【路径运算】按钮：可以对两个或更多的形状和路径进行运算。

10.2　了解路径与锚点

路径是指使用贝赛尔曲线所构成的一段闭合或者开放的曲线段。线段的起始点和结束点由锚点标记，通过编辑路径的锚点，可以改变路径的形状。用户可以通过拖动方向线末尾类似锚点的方向点来控制曲线。本节将重点介绍路径与锚点基础方面的知识。

10.2.1　什么是路径

路径是可以转换成选区并可以对其填充和描边的轮廓。路径包括开放式路径和闭合式路径两种(见图 10-8)。其中，开放式路径是有起点和终点的路径；闭合式路径则是没有起点和终点的路径。路径也可以由多个相互独立的路径组成，这些路径称为子路径。

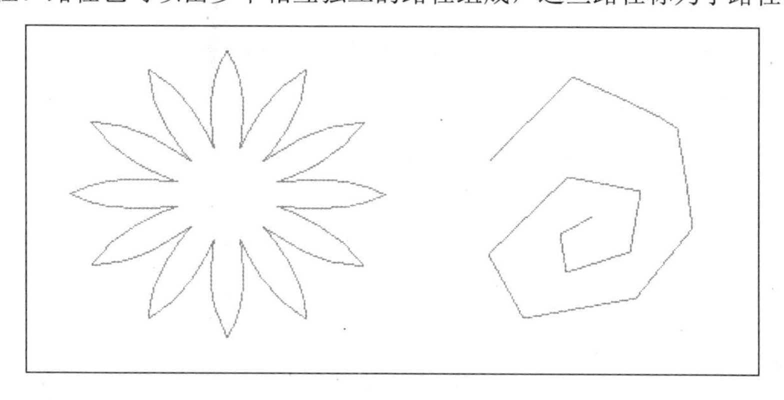

图 10-8

10.2.2　什么是锚点

锚点是组成路径的单位，包括平滑点和角点两种(见图 10-9)。其中，平滑点可以通过连接形成平滑的曲线；角点可以通过连接形成直线或转角的曲线。曲线路径上锚点有方向线，该线的端点是方向点，可以调整曲线的形状。

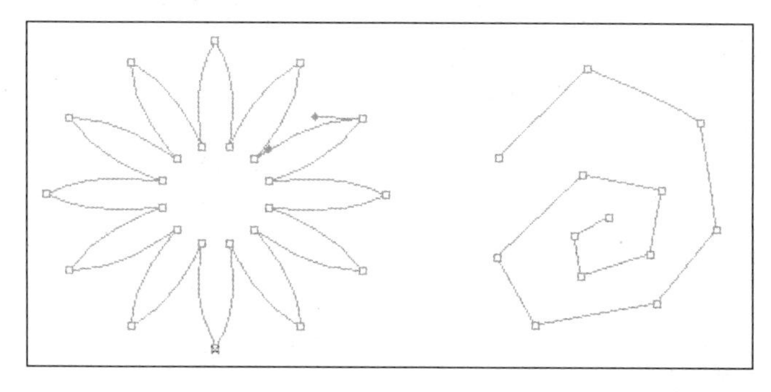

图 10-9

10.3 钢笔工具组

在 Photoshop CC 中，用户可以使用钢笔工具来创建复杂的形状。本节将重点介绍钢笔工具绘制路径方面的知识。

10.3.1 钢笔工具

钢笔工具是最基本、最常用的路径绘制工具，使用该工具可以绘制任意形状的直线或曲线路径。下面详细介绍使用钢笔工具绘制直线和曲线的方法。

第 1 步 在 Photoshop CC 中新建图像，**1.** 单击工具箱中的【钢笔工具】按钮，**2.** 将鼠标指针移动至图像文件中，当鼠标指针变为时，在目标位置创建第一个锚点，如图 10-10 所示。

第 2 步 在文档窗口中，在下一处位置单击，创建第二个锚点，两个锚点会连接成一条由角点定义的直线路径。通过以上方法即可完成绘制直线路径的操作，如图 10-11 所示。

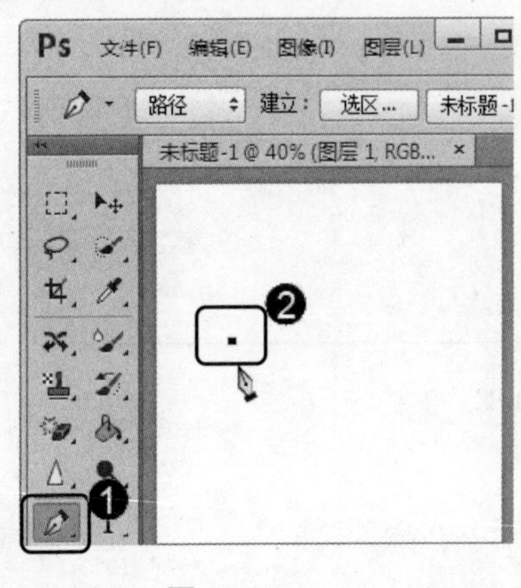

图 10-10

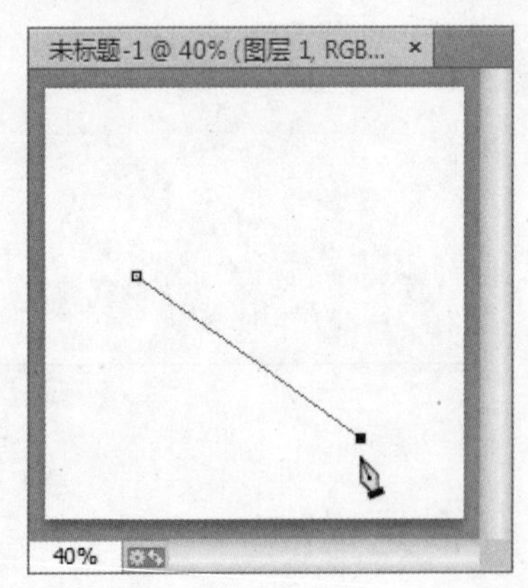

图 10-11

第 3 步 在下一处位置单击，创建第三个锚点，两个锚点会连接成一条由角点定义的直线路径，拖动第二个锚点的角点向上移动，这样即可将直线路径转换成曲线路径。通过以上方法即可完成绘制曲线路径的操作，如图 10-12 所示。

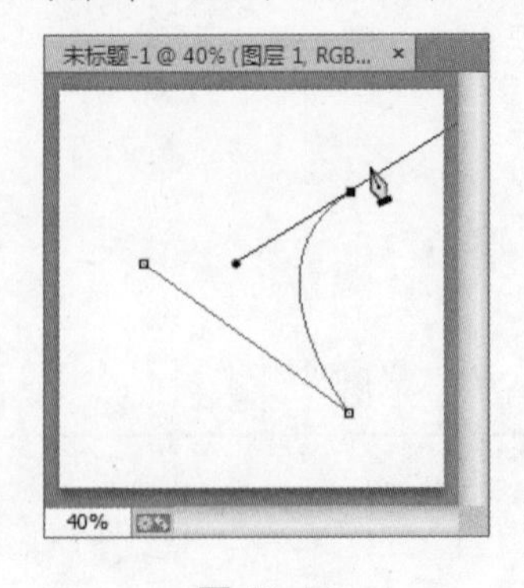

图 10-12

10.3.2　自由钢笔工具

在 Photoshop CC 中，使用自由钢笔工具，用户可以绘制任意图形。下面介绍运用自由钢笔工具的方法。

第 1 步　新建图像后，*1.* 单击工具箱中的【自由钢笔工具】按钮，*2.* 将鼠标指针移动至图像文件中，当鼠标指针变为时，拖动鼠标左键，绘制一个自定义路径，如图 10-13 所示。

第 2 步　释放鼠标，这样即可完成使用自由钢笔工具绘制路径的操作，如图 10-14 所示。

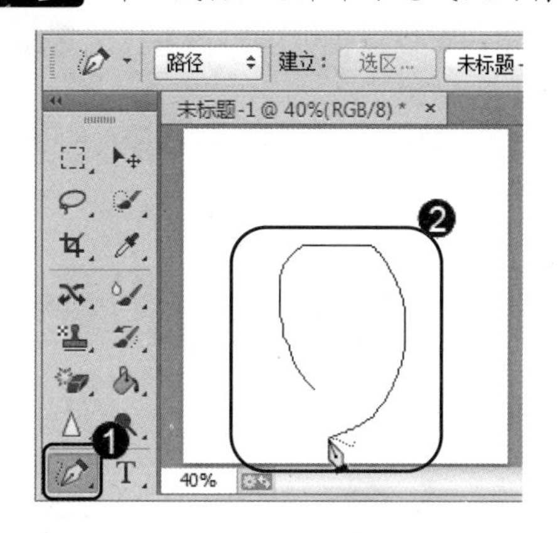

图 10-13

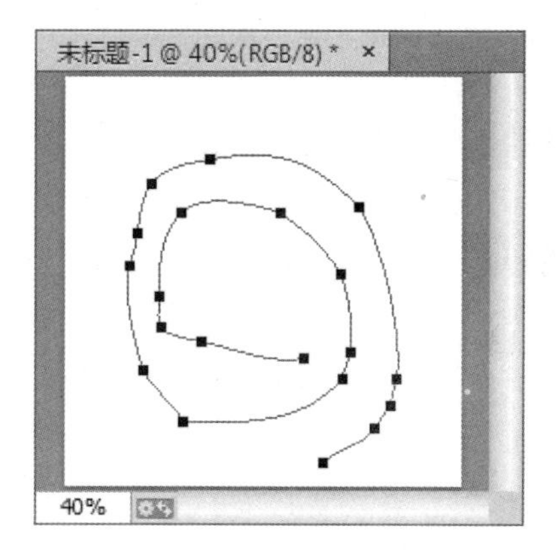

图 10-14

10.3.3　磁性钢笔工具

在 Photoshop CC 中，如果准备使用磁性钢笔工具，用户需要勾选自由钢笔工具选项栏中的【磁性的】复选框。下面介绍运用磁性钢笔工具的方法。

第 1 步　新建图像后，*1.* 单击工具箱中的【自由钢笔工具】按钮，*2.* 在【钢笔工具】选项栏中勾选【磁性的】复选框，*3.* 当鼠标指针变为时，在文档窗口中对图像进行套索操作，如图 10-15 所示。

第 2 步　通过以上方法即可完成运用磁性钢笔工具绘制路径的操作，如图 10-16 所示。

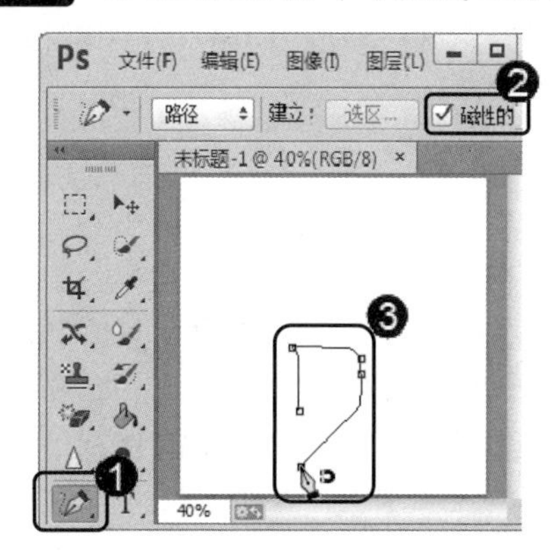

图 10-15

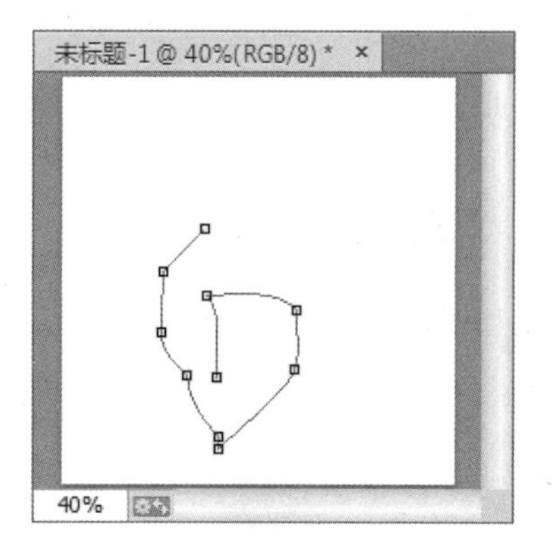

图 10-16

10.4 选择与编辑路径

在 Photoshop CC 中，创建路径后，用户可以对创建的路径进行选择与编辑操作。本节将重点介绍编辑路径方面的知识。

10.4.1 移动路径

在 Photoshop CC 中，使用路径选择工具，用户可以对创建的路径进行选择和移动。下面介绍移动路径的方法。

第 1 步 在 Photoshop 工具箱中，***1.*** 单击【路径选择工具】按钮，***2.*** 在文档窗口中，拖动创建的路径至目标位置，如图 10-17 所示。

第 2 步 通过以上方法即可完成移动路径的操作，如图 10-18 所示。

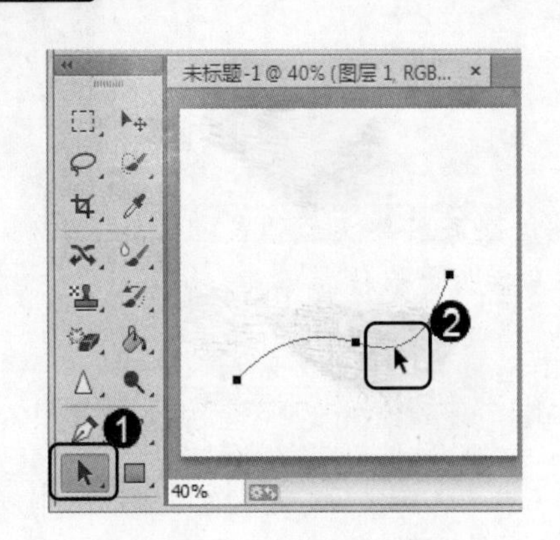

图 10-17

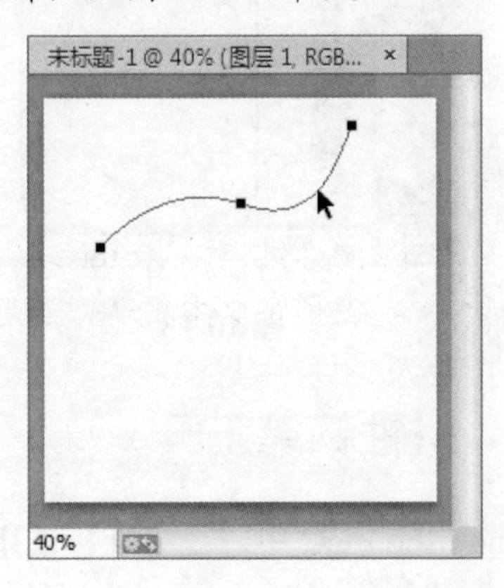

图 10-18

知识精讲

使用钢笔工具绘制路径时，如果单击【路径】面板中的【创建新路径】按钮，将创建一个新的路径，选中这个路径，然后绘制路径，则创建的路径以“路径 1”进行命名。

10.4.2 添加与删除锚点

使用添加锚点工具可以直接在路径上添加锚点；或者在使用钢笔工具的状态下，将光标放在路径上，当其变为形状时，在路径上单击也可以添加一个锚点，如图 10-19 所示。

使用删除锚点工具可以删除路径上的锚点；或者在使用钢笔工具的状态下，将光标放在路径上，当其变成形状时，单击即可删除锚点，如图 10-20 所示。

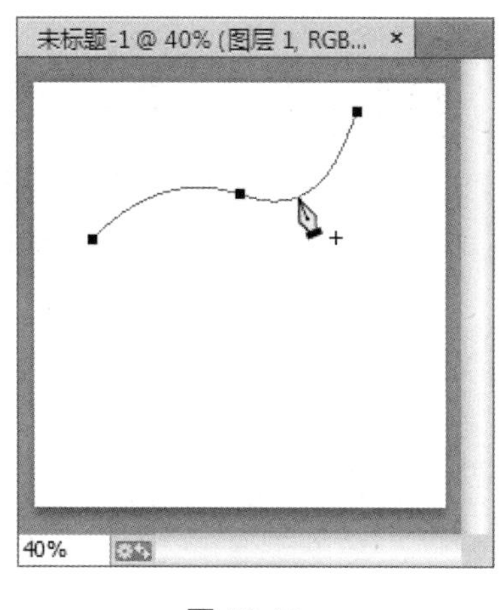

图 10-19

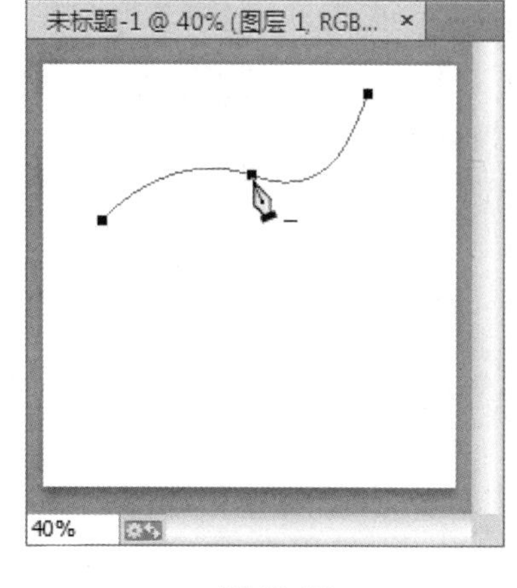

图 10-20

10.4.3　使用转换点工具调整路径弧度

在 Photoshop CC 中，使用转换点工具，用户可以根据需要，调整路径中的形状。下面介绍变换路径的方法。

第 1 步　绘制工作路径后，*1.* 单击工具箱中的【转换点工具】按钮，*2.* 在文档窗口中，当鼠标指针变为时，在图形路径中单击，使路径中出现锚点，如图 10-21 所示。

第 2 步　在文档窗口中出现锚点后，选择准备改变形状的角点，拖动该角点，图像的路径发生了形状改变，如图 10-22 所示。

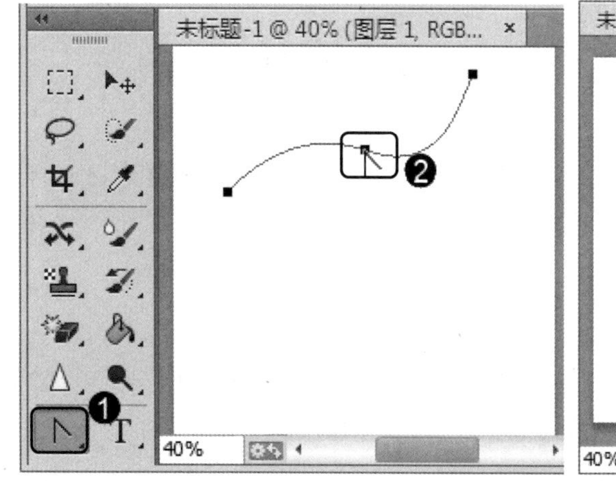

图 10-21

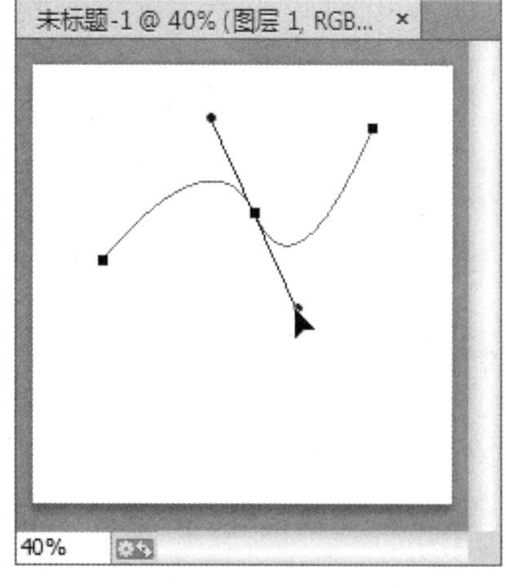

图 10-22

10.4.4　复制路径

在 Photoshop CC 中，用户可以对已经创建的路径进行复制，以便用户对图像进行编辑。下面介绍复制路径的方法。

第 1 步　在【路径】面板中，右键单击准备复制的路径层，在弹出的快捷菜单中选择【复制路径】菜单项，如图 10-23 所示。

第 2 步 弹出【复制路径】对话框，**1.** 在【名称】文本框中输入路径的名称，**2.** 单击【确定】按钮，如图 10-24 所示。

图 10-23

图 10-24

第 3 步 通过以上方法即可完成复制路径的操作，如图 10-25 所示。

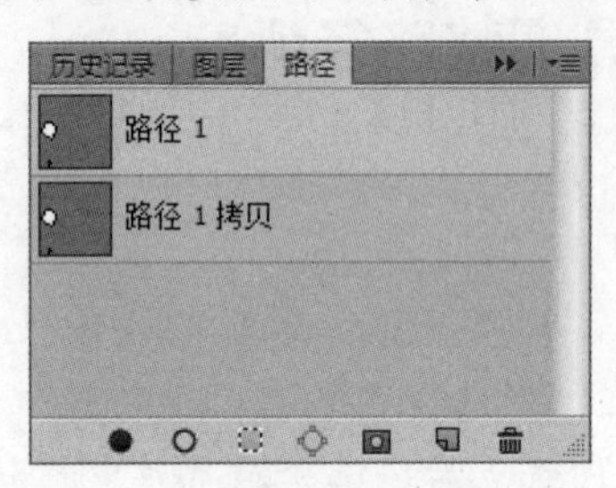

图 10-25

10.5 路径的基本操作

路径可以进行变换、定义为形状、建立选区、描边等操作，也可以像选区一样进行运算。本节将详细介绍路径基本操作方面的知识。

10.5.1 路径的运算

创建多个路径或形状时，可以在工具选项栏中单击相应的运算按钮，设置子路径的重叠区域会产生的交叉结果，如图 10-26 所示。

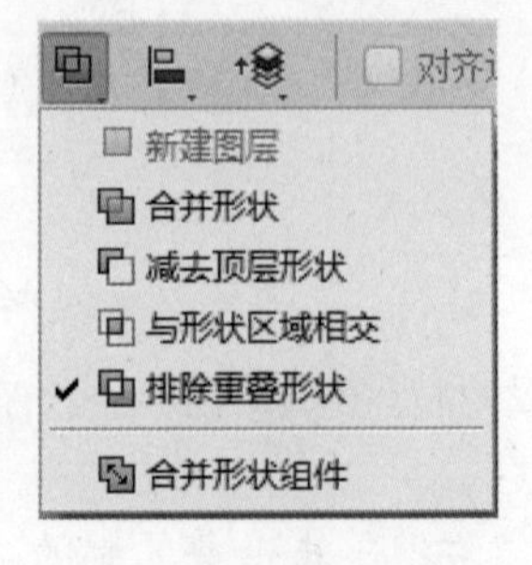

图 10-26

- 【新建图层】选项：新绘制的图形与之前的图形不进行运算。
- 【合并形状】选项：将新区域添加到重叠路径区域。
- 【减去顶层形状】选项：将新区域从重叠路径区域移去。
- 【与形状区域相交】选项：将路径限制为新区域和现有区域的交叉区域。
- 【排除重叠形状】选项：从合并路径中排除重叠区域。

10.5.2 变换路径

变换路径的方法与变换图像的方法相同。下面详细介绍变换路径的操作方法。

第 1 步 选中准备进行变换的路径，**1.** 单击【编辑】主菜单，**2.** 在弹出的下拉菜单中选择【变换路径】菜单项，**3.** 在弹出的子菜单中选择【缩放】菜单项，如图 10-27 所示。

第 2 步 选区周围出现变换框，将鼠标指针移至变换框四角，当出现形状时，即可按住鼠标向上或向下进行拖动，如图 10-28 所示。

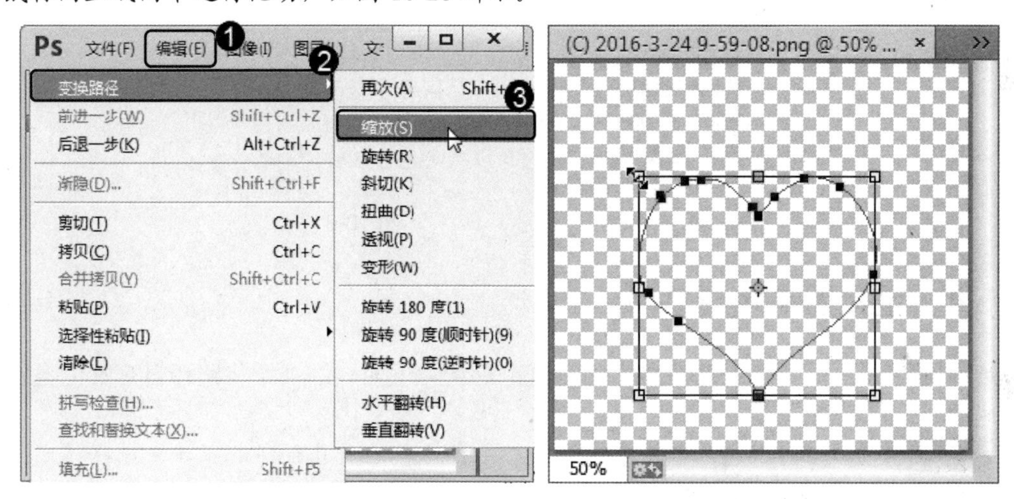

图 10-27　　图 10-28

第 3 步 通过上述操作即可完成变换路径的操作，如图 10-29 所示。

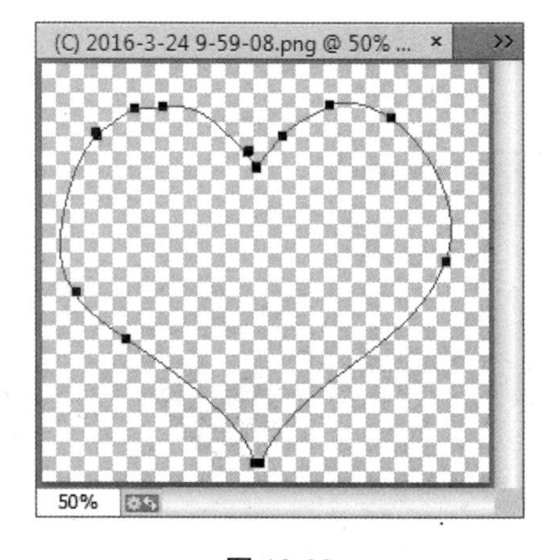

图 10-29

10.5.3 排列、对齐与分布路径

当文件中包含多个路径时，选择路径，单击属性栏中的【路径排列方法】按钮，在下拉列表中选择需要的选项，可以将选中的路径关系进行相应的排列，如图 10-30 所示。

使用【路径选择工具】按钮选择多个路径，在选项栏中单击【路径对齐方式】按钮，在弹出的菜单中可以对所选路径进行对齐、分布，如图 10-31 所示。

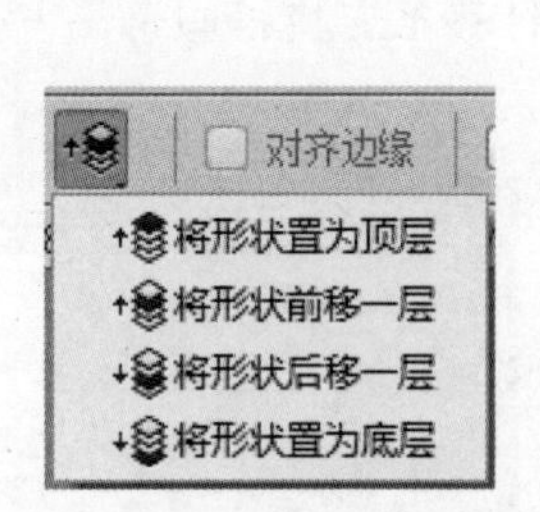

图 10-30

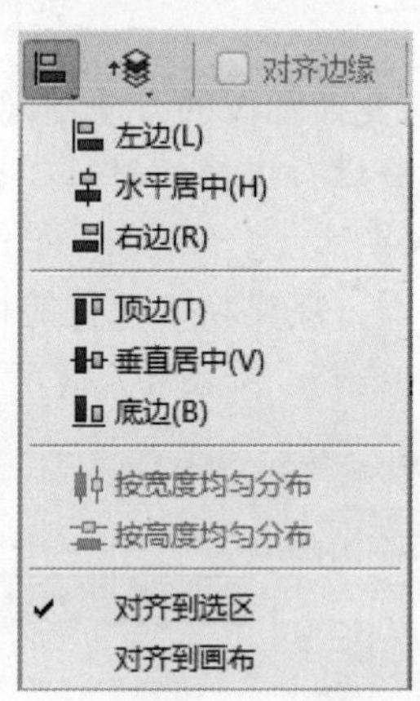

图 10-31

10.5.4 定义为自定形状

绘制路径以后，可以将路径自定义为自定形状。下面详细介绍将路径自定义为自定形状的操作方法。

第 1 步 选中路径，1. 单击【编辑】主菜单，2. 在弹出的下拉菜单中选择【定义自定形状】菜单项，如图 10-32 所示。

第 2 步 弹出【形状名称】对话框，1. 在【名称】文本框中输入名称，2. 单击【确定】按钮，如图 10-33 所示。

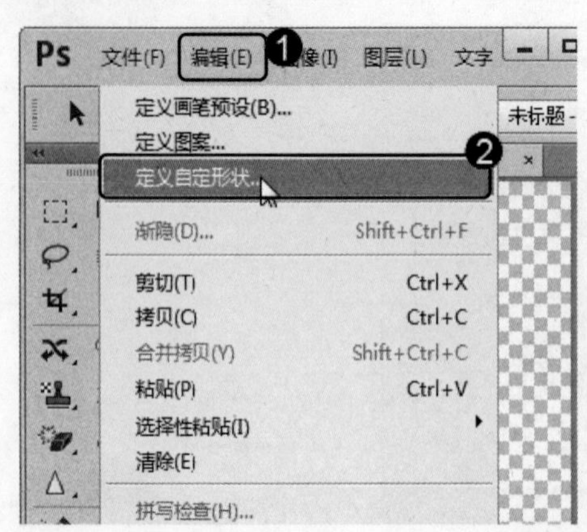

图 10-32

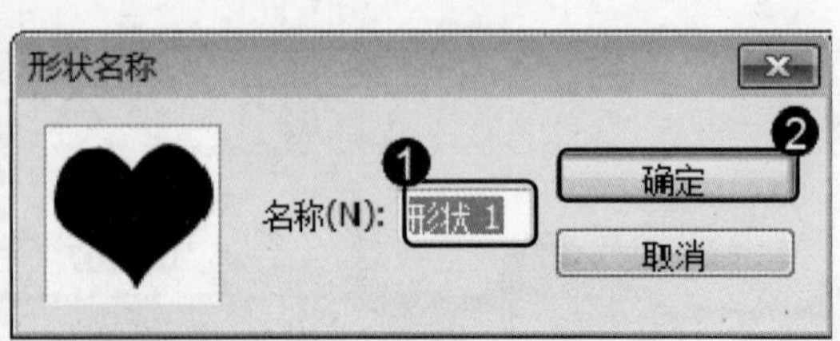

图 10-33

第 3 步 通过上述操作即可完成将路径定义为自定形状的操作，如图 10-34 所示。

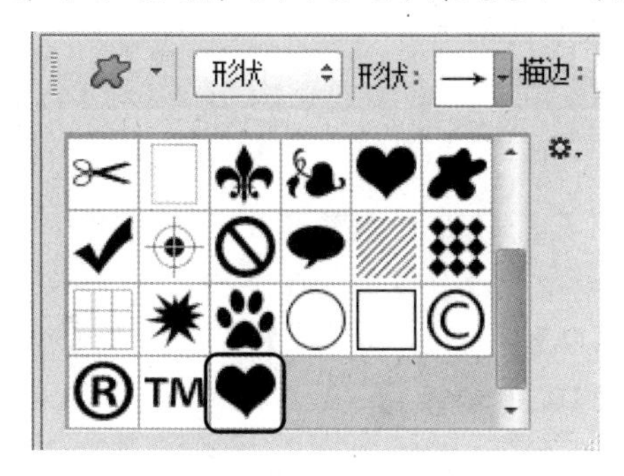

图 10-34

10.5.5　将路径转换为选区

在 Photoshop CC 中，用户可以将创建的图形路径转换成选区，以便用户对选区内的图形进行编辑。下面介绍将路径转换为选区的方法。

第 1 步 在文档中创建路径，在路径上单击鼠标右键，在弹出的快捷菜单中选择【建立选区】菜单项，如图 10-35 所示。

第 2 步 弹出【建立选区】对话框，单击【确定】按钮，如图 10-36 所示。

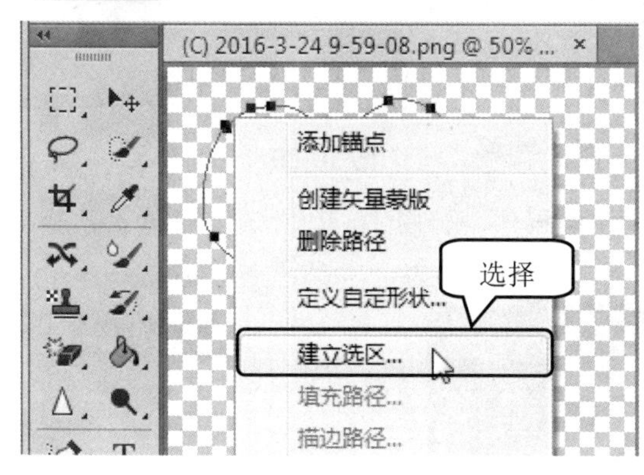

图 10-35

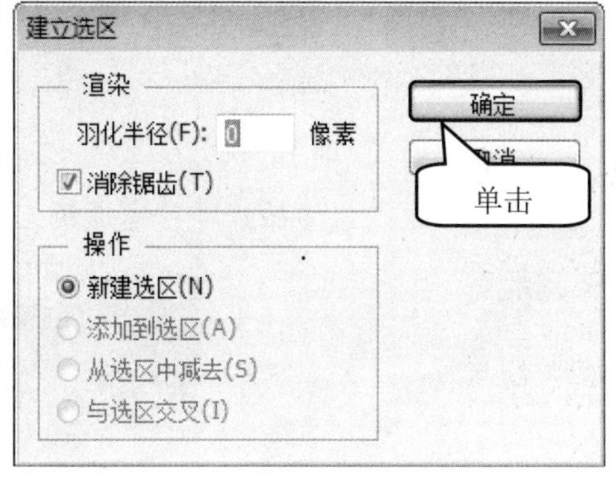

图 10-36

第 3 步 通过上述操作即可完成将路径转换为选区的操作，如图 10-37 所示。

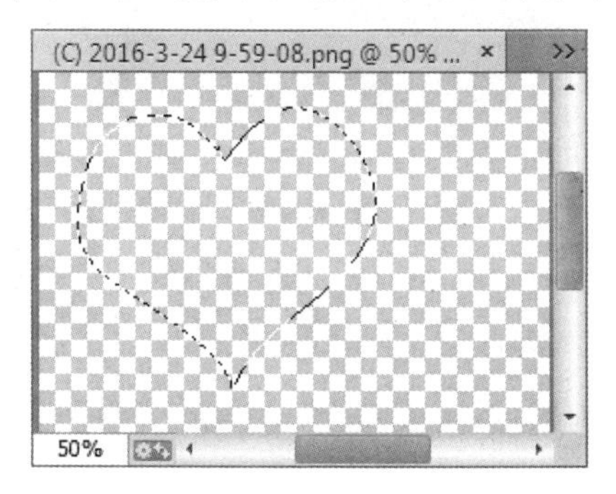

图 10-37

10.5.6 填充路径

创建路径后，用户可以将路径填充上自己喜欢的颜色。填充路径的方法非常简单。下面详细介绍填充路径的操作方法。

第 1 步 在使用钢笔工具或形状工具(自定义形状工具除外)状态下，在路径上单击鼠标右键，在弹出的快捷菜单中选择【填充路径】菜单项，如图 10-38 所示。

第 2 步 弹出【填充路径】对话框，*1.* 在【使用】下拉列表框中选择【前景色】选项，*2.* 单击【确定】按钮，如图 10-39 所示。

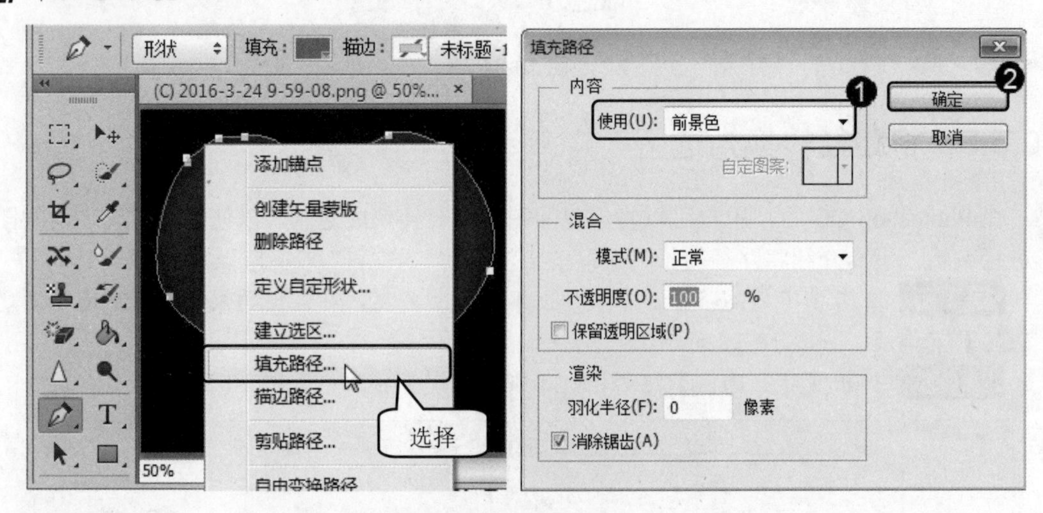

图 10-38　　　　图 10-39

第 3 步 通过上述操作即可完成填充路径的操作，如图 10-40 所示。

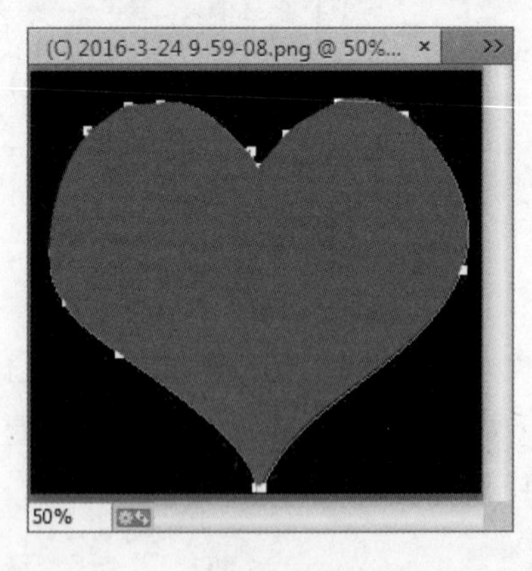

图 10-40

10.5.7 描边路径

创建路径后，用户可以将路径描边。描边路径的方法非常简单。下面详细介绍描边路径的操作方法。

第 1 步 在使用钢笔工具或形状工具(自定义形状工具除外)状态下，在路径上单击鼠标右键，在弹出的快捷菜单中选择【描边路径】菜单项，如图 10-41 所示。

第 2 步 弹出【描边路径】对话框，**1.** 在【工具】下拉列表框中选择【铅笔】选项，**2.** 单击【确定】按钮，如图 10-42 所示。

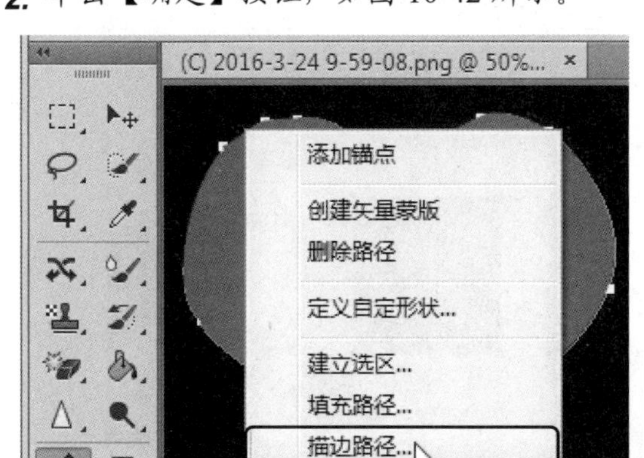

图 10-41

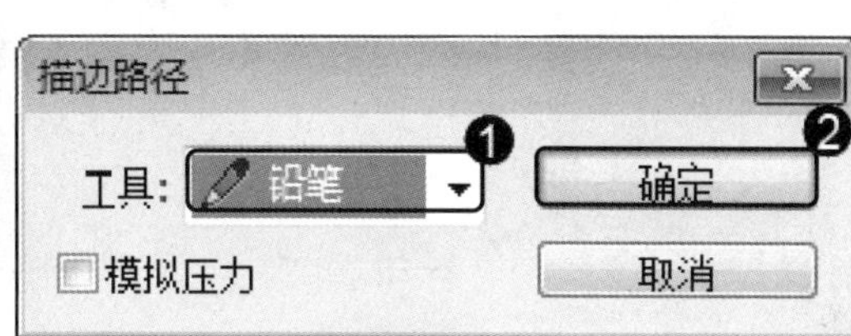

图 10-42

第 3 步 通过上述操作即可完成描边路径的操作，如图 10-43 所示。

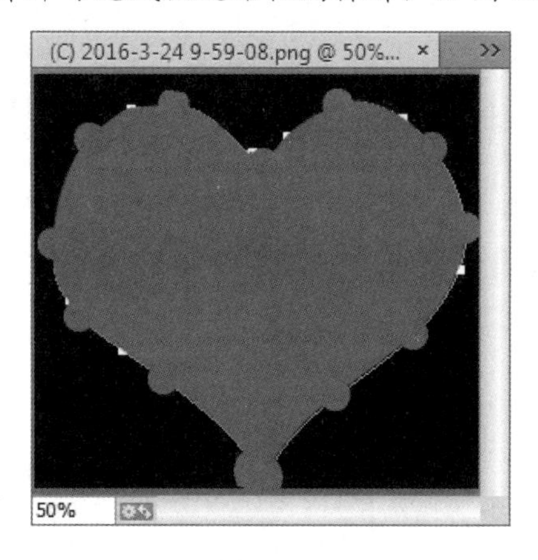

图 10-43

10.6　形 状 工 具

在 Photoshop CC 中，使用工具箱中的形状工具，用户可以创建各种形状的路径。本节将重点介绍形状工具应用方面的知识。

10.6.1　矩形工具

在 Photoshop CC 中，使用工具箱中的矩形工具，用户可以绘制出矩形路径或正方形路径。下面介绍使用矩形工具的方法。

第 1 步 新建图像后，**1.** 单击工具箱中的【矩形工具】按钮，**2.** 在文档窗口中，当鼠标变为-¦-形状时，单击并拖动鼠标，如图 10-44 所示。

第 2 步 通过以上方法即可完成运用矩形工具的操作，如图 10-45 所示。

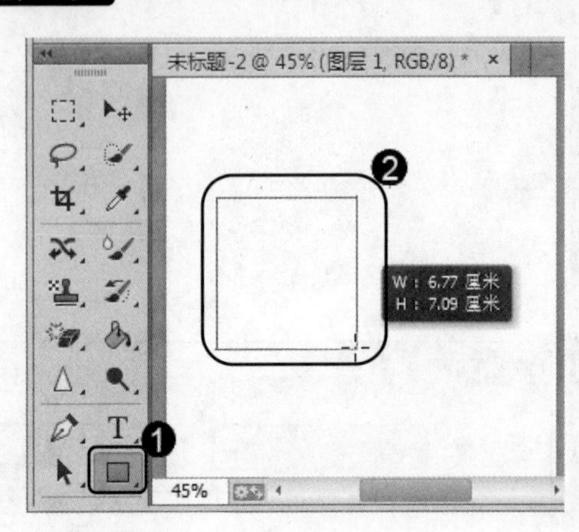

图 10-44

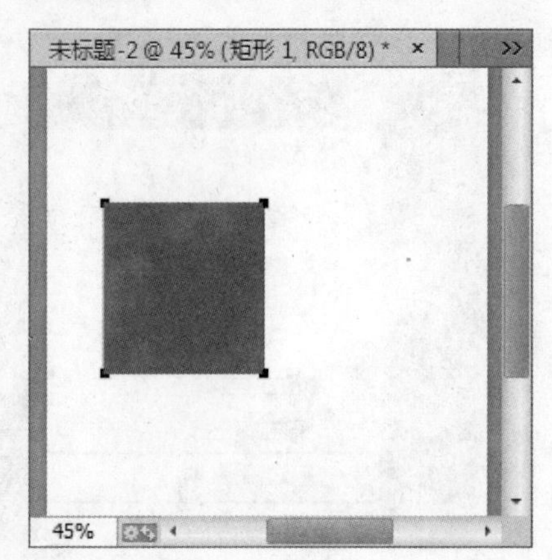

图 10-45

10.6.2 圆角矩形工具

在 Photoshop CC 中，使用工具箱中的圆角矩形工具，用户可以绘制出带有不同角度的圆弧矩形路径或圆弧正方形路径。下面介绍使用圆角矩形工具的方法。

第 1 步 新建图像后，**1.** 单击工具箱中的【圆角矩形工具】按钮，**2.** 在文档窗口中，当鼠标变为-¦-形状时，单击并拖动鼠标，如图 10-46 所示。

第 2 步 通过以上方法即可完成运用圆角矩形工具的操作，如图 10-47 所示。

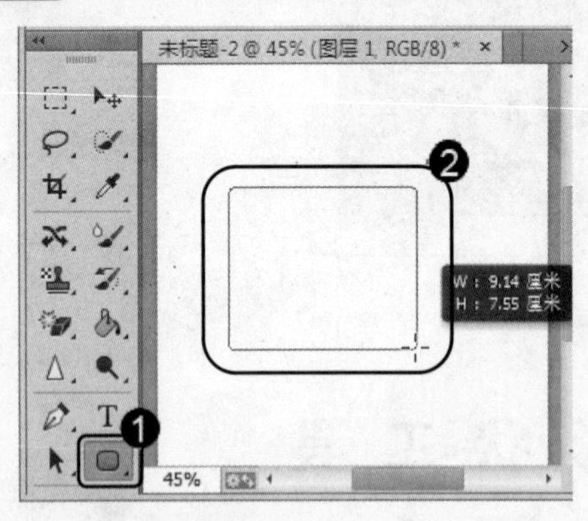

图 10-46

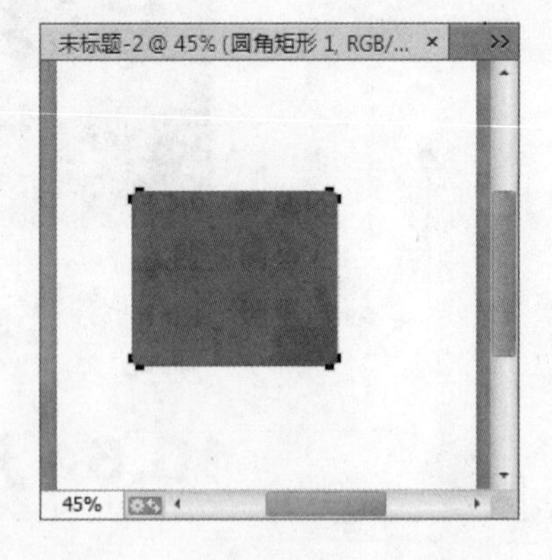

图 10-47

10.6.3 椭圆工具

在 Photoshop CC 中，使用工具箱中的椭圆工具，用户可以创建椭圆形路径。下面介绍运用椭圆工具的方法。

第 1 步 新建图像后，**1.** 单击工具箱中的【椭圆工具】按钮，**2.** 在文档窗口中，当鼠标变为-¦-形状时，单击并拖动鼠标，如图 10-48 所示。

第 2 步 通过以上方法即可完成运用椭圆工具的操作，如图 10-49 所示。

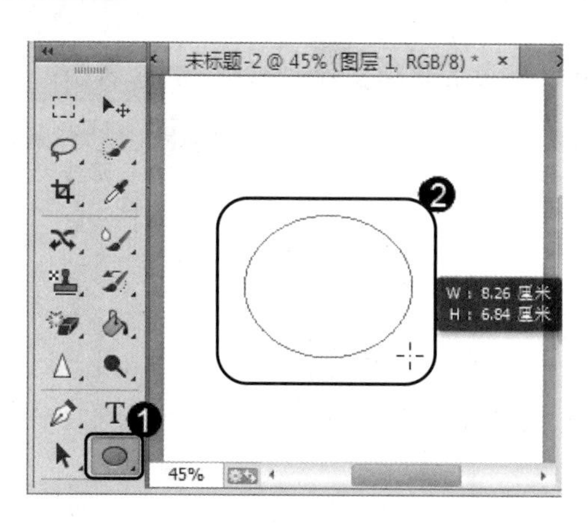

图 10-48

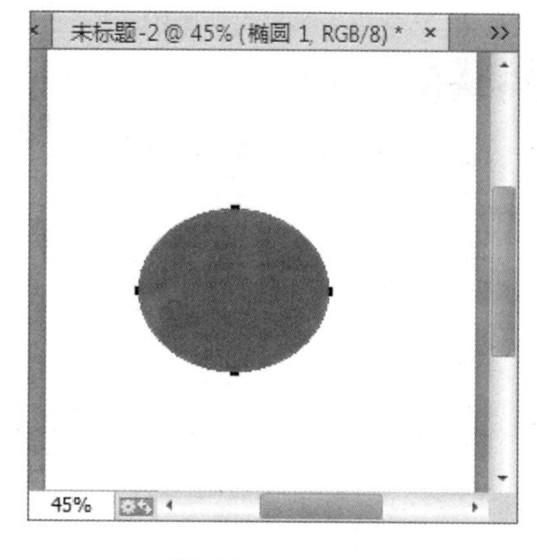

图 10-49

10.6.4　多边形工具

在 Photoshop CC 中，使用多边形工具，用户可以在工具选项栏中设置绘制边的数量，然后绘制图形。下面介绍运用多边形工具的方法。

第 1 步 新建图像后，1. 单击工具箱中的【多边形工具】按钮，2. 在多边形工具选项栏的【边】文本框中，输入多边形的边数，3. 在文档窗口中，当鼠标变为-¦-形状时，单击并拖动鼠标，如图 10-50 所示。

第 2 步 通过以上方法即可完成运用多边形工具的操作，如图 10-51 所示。

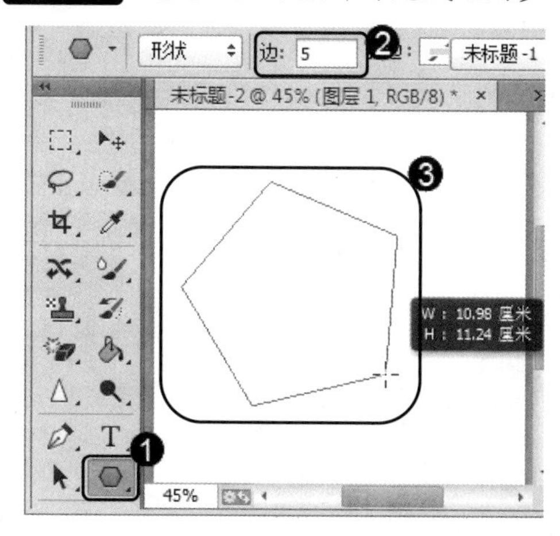

图 10-50

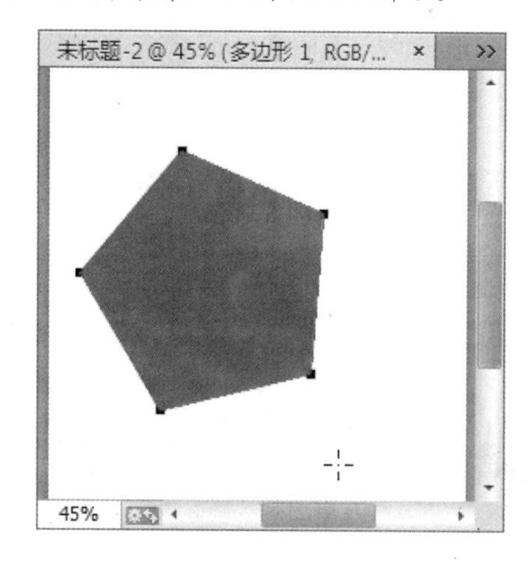

图 10-51

10.6.5　自定形状工具

使用自定形状工具可以创建出非常多的形状。下面详细介绍使用自定形状工具的操作方法。

第 1 步 新建图像后，1. 单击工具箱中的【自定形状工具】按钮，2. 在自定形状工具选项栏的【形状】下拉列表框中选择准备创建的形状，3. 在文档窗口中，当鼠标变为-¦-形状时，单击并拖动鼠标，如图 10-52 所示。

第 2 步 通过以上方法即可完成运用自定形状工具的操作，如图 10-53 所示。

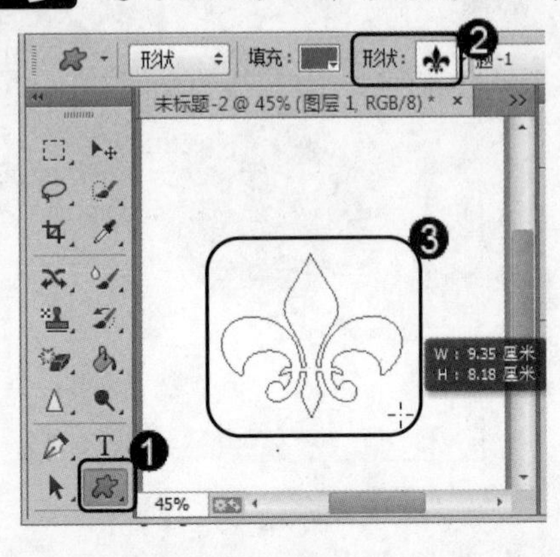

图 10-52

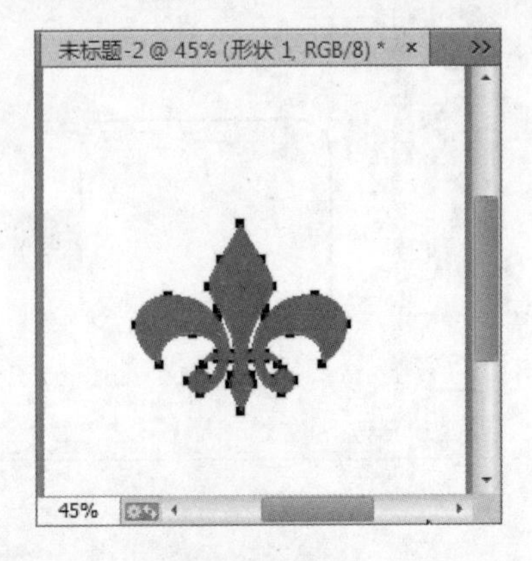

图 10-53

10.7 实践案例与上机指导

通过本章的学习，读者基本可以掌握矢量工具与路径的基本知识以及一些常见的操作方法。下面通过练习操作，以达到巩固学习、拓展提高的目的。

10.7.1 将选区转换为路径

在 Photoshop CC 中，用户还可以将选区转换成路径。下面介绍将选区转换为路径的方法。

第 1 步 打开一个图像文件，1. 绘制一个自定义形状的选区，2. 在【路径】面板中，单击【从选区生成工作路径】按钮，如图 10-54 所示。

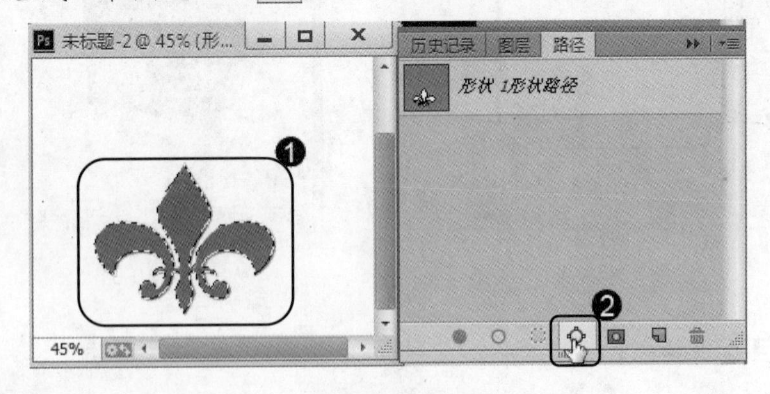

图 10-54

第 2 步 通过以上方法即可完成将选区转换为路径的操作，如图 10-55 所示。

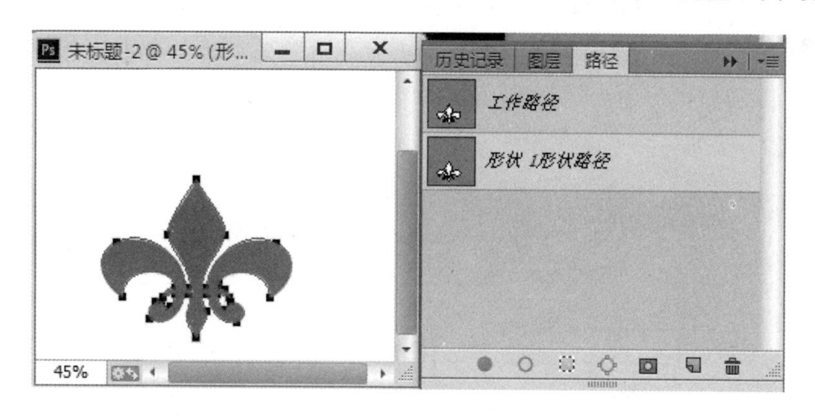

图 10-55

10.7.2　运用直线工具

在 Photoshop CC 中，用户使用直线工具可以创建带箭头或不带箭头的直线。下面介绍运用直线工具的方法。

第 1 步　在 Photoshop CC 中新建图像文件，**1.** 单击工具箱中的【直线工具】按钮，**2.** 单击【几何选项】按钮，**3.** 在弹出的下拉菜单中勾选【起点】复选框，**4.** 勾选【终点】复选框，如图 10-56 所示。

第 2 步　在文档窗口中，绘制一个带箭头的直线路径。通过以上方法即可完成运用直线工具的操作，如图 10-57 所示。

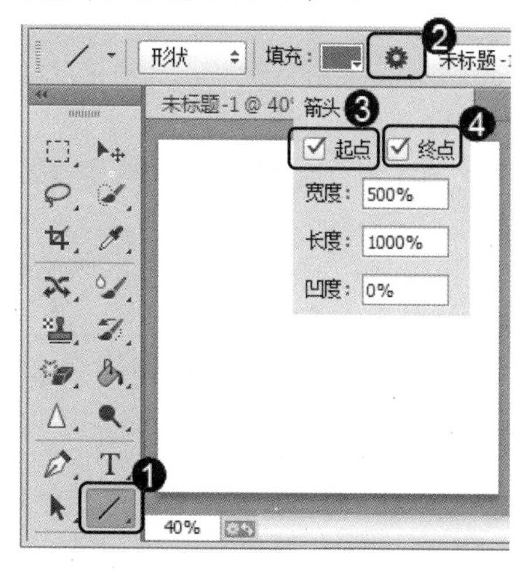

图 10-56

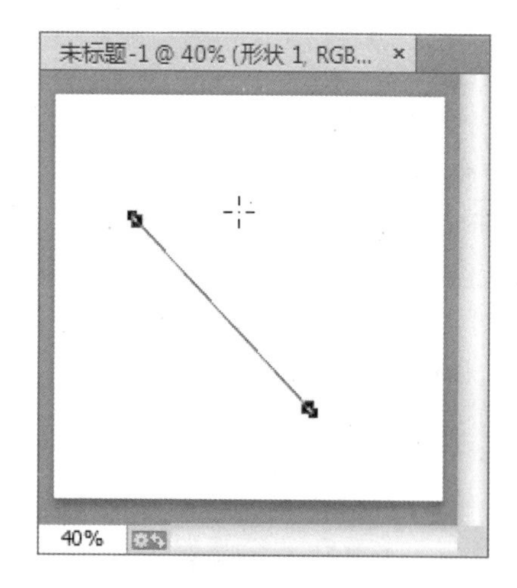

图 10-57

10.7.3　合并形状图层

创建两个或多个形状图层后，用户可以将这些图层进行合并。合并形状图层非常简单。下面详细介绍合并形状图层的方法。

第 1 步　在【图层】面板中，**1.** 选中准备合并的形状图层，**2.** 用鼠标右键单击图层，在弹出的快捷菜单中选择【合并形状】菜单项，如图 10-58 所示。

第 2 步 通过以上方法即可在【图层】面板中看到选中的几个图层已合并成了一个图层，合并形状图层的操作完成，如图 10-59 所示。

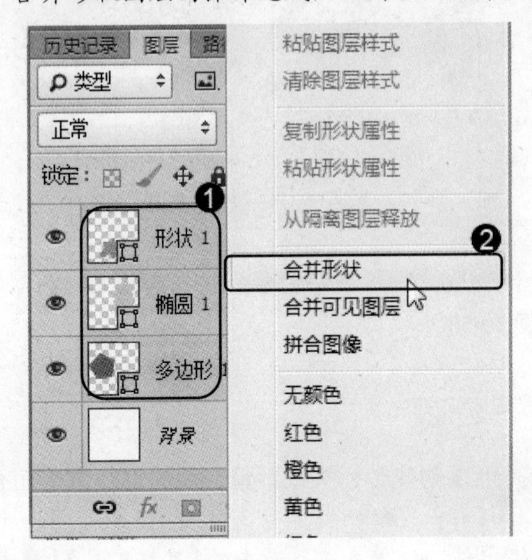

图 10-58

图 10-59

10.8 思考与练习

一、填空题

1. 路径包括__________和__________两种。

2. 锚点是组成__________的单位，包括__________和__________两种，其中平滑点可以通过连接形成平滑的__________。

3. Photoshop 的矢量绘图工具包括__________和__________。钢笔工具主要用于绘制__________，而形状工具则是通过选择内置的图形样式绘制__________。

4. 描边也可以进行__________、纯色、__________、图案 4 种类型的设置。

二、判断题

1. Photoshop 中的钢笔和形状等矢量工具可以创建不同类型的对象，包括形状图层、工作路径和像素图形。 ( )

2. 在 Photoshop CC 中，用户不可以使用钢笔工具绘制曲线路径。 ( )

3. 创建路径后，用户可以对创建的路径进行选择与编辑路径的操作。 ( )

4. 使用工具箱中的形状工具，用户可以创建各种形状的路径。 ( )

三、思考题

1. 如何移动路径？

2. 如何使用矩形工具？

第11章

蒙版与通道

本章要点

- 蒙版概述
- 图层蒙版
- 矢量蒙版
- 剪贴蒙版
- 快速蒙版
- 通道的类型
- 通道的操作与应用

本章主要内容

本章主要介绍蒙版概述、图层蒙版、矢量蒙版、剪贴蒙版、快速蒙版、通道的类型方面的知识与技巧，同时还讲解通道的操作与应用。在本章的最后还针对实际的工作需求，讲解取消图层蒙版链接与新建Alpha通道的方法。通过本章的学习，读者可以掌握蒙版与通道方面的知识，为深入学习Photoshop CC知识奠定基础。

11.1 蒙版概述

在 Photoshop CC 中，蒙版是将不同灰度色值转化为不同的透明度，并作用到它所在的图层，使图层不同部位透明度产生相应的变化。本节将重点介绍蒙版方面的知识。

11.1.1 蒙版的种类和用途

蒙版原本是摄影术语，是指用于控制图片不同区域曝光的传统暗房技术。在 Photoshop 中，蒙版则是用于合成图像的必备利器，由于蒙版可以遮盖住部分图像，使其避免受到操作的影响。这种隐藏而非删除的编辑方式是一种非常方便的非破坏性编辑方式。

在 Photoshop 中，蒙版分为快速蒙版、剪贴蒙版、矢量蒙版和图层蒙版。快速蒙版是一种用于创建和编辑选区的功能；矢量蒙版是由路径工具创建的蒙版，该蒙版可以通过路径与矢量图形控制图形的显示区域；使用图层蒙版可以将图像进行合成，蒙版中的白色区域可以遮盖下方图层中的内容，黑色区域可以遮盖当前图层中的内容；在 Photoshop CC 中，使用剪贴蒙版，用户可以通过一个图层来控制多个图层的显示区域。

在 Photoshop CC 中，蒙版具有转换方便、修改方便和可以运用不同滤镜等优点。下面介绍蒙版的作用。

- 转换方便：任意灰度图都可以转换成蒙版，操作方便。
- 修改方便：使用蒙版，不会因为使用橡皮擦或剪切删除而造成不可返回的错误。
- 可以运用不同滤镜：使用蒙版，用户可以运用不同滤镜，制作出不同的效果。

11.1.2 蒙版的【属性】面板

【属性】面板用于调整所选图层中的图层蒙版和矢量蒙版的不透明度和羽化范围，如图 11-1 所示。

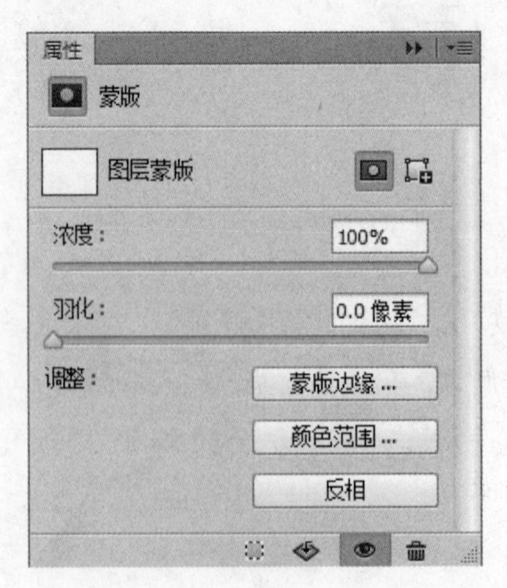

图 11-1

- 【当前选择蒙版】图标：显示了在【图层】面板中选择的蒙版的类型，此时可在【属性】面板中对其进行编辑。
- 【添加像素蒙版】按钮：单击该按钮，可以为当前图层添加蒙版。
- 【添加矢量蒙版】按钮：单击该按钮，可以为当前图层添加矢量蒙版。
- 【浓度】文本框/滑块：拖曳滑块可以控制蒙版的不透明度，即蒙版的遮盖强度。
- 【羽化】文本框/滑块：拖曳滑块可以柔化蒙版的边缘。
- 【蒙版边缘】按钮：单击该按钮，可以打开【调整蒙版】对话框修改蒙版边缘，并针对不同的背景查看蒙版。这些操作与调整选区边缘基本相同。
- 【颜色范围】按钮：单击该按钮，可以打开【色彩范围】对话框，此时可在图像中取样并调整颜色容差来修改蒙版范围。
- 【反相】按钮：可以翻转蒙版的遮盖区域。
- 【从蒙版中载入选区】按钮：单击该按钮，可以载入蒙版中包含的选区。
- 【应用蒙版】按钮：单击该按钮，可以将蒙版应用到图像中，同时删除被蒙版遮盖的图像。
- 【停用/启用蒙版】按钮：单击该按钮，或按住 Shift 键单击蒙版的缩略图，可以停用或重新启用蒙版。停用蒙版时，蒙版缩览图上会出现一个红色的“×”。
- 【删除蒙版】按钮：单击该按钮，可删除当前蒙版。将蒙版缩览图拖曳到【图层】面板底部的按钮上，也可将其删除。

11.2 图层蒙版

在 Photoshop CC 中，使用图层蒙版可以进行合成图像的操作。本节将重点介绍图层蒙版应用技巧方面的知识。

11.2.1 图层蒙版的工作原理

在图层蒙版中，纯白色对应的图像是可见的，纯黑色会遮盖图像，灰色区域会使图像呈现出一定程度的透明效果(灰色越深，图像越透明)。基于以上原理，当用户想要移除图像的某些区域时，为它添加一个蒙版，再将相应区域涂黑即可；想让图像呈现出半透明效果，可以将蒙版涂灰。图层蒙版是位图图像，几乎所有的绘画工具都可以用来编辑它。

11.2.2 创建图层蒙版

使用图层蒙版可以合成图像。创建图层蒙版的方法非常简单。下面介绍创建图层蒙版的方法。

第 1 步 在【图层】面板中，**1.** 选择准备添加图层蒙版的图层，**2.** 在【图层】面板底部，单击【添加图层蒙版】按钮，如图 11-2 所示。

第 2 步 通过以上方法即可完成创建图层蒙版的操作，如图 11-3 所示。

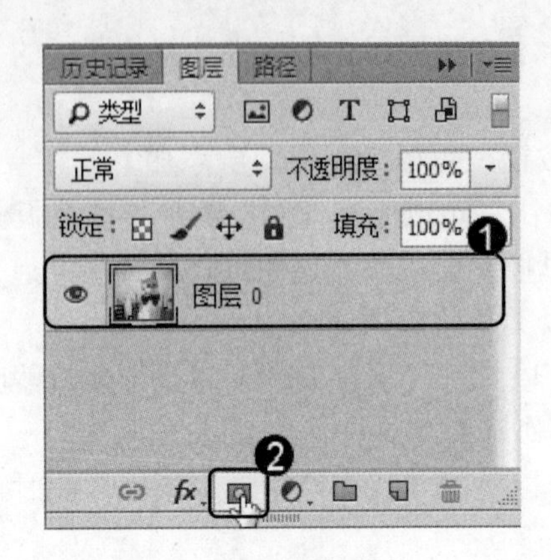

图 11-2

图 11-3

11.2.3 从选区中生成蒙版

在 Photoshop CC 中，用户可以将选区中的内容创建为蒙版，并快速进行更换背景的操作。下面介绍通过选区创建蒙版的方法。

第 1 步 在 Photoshop CC 中打开图像文件，**1.** 在文档窗口中选取需要添加图层蒙版的选区，**2.** 在【图层】面板中单击【添加图层蒙版】按钮，如图 11-4 所示。

图 11-4

第 2 步 通过以上方法即可完成将选区转换成图层蒙版的操作，如图 11-5 所示。

图 11-5

11.3 矢量蒙版

矢量蒙版是由钢笔工具或形状工具创建的蒙版。矢量蒙版可以通过图像路径与矢量图形来控制图形的显示区域。本节将重点介绍矢量蒙版应用技巧方面的知识。

11.3.1 创建矢量蒙版

在 Photoshop CC 中，用户可以使用钢笔工具或形状工具创建工作路径，并转换为矢量蒙版。下面将介绍具体的方法。

第 1 步 打开图像文件，1. 在工具箱中选择【自定形状工具】按钮，2. 在【形状】下拉列表框中选择准备使用的形状，3. 在文档窗口中绘制一个形状，如图 11-6 所示。

第 2 步 绘制形状后，1. 单击【图层】主菜单，2. 在弹出的菜单中选择【矢量蒙版】菜单项，3. 在弹出的子菜单中选择【当前路径】菜单项，如图 11-7 所示。

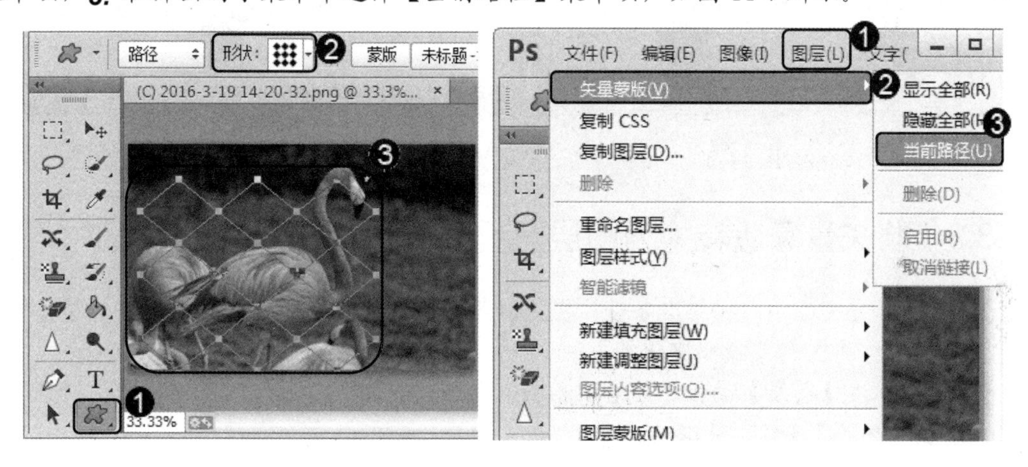

图 11-6　　　　图 11-7

第 3 步 通过以上方法即可完成创建矢量蒙版的操作，如图 11-8 所示。

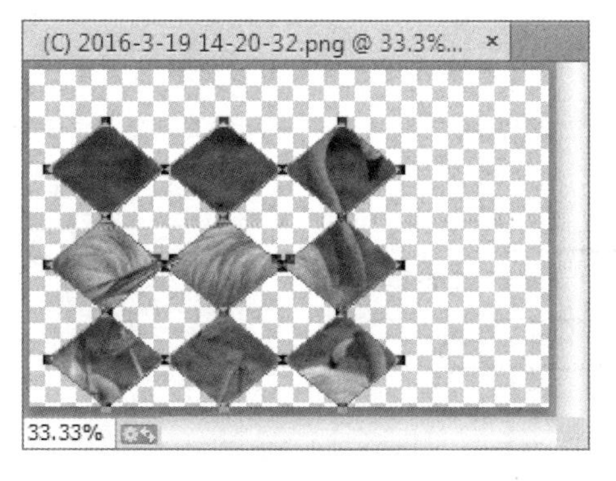

图 11-8

11.3.2　在矢量蒙版中绘制形状

第 1 步 选中带有矢量蒙版的图层，**1.** 单击工具箱中的【自定形状工具】按钮，**2.** 在工具栏中的路径操作下拉列表框中选择【合并形状】选项，**3.** 在【形状】下拉列表框中选择音符图形，如图 11-9 所示。

第 2 步 在文档中绘制图形，通过以上步骤即可完成在矢量蒙版中添加形状的操作，如图 11-10 所示。

图 11-9

图 11-10

11.3.3　将矢量蒙版转换为图层蒙版

在 Photoshop CC 中，如果准备使用图层蒙版对图层进行编辑，用户可以将矢量蒙版栅格化。下面介绍将矢量蒙版栅格化的方法。

第 1 步 在【图层】面板中，右键单击需要栅格化的矢量蒙版，在弹出的快捷菜单中选择【栅格化图层】命令，如图 11-11 所示。

第 2 步 通过以上方法即可完成将矢量蒙版栅格化的操作，如图 11-12 所示。

图 11-11

图 11-12

11.4　剪 贴 蒙 版

在 Photoshop CC 中，剪贴蒙版也称剪贴组，是通过使用处于下方图层的形状来限制上方图层的显示状态，达到一种剪贴画的效果。本节将介绍剪贴蒙版应用技巧方面的知识。

11.4.1　创建剪贴蒙版

在 Photoshop CC 中，用户可以在图像中创建任意形状并添加剪贴蒙版，制作出不同的艺术效果。下面介绍创建剪贴蒙版的方法。

第 1 步 在【图层】面板中，1. 在背景图层上方新建一个图层，2. 单击图层 1 前面的眼睛图标将其隐藏，如图 11-13 所示。

第 2 步 在工具箱中，1. 单击【自定形状工具】按钮，2. 在工具选项栏中选择【像素】选项，3. 在【形状】下拉列表框中选择心形，4. 在文档中绘制图形，如图 11-14 所示。

图 11-13

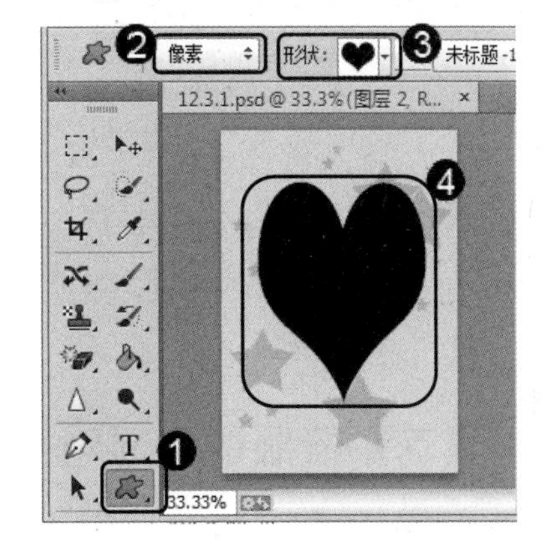

图 11-14

第 3 步 在图层面板中，显示图层 1，用鼠标右键单击图层 1，在弹出的快捷菜单中选择【创建剪贴蒙版】命令，如图 11-15 所示。

第 4 步 通过以上步骤即可完成创建剪贴蒙版的操作，如图 11-16 所示。

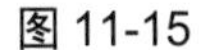

图 11-15

图 11-16

11.4.2 释放剪贴蒙版

在 Photoshop CC 中，如果不再准备使用剪贴蒙版，用户可以将其还原成普通图层。下面介绍释放剪贴蒙版的方法。

第 1 步 在【图层】面板中，用鼠标右键单击创建剪贴蒙版的图层，在弹出的快捷菜单中选择【释放剪贴蒙版】命令，如图 11-17 所示。

第 2 步 通过以上方法即可完成释放剪贴蒙版的操作，如图 11-18 所示。

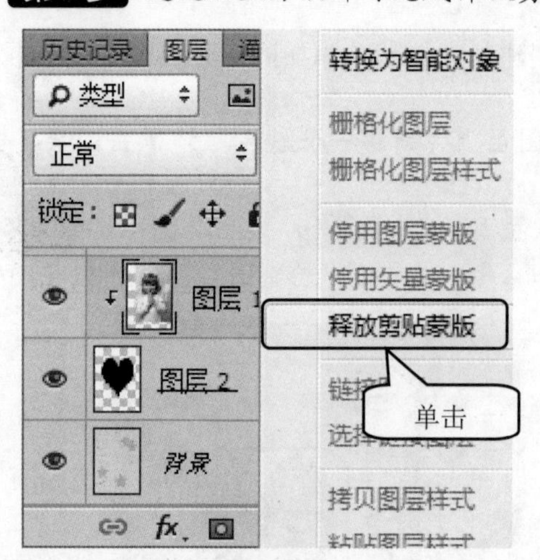

图 11-17

图 11-18

11.4.3 设置剪贴蒙版的不透明度

剪贴蒙版组使用基底图层的不透明度属性。因此，调整基底图层的不透明度时，可以控制整个剪贴蒙版组的不透明度，如图 11-19 和图 11-20 所示。

图 11-19

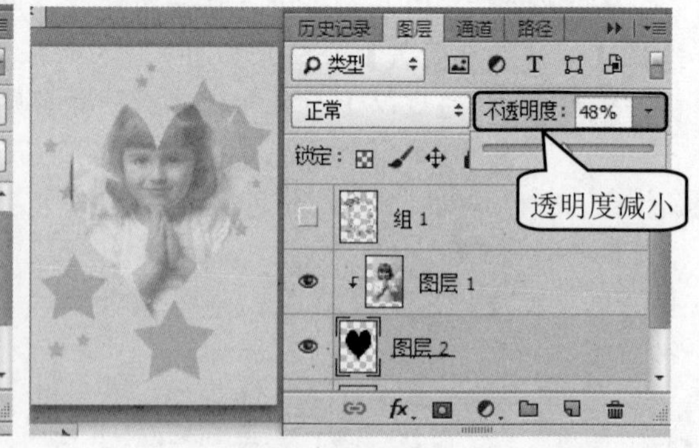

图 11-20

调整内容图层的不透明度时，不会影响到剪贴蒙版组中的其他图层，如图 11-21 和图 11-22 所示。

图 11-21　　　　图 11-22

11.5　快速蒙版

在 Photoshop CC 中，快速蒙版是用来创建和编辑选区的蒙版。本节将重点介绍创建快速蒙版方面的知识。

11.5.1　创建快速蒙版

在 Photoshop CC 中，用户可以使用快速蒙版创建选区。下面介绍应用快速蒙版创建选区的方法。

第 1 步　在 Photoshop CC 中打开图像，在工具箱中单击【以快速蒙版模式编辑】按钮，如图 11-23 所示。

第 2 步　在【通道】面板中可以观察到一个快速蒙版通道，如图 11-24 所示。

图 11-23

图 11-24

11.5.2　编辑快速蒙版

默认情况下，快速蒙版为透明度 50%的红色，用户可以根据绘制图像的需要设置快速蒙版选项，以便用户更好地使用快速蒙版功能。下面介绍设置快速蒙版选项的方法。

第 1 步 在 Photoshop CC 中打开图像，双击工具箱中的【快速蒙版】按钮，如图 11-25 所示。

第 2 步 弹出【快速蒙版选项】对话框，1. 在【颜色】区域中的【不透明度】文本框中，输入不透明度数值，2. 单击【确定】按钮，如图 11-26 所示。

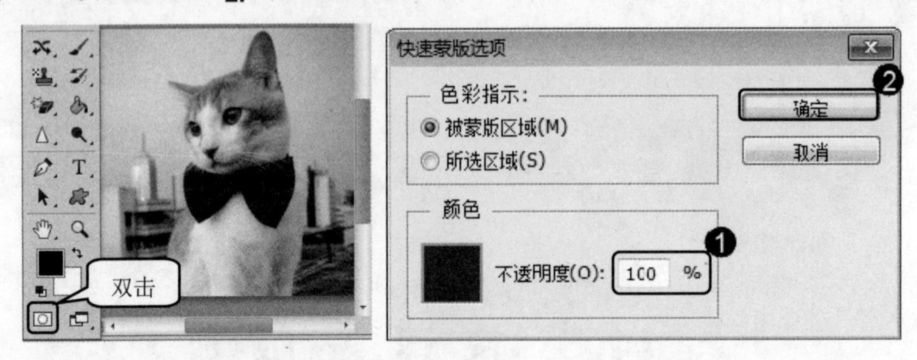

图 11-25　　图 11-26

11.6　通道的类型

在 Photoshop CC 中，通道共分为 3 种类型，分别是颜色通道、Alpha 通道和专色通道，每种通道都有各自的用途。下面分别介绍这 3 种通道的功能。

11.6.1　【通道】面板

在 Photoshop CC 中，使用通道编辑图像之前，用户首先要对【通道】面板的组成有所了解。下面详细介绍【通道】面板组成方面的知识，如图 11-27 所示。

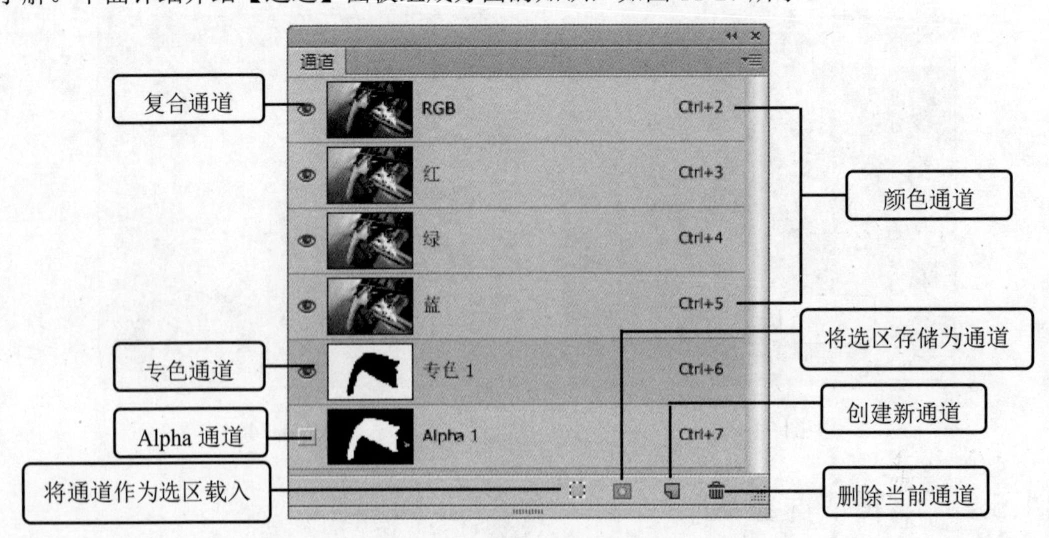

图 11-27

- 复合通道：在复合通道下，用户可以同时预览和编辑所有颜色通道。

- 颜色通道：用于记录图像颜色信息的通道。
- 专色通道：用于保存专色油墨的通道。
- Alpha 通道：用于保存选区的通道。
- 将通道作为选区载入：单击该按钮，用户可以载入所选通道中的选区。
- 将选区存储为通道：单击该按钮，用户可以将图像中的选区保存在通道内。
- 创建新通道：单击该按钮，用户可以新建 Alpha 通道。
- 删除当前通道：用于删除当前选择的通道，复合通道不能删除。

11.6.2 颜色通道

颜色通道是将构成整体图像的颜色信息整理并表现为单色图像的工具。根据图像颜色模式的不同，颜色通道的数量也不同。例如，RGB 模式的图像有 RGB、红、绿、蓝 4 个通道；CMYK 颜色模式的图像有 CMYK、青色、洋红、黄色、黑色 5 个通道；Lab 颜色模式的图像有 Lab、明度、a、b 4 个通道；位图和索引颜色模式的图像只有一个位图通道和索引通道。

11.6.3 Alpha 通道

Alpha 通道主要用于选区的存储编辑与调用。Alpha 通道是一个 8 位的灰度通道，该通道用 256 级灰度来记录图像中的透明度信息，定义透明、不透明和半透明区域。其中黑色处于未选中状态，白色处于完全选中状态，灰色则表示部分被选中状态(即羽化区域)。使用白色涂抹 Alpha 通道可以扩大选取范围；使用黑色涂抹则收缩选区；使用灰色涂抹可以增加羽化范围。

Alpha 通道有以下 3 个功能。

- 存储选区。
- 存储黑白图像，黑色区域表示不能被选择的区域，白色区域表示可以选择的区域(如果有灰色区域，表示可以被部分选择)。
- 可以从 Alpha 通道中载入选区。

11.6.4 专色通道

专色通道主要用来指定用于专色油墨印刷的附加印版。专色是特殊的预混油墨，如金属金银色油墨、荧光油墨等，它们用于替代或补充普通的印刷色(CMYK)油墨。通常情况下，专色通道都是以专色的名称来命名的。专色通道可以保存专色信息，同时也具有 Alpha 通道的特点。每个专色通道智能存储一种专色信息，而且是以灰度形式来存储的。除了位图模式以外，其余所有的色彩模式图像都可以建立专色通道。

11.7 通道的操作与应用

在 Photoshop CC 中，掌握通道基本原理与基础知识后，用户即可在通道中对图像进行编辑操作。本节将重点介绍通道应用技巧方面的知识。

11.7.1 快速选择通道

在【通道】面板中单击即可选中某一通道，在每个通道后面都有对应的 Ctrl+数字格式快捷键，如在图 11-28 中红通道后面有 Ctrl+3 组合键，这表示按下 Ctrl+3 组合键可以单独选择红通道。

图 11-28

11.7.2 显示与隐藏通道

通道的显示/隐藏与【图层】面板相同，每个通道的左侧都有一个眼睛图标，在通道上单击该图标，可以使该通道隐藏；单击隐藏状态的通道右侧的图标，可以恢复该通道的显示，如图 11-29 所示。

图 11-29

11.7.3 重命名、复制与删除通道

在 Photoshop CC 中，选择某一通道后，用户可以对其进行重命名、复制与删除的操作。下面介绍重命名、复制与删除通道的操作方法。

第 1 步 在【通道】面板中，双击需要重命名的通道名称，在弹出的文本框中输入新的名称，如图 11-30 所示。

第 2 步 按 Enter 键，通过以上方法即可完成通道的重命名的操作，如图 11-31 所示。

图 11-30

图 11-31

第 3 步 右键单击准备复制的通道，在弹出的快捷菜单中选择【复制通道】命令，如图 11-32 所示。

第 4 步 在弹出的【复制通道】对话框中，**1.** 在【为】文本框中输入复制通道的名称，**2.** 单击【确定】按钮，如图 11-33 所示。

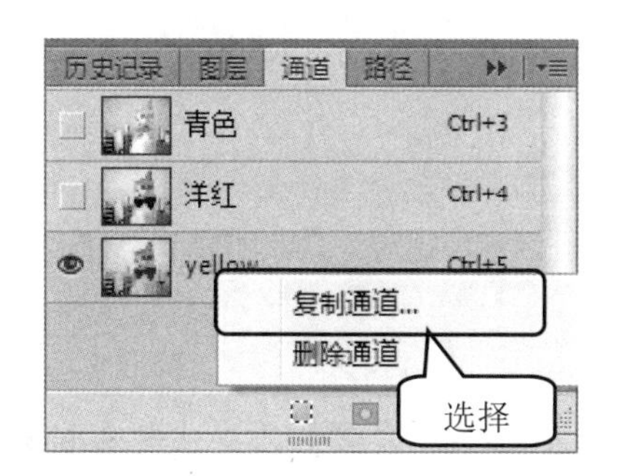

图 11-32

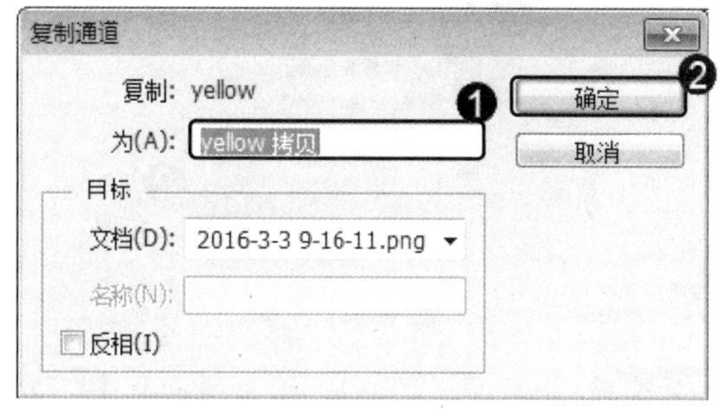

图 11-33

第 5 步 通过以上方法即可完成复制通道的操作，如图 11-34 所示。

第 6 步 右键单击需要删除的通道，在弹出的快捷菜单中选择【删除通道】命令，如图 11-35 所示。

图 11-34

图 11-35

第 7 步 通过以上方法即可完成删除通道的操作，如图 11-36 所示。

图 11-36

11.7.4 分离与合并通道

在 Photoshop CC 中，在图像文件中分离通道，用户可以创建灰度图像；合并通道则可以创建彩色图像。下面介绍分离与合并通道的操作方法。

第 1 步 在【通道】面板中，*1.* 单击【面板】下拉按钮，*2.* 在弹出的菜单中单击【分离通道】菜单项，如图 11-37 所示。

第 2 步 通过以上操作方法即可完成分离通道的操作，被分离的通道生成独立的灰色图像，如图 11-38 所示。

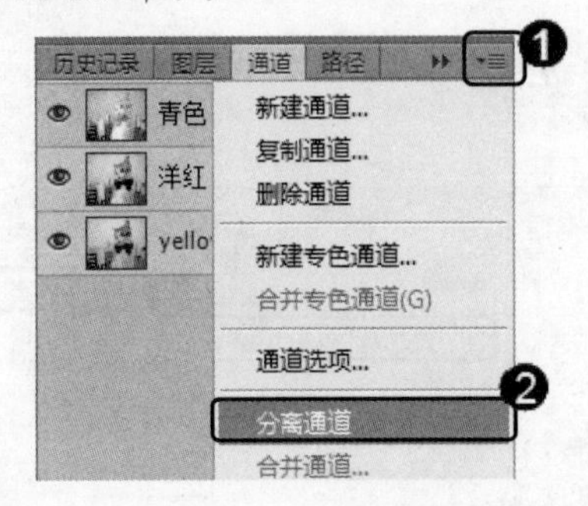

图 11-37

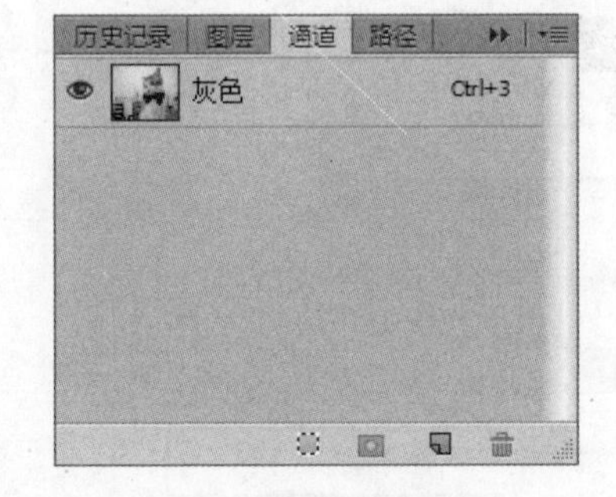

图 11-38

第 3 步 分离通道后，*1.* 单击【面板】下拉按钮，*2.* 在弹出的菜单中单击【合并通道】菜单项，如图 11-39 所示。

第 4 步 弹出【合并通道】对话框，*1.* 在【模式】下拉列表框中选择【RGB 颜色】选项，*2.* 单击【确定】按钮，如图 11-40 所示。

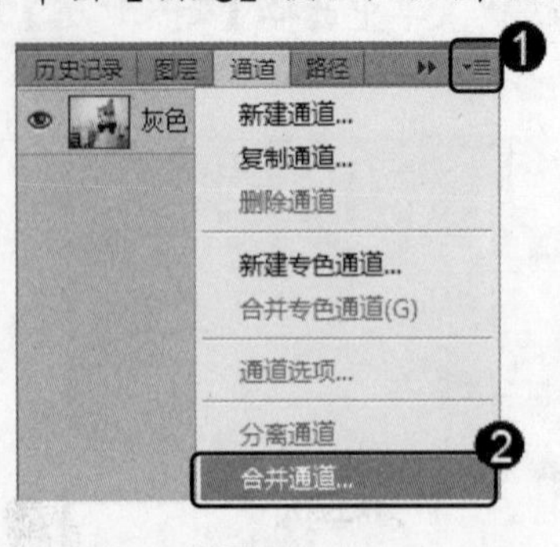

图 11-39

图 11-40

第 5 步 弹出【合并 RGB 通道】对话框，单击【确定】按钮，如图 11-41 所示。

第 6 步 通过以上操作方法即可完成合并通道的操作，如图 11-42 所示。

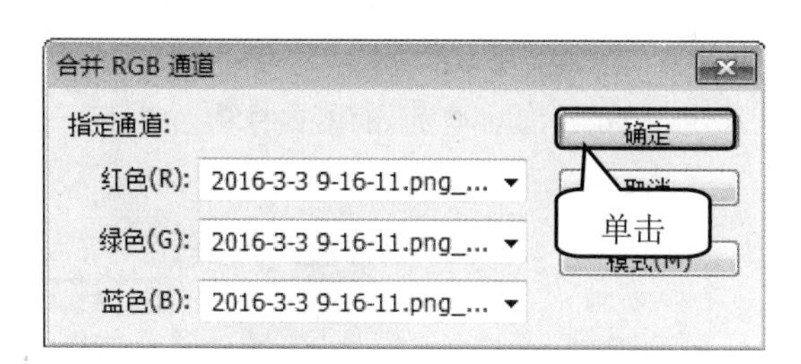

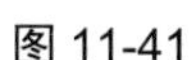

图 11-41

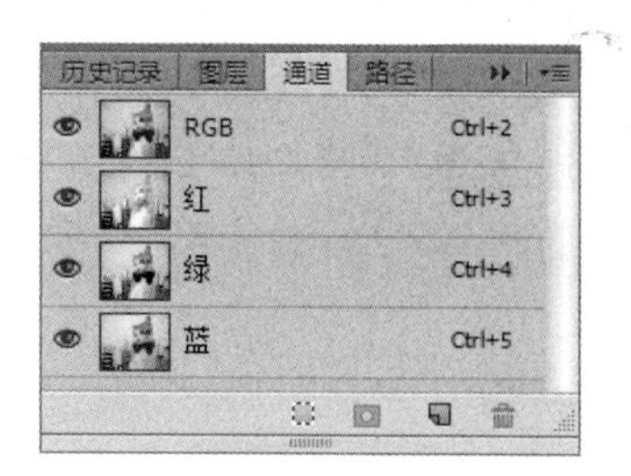

图 11-42

11.7.5　排列通道

如果【通道】面板中包含多个通道，除去默认的颜色通道的顺序是不能进行调整的以外，其他通道可以像调整图层一样调整通道的排列位置，如图 11-43 所示。

图 11-43

11.7.6　用通道调整颜色

通道调色是一种高级调色技术，可以对一张图像的单个通道应用各种调色命令，从而达到调整图像中单种色调的目的，下面详细介绍通道调色的方法。

第 1 步 在【通道】面板中，选中红通道，如图 11-44 所示。

第 2 步 按 Ctrl+M 组合键打开【曲线】对话框，**1.** 将曲线向上拖动增加图像中的红色数量，**2.** 单击【确定】按钮，如图 11-45 所示。

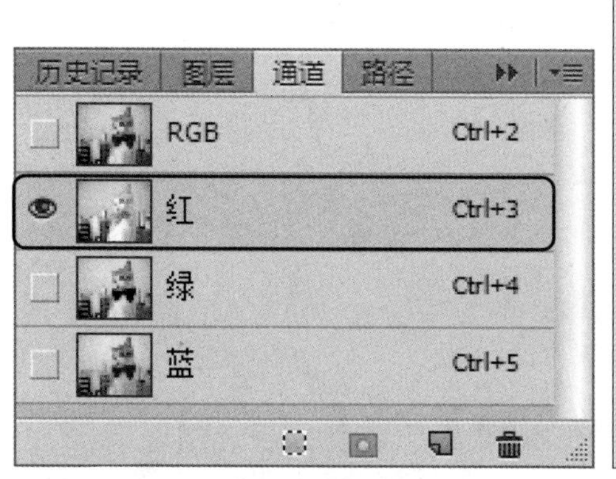

图 11-44

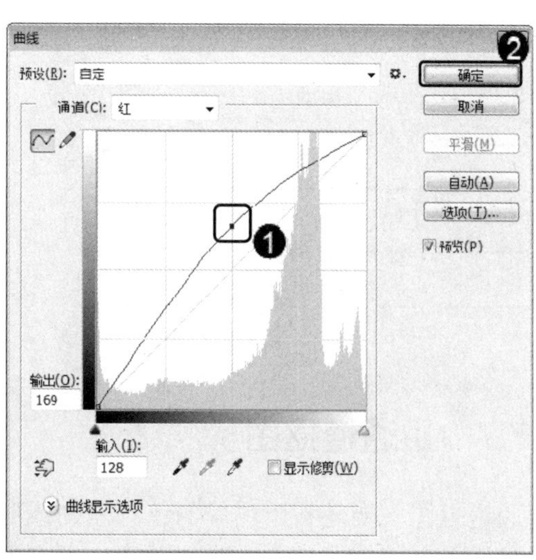

图 11-45

第 3 步 在【通道】面板中，选中绿通道，如图 11-46 所示。

第 4 步 在【曲线】对话框中，*1.* 将曲线向上拖动增加图像中的绿色数量，*2.* 单击【确定】按钮，如图 11-47 所示。

历史记录
图层
通道
路径
RGB
Ctrl+2
红
Ctrl+3
绿
Ctrl+4
蓝
Ctrl+5

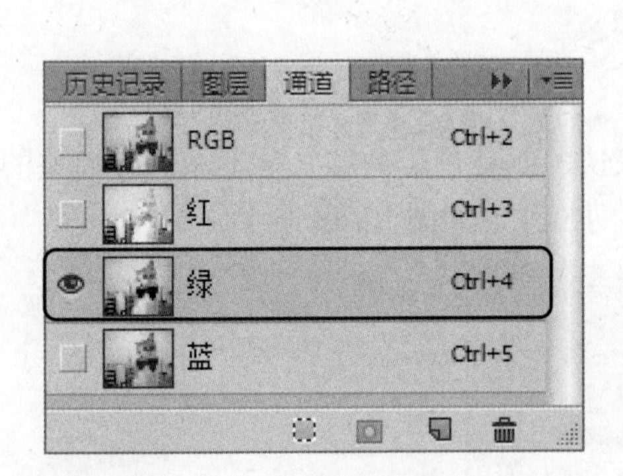

图 11-46

曲线
预设(R): 自定
确定
取消
平滑(M)
自动(A)
选项(T)...
预览(P)
通道(C): 绿
输出(O):
175
输入(I):
127
显示修剪(W)
曲线显示选项
1
2

图 11-47

第 5 步 在【通道】面板中，选中蓝通道，如图 11-48 所示。

第 6 步 在【曲线】对话框中，*1.* 将曲线向上拖动增加图像中的蓝色数量，*2.* 单击【确定】按钮，如图 11-49 所示。

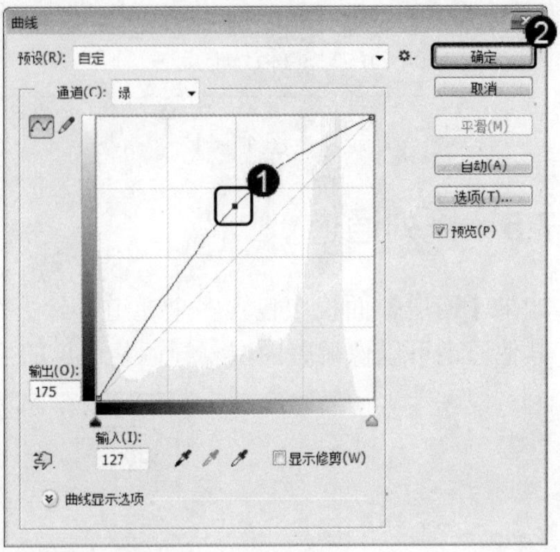

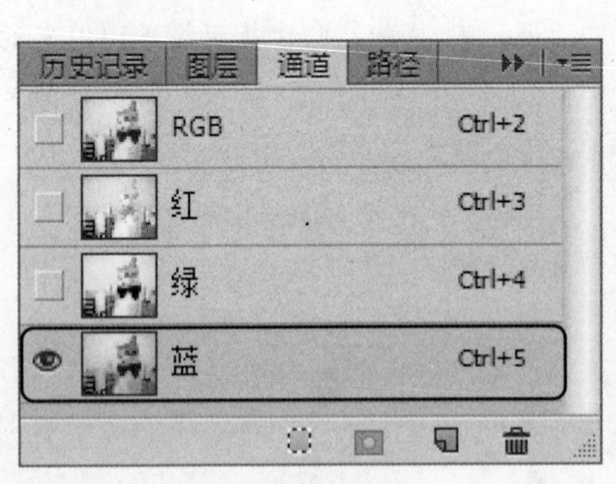

历史记录
图层
通道
路径
RGB
Ctrl+2
红
Ctrl+3
绿
Ctrl+4
蓝
Ctrl+5

图 11-48

曲线
预设(R): 自定
确定
取消
平滑(M)
自动(A)
选项(T)...
预览(P)
通道(C): 蓝
输出(O):
177
输入(I):
120
显示修剪(W)
曲线显示选项
1
2

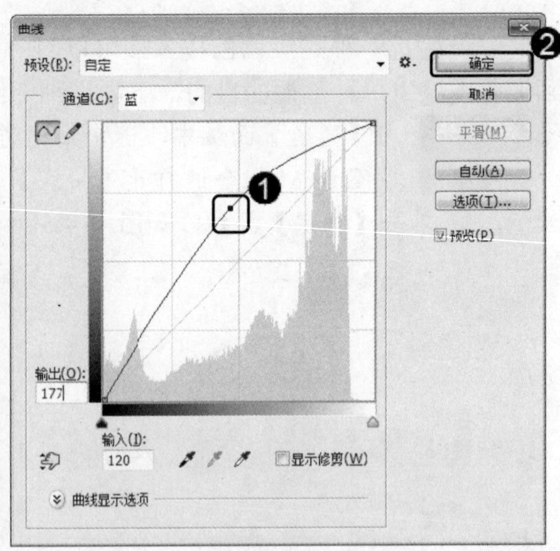

图 11-49

11.7.7 用通道抠图

通道抠图主要是利用图像的色相差别或明度差别来创建选区，在操作过程中可以多次重复使用【亮度/对比度】、【曲线】、【色阶】等调整命令，以及画笔、加深、减淡等工具对通道进行调整，以得到最精确的选区。通道抠图法常用于抠选毛发、云朵、烟雾以及半透明的婚纱等对象。下面详细介绍用通道抠图的方法。

第 1 步 在【通道】面板中，复制动物颜色与天空颜色差异最大的蓝通道，如图 11-50 所示。

第 2 步 在工具箱中，1. 单击【魔棒工具】按钮，2. 选出天空选区，如图 11-51 所示。

图 11-50

图 11-51

第 3 步 按 Ctrl+M 组合键打开【曲线】对话框，1. 在横坐标和纵坐标文本框中输入 39 和 241，2. 单击【确定】按钮，如图 11-52 所示。

第 4 步 按 Shift+Ctrl+I 组合键进行反相选择，如图 11-53 所示。

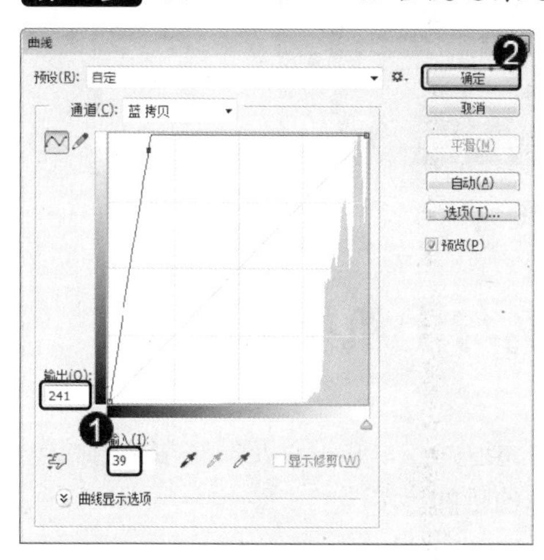

图 11-52

图 11-53

第 5 步 再次打开【曲线】对话框，1. 在横坐标和纵坐标文本框中输入 234 和 0，2. 单击【确定】按钮，如图 11-54 所示。

第 6 步 打开【图层】面板，单击【添加矢量蒙版】按钮为图层添加蒙版，如图 11-55 所示。

第 7 步 通过以上步骤即可完成用通道抠图的操作，如图 11-56 所示。

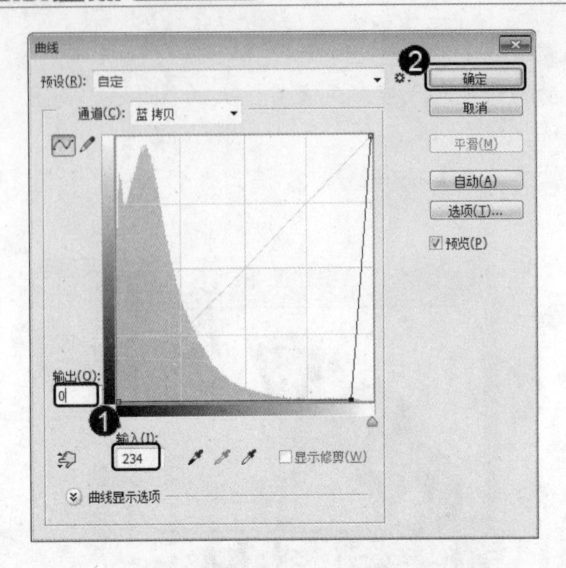

图 11-54

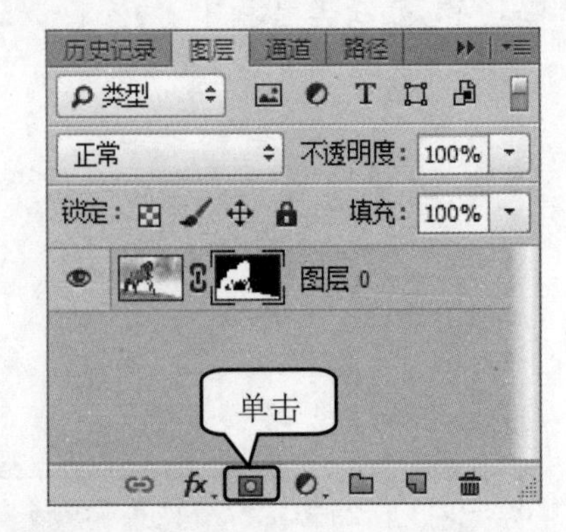

图 11-55

图 11-56

11.8 实践案例与上机指导

通过本章的学习，读者基本可以掌握蒙版与通道的基本知识以及一些常见的操作方法。下面通过练习操作，以达到巩固学习、拓展提高的目的。

11.8.1 取消图层蒙版链接

在 Photoshop CC 中，图层与蒙版之间是链接的。创建图层蒙版后，需要单独编辑某一项时，可以将两者的链接取消。下面介绍取消图层蒙版链接的方法。

第 1 步 在【图层】面板中，单击准备取消的【指示图层蒙版链接到图层】按钮，如图 11-57 所示。

第 2 步 此时，在【图层】面板中，创建的图层蒙版链接已经被取消，通过以上方法即可完成取消链接蒙版的操作，如图 11-58 所示。

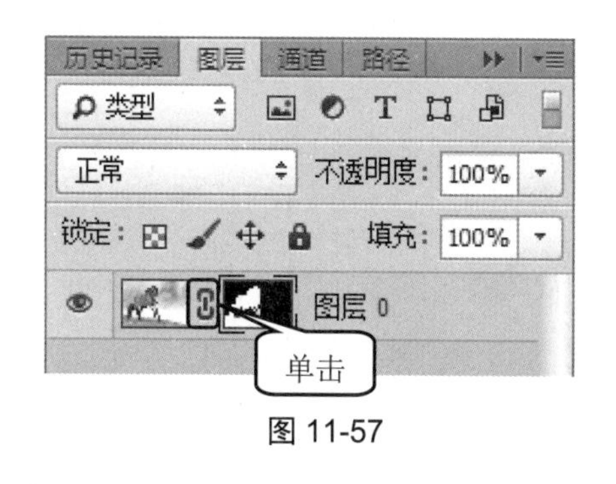

图 11-57

图 11-58

11.8.2　新建 Alpha 通道

在 Photoshop CC 中，用户可以在【通道】面板中创建新的 Alpha 通道。创建新的 Alpha 通道的方法非常简单。下面介绍创建 Alpha 通道的方法。

第 1 步 在 Photoshop CC 中打开图像文件，在【通道】面板中，单击【创建新通道】按钮，如图 11-59 所示。

第 2 步 通过以上方法即可完成创建 Alpha 通道的操作，如图 11-60 所示。

图 11-59

图 11-60

11.9　思考与练习

一、填空题

1. 在 Photoshop 中，蒙版分为____________、____________、____________和图层蒙版。

2. 在 Photoshop CC 中，蒙版具有____________、____________和运用不同滤镜等优点。

3. 【属性】面板用于调整所选图层中的____________和____________的不透明度和羽化范围。

二、判断题

1. 图层蒙版中的白色区域可以遮盖下方图层中的内容；黑色区域可以遮盖当前图层中

的内容。 ( )

2. 快速蒙版是一种用于创建和编辑选区的功能。 ( )

3. 矢量蒙版是由路径工具创建的蒙版，该蒙版可以通过路径与矢量图形控制图形的显示区域。 ( )

4. 矢量蒙版可以通过图像路径与矢量图形，来控制图形的显示区域。 ( )

三、思考题

1. 如何取消图层蒙版链接？

2. 如何新建 Alpha 通道？

新起点 电脑教程

第 12 章

滤 镜

本章要点

- 滤镜的原理与使用方法
- 风格化滤镜
- 模糊滤镜与锐化滤镜
- 扭曲滤镜
- 像素化滤镜
- 渲染滤镜
- 杂色滤镜与其他滤镜
- 智能滤镜

本章主要内容

本章主要介绍滤镜的原理与使用方法、风格化滤镜、模糊滤镜与锐化滤镜、扭曲滤镜、像素化滤镜、渲染滤镜、杂色滤镜与其他滤镜方面的知识与技巧，同时还讲解如何使用智能滤镜。在本章的最后还针对实际的工作需求，讲解使用曝光过度滤镜、纤维滤镜的方法。通过本章的学习，读者可以掌握滤镜方面的知识，为深入学习 Photoshop CC 知识奠定基础。

12.1 滤镜的原理与使用方法

在 Photoshop 中，滤镜主要是用来实现图像的各种特殊效果。滤镜通常需要同通道、图层等联合使用，才能取得最佳艺术效果。本节将介绍滤镜的原理和使用方法。

12.1.1 什么是滤镜

滤镜本身是一种摄影器材，安装在相机上用于改变光源的色温，以符合摄影的目的及制作特殊效果的需要。Photoshop 滤镜是一种插件模块，能够操作图像中的像素，通过改变像素的位置或颜色来生成特效。在 Photoshop 中，滤镜的功能非常强大，不仅可以制作一些常见的如素描、印象派绘画等特殊艺术效果，还可以制作出绚丽无比的创意图像。

12.1.2 滤镜的种类和主要用途

在 Photoshop CC 的【滤镜】主菜单中，共包含 100 多种滤镜，其中【滤镜库】、【镜头校正】、【液化】、【Camera Raw 滤镜】和【消失点】是特殊滤镜，单独放置在菜单中，其他滤镜依据其主要功能放置在不同类别的滤镜组中，如图 12-1 所示。

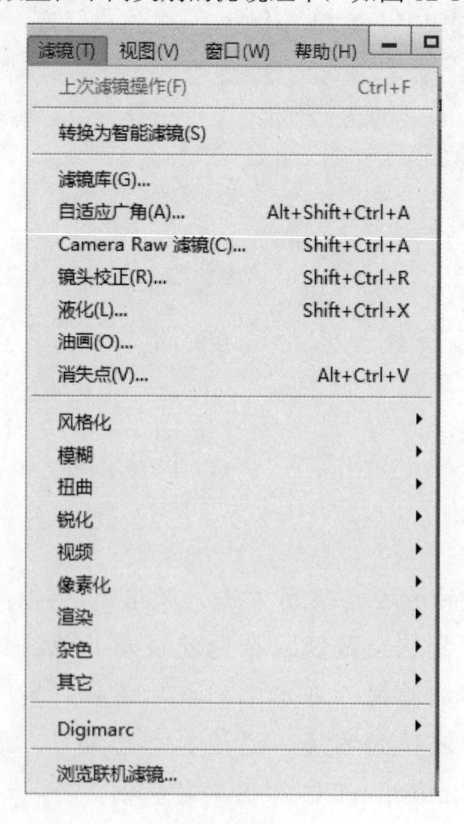

图 12-1

Photoshop 滤镜基本可以分为内置滤镜、外挂滤镜两种。内置滤镜是指 Photoshop 默认安装时，Photoshop 安装程序自动安装到 pluging 目录下的滤镜；外挂滤镜是指由第三方厂商为 Photoshop 所生产的滤镜，它们不仅种类齐全、品种繁多，而且功能强大。

Photoshop 内置滤镜主要有两种用途。第一种用于创建具体的图像特效，如可以生成粉笔画、图章、纹理、波浪等效果，此类滤镜的数量最多，且绝大多数都在【风格化】、【画笔描边】、【扭曲】、【素描】、【纹理】、【像素化】、【渲染】和【艺术效果】等滤镜组中。其中，除【扭曲】以及其他少数滤镜外，基本上都是通过滤镜库来管理和应用的。

第二种用于编辑图像，如减少图像杂色、提高清晰度等。这些滤镜在【模糊】、【锐化】和【杂色】等滤镜组中。此外，【液化】、【消失点】和【镜头校正】也属于此类滤镜。这 3 种滤镜比较特殊，它们功能强大，并且有自己的工具和独特的操作方法，更像是独立的软件。

12.1.3　滤镜的使用规则

在 Photoshop CC 中使用滤镜编辑图像文件时，用户应遵循一定的规则，以便制作出满意的艺术效果。下面介绍滤镜的使用规则。

➢ 图层可见性：使用滤镜处理图层中的图像时，该图层必须是可见的。
➢ 选区内操作：如果创建了选区，滤镜只处理选区内的图像；如果没有创建选区，滤镜则处理当前图层中的全部图像。
➢ 滤镜的使用对象：滤镜不仅可以在图像中使用，也可以在蒙版和通道中使用。
➢ 滤镜的计算单位：滤镜是以像素为计算单位进行处理的，如果图像的分辨率不同，对其进行同样的滤镜处理，得到的效果也不同。
➢ 滤镜的应用区域：在 Photoshop CC 中，除云彩滤镜之外，其他滤镜都必须应用在包含像素的区域，否则不能使用这些滤镜。
➢ 使用滤镜的图像模式：如果图像为 RGB 模式，用户可以应用 Photoshop CC 中的全部滤镜；如果图像为 CMYK 模式，用户仅可以应用 Photoshop CC 中的部分滤镜；如果图像为索引模式或位图模式，用户则不可以应用 Photoshop CC 中的滤镜。

12.1.4　查看滤镜信息

在 Photoshop CC 中，用户可以随时查看程序已经安装的滤镜的信息。下面详细介绍查看滤镜信息的操作方法。

第 1 步 启动 Photoshop CC 程序，**1.** 单击【帮助】主菜单，**2.** 在弹出的菜单中选择【关于增效工具】菜单项，**3.** 在弹出的子菜单中选择【滤镜库】菜单项，如图 12-2 所示。

第 2 步 通过以上方法即可完成查看滤镜信息的操作，如图 12-3 所示。

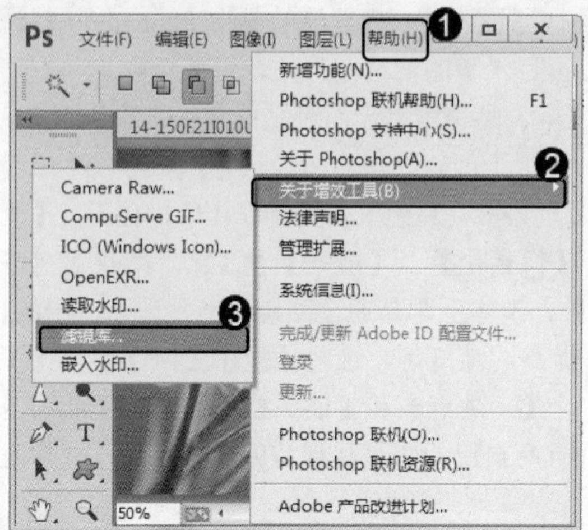

图 12-2

图 12-3

12.2 风格化滤镜

在 Photoshop CC 中，使用风格化滤镜，用户可以对图像进行风格化处理。本节将重点介绍风格化滤镜方面的知识。

12.2.1 查找边缘

在 Photoshop CC 中，查找边缘滤镜可以自动查找图像中像素对比明显的边缘，将高反差区域变亮，低反差区域变暗，其他区域在高反差区域和低反差区域之间过渡。下面介绍运用查找边缘滤镜的方法。

第 1 步 在 Photoshop CC 中打开图像文件，**1.** 单击【滤镜】主菜单，**2.** 在弹出的菜单中选择【风格化】菜单项，**3.** 在弹出的子菜单中选择【查找边缘】菜单项，如图 12-4 所示。

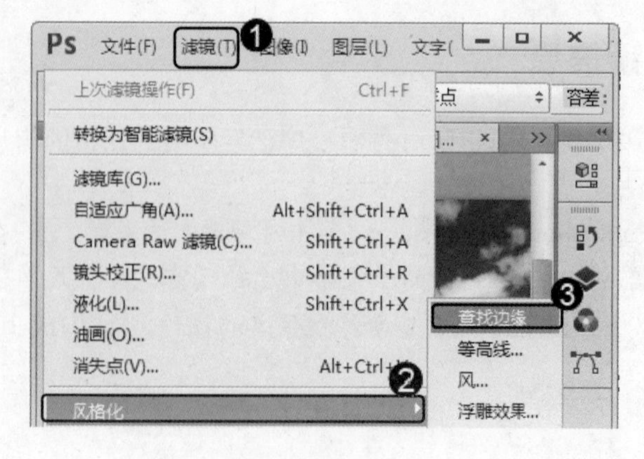

图 12-4

第 2 步 此时在文档窗口中，打开的图像已经制作出查找边缘的效果，通过以上方法即可完成运用查找边缘滤镜的操作，如图 12-5 所示。

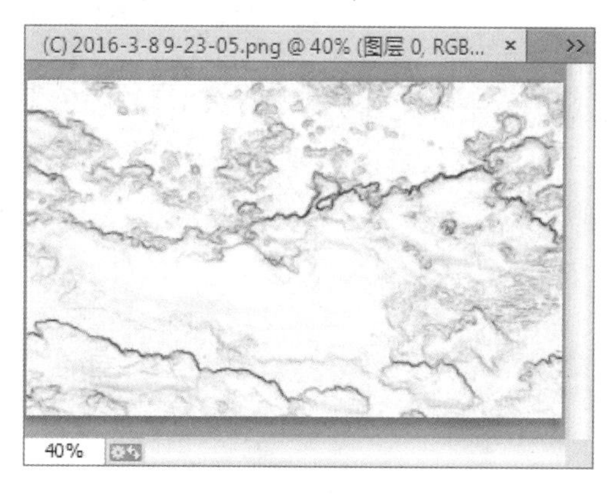

图 12-5

12.2.2　等高线

等高线滤镜是通过查找图像的主要亮度区，为每个颜色通道勾勒主要亮度区域的效果，以便得到与等高线颜色类似的效果。下面介绍运用等高线滤镜的方法。

第 1 步 在 Photoshop CC 中打开图像文件，*1.* 单击【滤镜】主菜单，*2.* 在弹出的菜单中选择【风格化】菜单项，*3.* 在弹出的子菜单中选择【等高线】菜单项，如图 12-6 所示。

第 2 步 弹出【等高线】对话框，*1.* 在【色阶】文本框中设置等高线色阶数，*2.* 单击【确定】按钮，如图 12-7 所示。

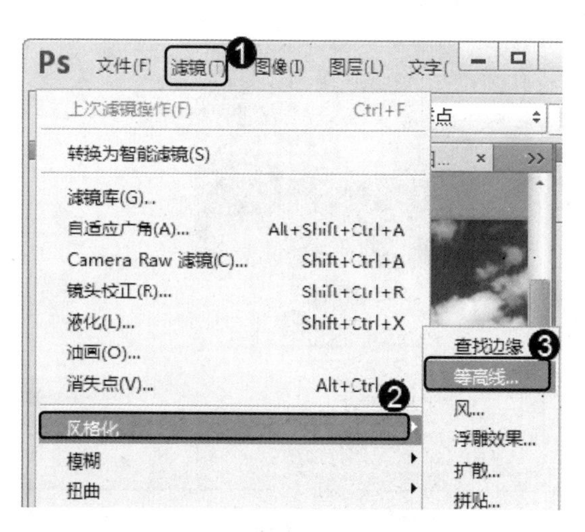

图 12-6

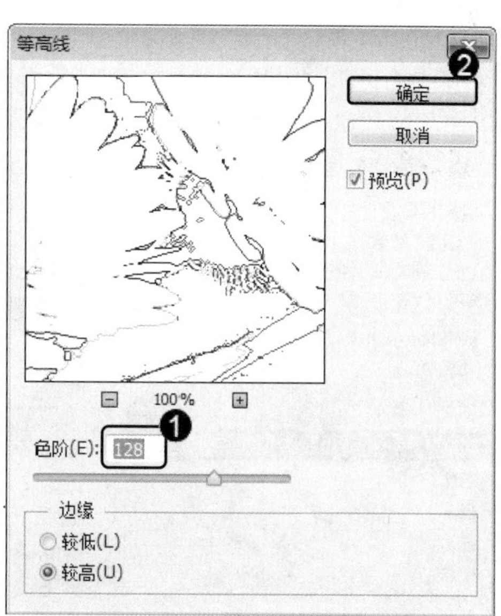

图 12-7

第 3 步 通过以上方法即可完成运用等高线滤镜的操作，如图 12-8 所示。

图 12-8

12.2.3 风

在 Photoshop CC 中，风滤镜是通过在图像中增加细小的水平线模拟风吹的效果，而且该滤镜仅在水平方向发挥作用。下面介绍使用风滤镜的方法。

第 1 步 在 Photoshop CC 中打开图像文件，1. 单击【滤镜】主菜单，2. 在弹出的菜单中选择【风格化】菜单项，3. 在弹出的子菜单中选择【风】菜单项，如图 12-9 所示。

第 2 步 弹出【风】对话框，1. 在【方法】区域中选中【大风】单选按钮，2. 在【方向】区域中选中【从右】单选按钮，3. 单击【确定】按钮，如图 12-10 所示。

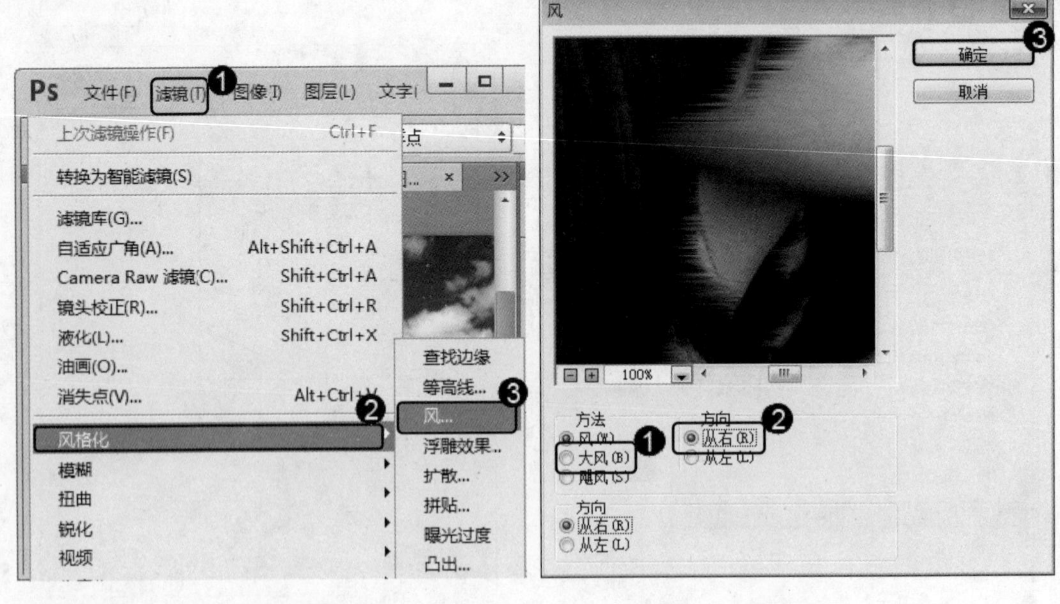

图 12-9　　图 12-10

第 3 步 通过以上方法即可完成运用风滤镜的操作，如图 12-11 所示。

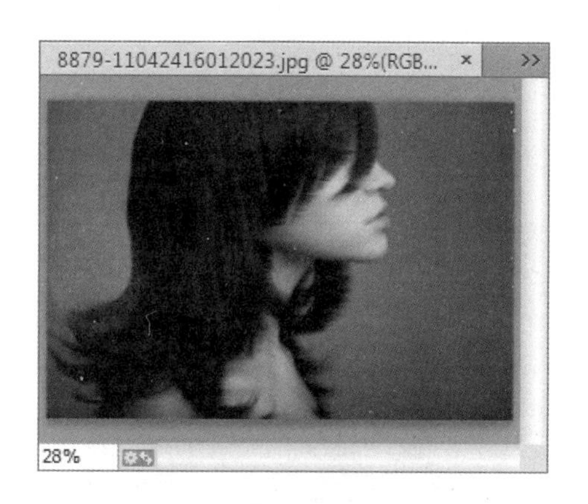

图 12-11

12.2.4　浮雕效果

浮雕效果滤镜是通过勾画图像或选区轮廓，降低勾画图像或选区周围色值产生凸起或凹陷的效果。下面介绍使用浮雕效果滤镜的方法。

第 1 步 在 Photoshop CC 中打开图像文件，**1.** 单击【滤镜】主菜单，**2.** 在弹出的菜单中选择【风格化】菜单项，**3.** 在弹出的子菜单中选择【浮雕效果】菜单项，如图 12-12 所示。

第 2 步 弹出【浮雕效果】对话框，**1.** 在【角度】文本框中设置浮雕效果的角度，**2.** 在【高度】文本框中设置浮雕效果的高度，**3.** 在【数量】文本框中设置浮雕效果的数量，**4.** 单击【确定】按钮，如图 12-13 所示。

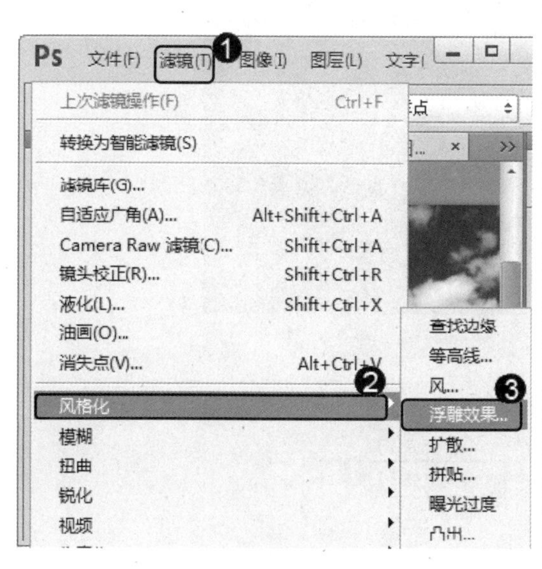

图 12-12

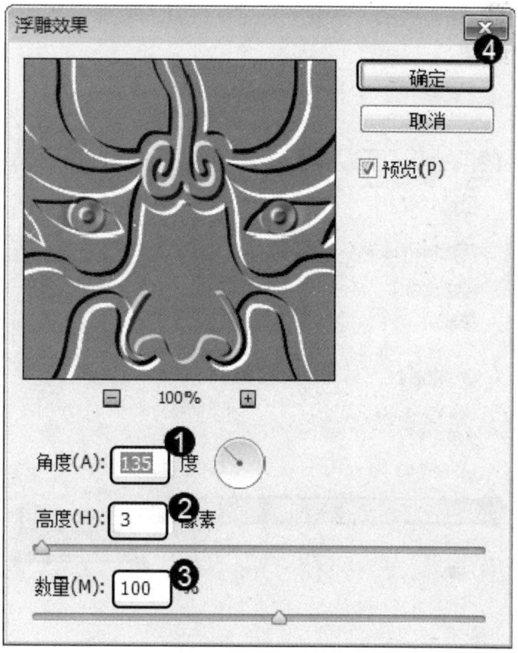

图 12-13

第 3 步 通过以上方法即可完成运用浮雕效果滤镜的操作，如图 12-14 所示。

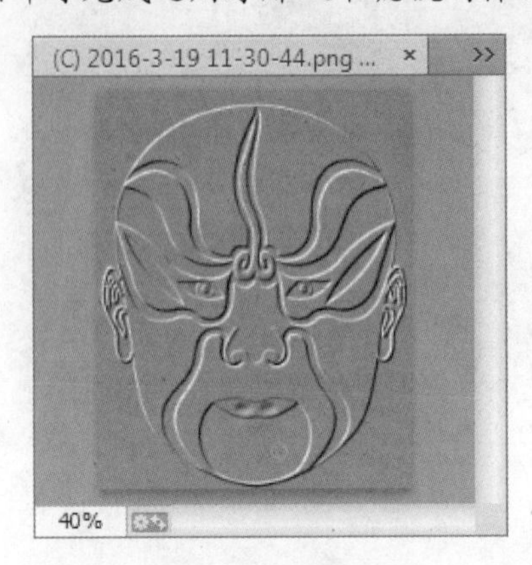

图 12-14

12.2.5 扩散

扩散滤镜通过将图像中相邻像素按规定的方式有机移动，如正常、变暗优先、变亮优先和各向异性等，使得图像进行扩散，从而形成类似透过磨砂玻璃查看图像的效果。下面介绍使用扩散滤镜的方法。

第 1 步 在 Photoshop CC 中打开图像文件，*1.* 单击【滤镜】主菜单，*2.* 在弹出的菜单中选择【风格化】菜单项，*3.* 在弹出的子菜单中选择【扩散】菜单项，如图 12-15 所示。

第 2 步 弹出【扩散】对话框，*1.* 在【模式】区域中选中【变亮优先】单选按钮，*2.* 单击【确定】按钮，如图 12-16 所示。

图 12-15　　图 12-16

第 3 步 通过以上方法即可完成运用扩散滤镜的操作，如图 12-17 所示。

图 12-17

知识精讲

在【扩散】对话框中，使用【正常】模式，图像中的所有区域将进行扩散，扩散过程与图像颜色无关。使用【变暗优先】模式，图像中的较暗的像素将转换为较亮的像素，仅将暗部扩散。使用【变亮优先】模式，图像中的较亮的像素将转换为较暗的像素，仅将亮部扩散。

12.2.6　拼贴

拼贴滤镜可以根据设定的值将图像分成若干块，并使图像从原来的位置偏离，看起来类似由砖块拼贴成的效果。下面介绍使用拼贴滤镜的方法。

第 1 步 在 Photoshop CC 中打开图像文件，*1.* 单击【滤镜】主菜单，*2.* 在弹出的菜单中选择【风格化】菜单项，*3.* 在弹出的子菜单中选择【拼贴】菜单项，如图 12-18 所示。

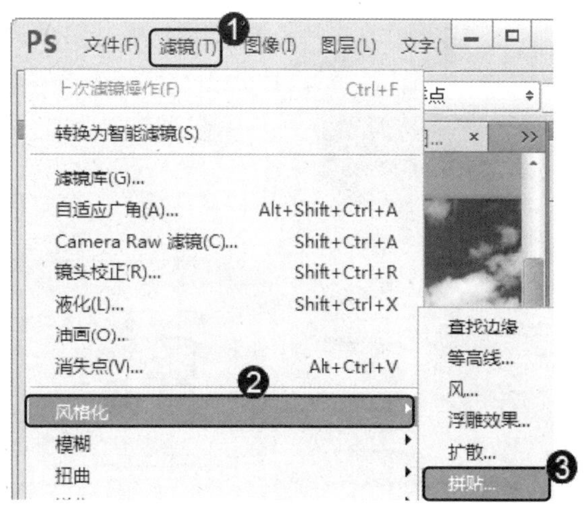

图 12-18

第 2 步 弹出【拼贴】对话框，**1.** 在【拼贴数】文本框中输入图像拼贴数值，**2.** 单击【确定】按钮，如图 12-19 所示。

第 3 步 通过以上方法即可完成运用拼贴效果滤镜的操作，如图 12-20 所示。

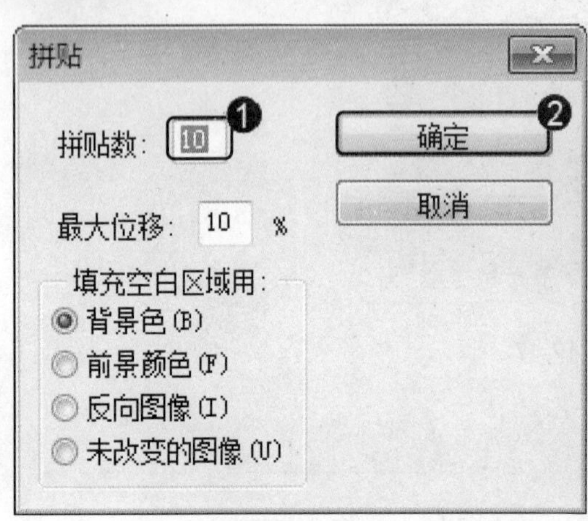

图 12-19

图 12-20

12.2.7 凸出

凸出滤镜是通过设置的数值将图像分成大小相同，并重叠放置的立方体或锥体，产生 3D 效果。下面介绍使用凸出滤镜的方法。

第 1 步 在 Photoshop CC 中打开图像文件，**1.** 单击【滤镜】主菜单，**2.** 在弹出的菜单中选择【风格化】菜单项，**3.** 在弹出的子菜单中选择【凸出】菜单项，如图 12-21 所示。

第 2 步 弹出【凸出】对话框，**1.** 在【大小】文本框中输入图像凸出的大小数值，**2.** 在【深度】文本框中输入图像凸出的深度数值，**3.** 单击【确定】按钮，如图 12-22 所示。

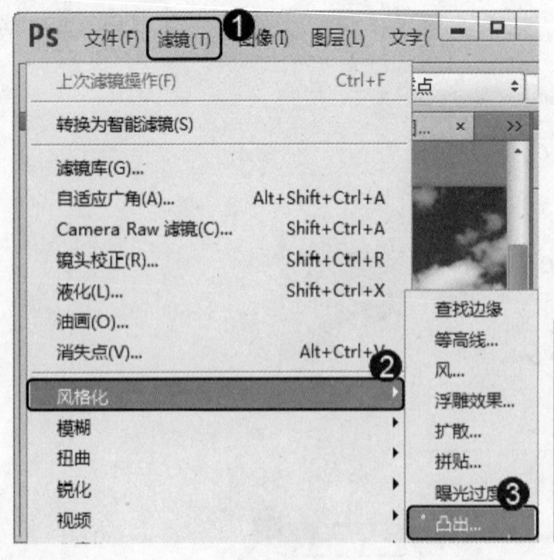

图 12-21

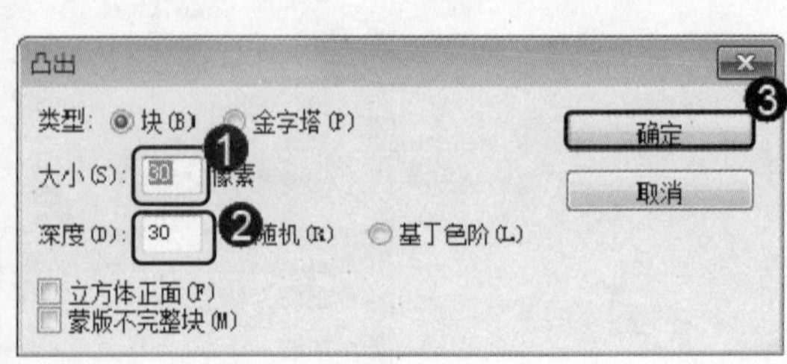

图 12-22

第 3 步 通过以上方法即可完成运用凸出滤镜的操作，如图 12-23 所示。

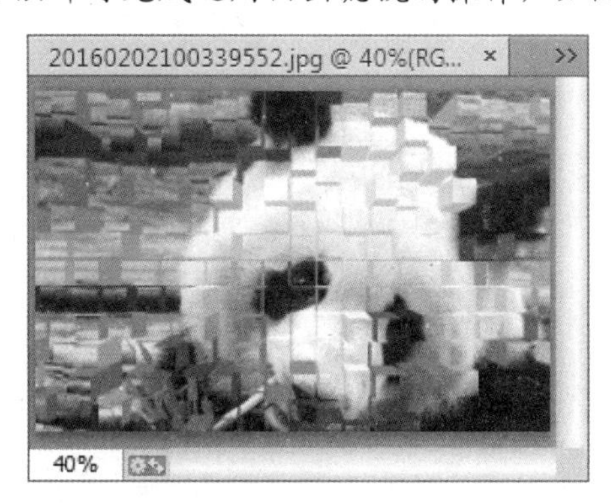

图 12-23

12.3　模糊滤镜与锐化滤镜

在 Photoshop CC 中，使用模糊滤镜，用户可以对图像进行模糊化处理；使用锐化滤镜，用户可以对图像进行锐化等特殊化处理。本节将重点介绍模糊滤镜与锐化滤镜方面的知识。

12.3.1　表面模糊

表面模糊滤镜是在保留图像边缘的情况下模糊图像，使用该滤镜可以创建特殊的效果，消除图像中的杂色或颗粒。下面介绍使用表面模糊滤镜的方法。

第 1 步 在 Photoshop CC 中打开图像文件，*1.* 单击【滤镜】主菜单，*2.* 在弹出的菜单中选择【模糊】菜单项，*3.* 在弹出的子菜单中选择【表面模糊】菜单项，如图 12-24 所示。

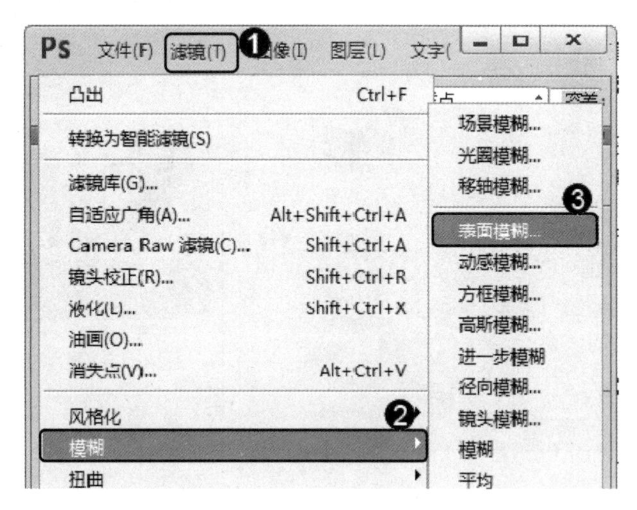

图 12-24

第 2 步 弹出【表面模糊】对话框，*1.* 在【半径】文本框中输入图像模糊的数值，

2. 在【阈值】文本框中输入阈值的数值，3. 单击【确定】按钮，如图 12-25 所示。

第 3 步 通过以上方法即可完成使用表面模糊滤镜的操作，如图 12-26 所示。

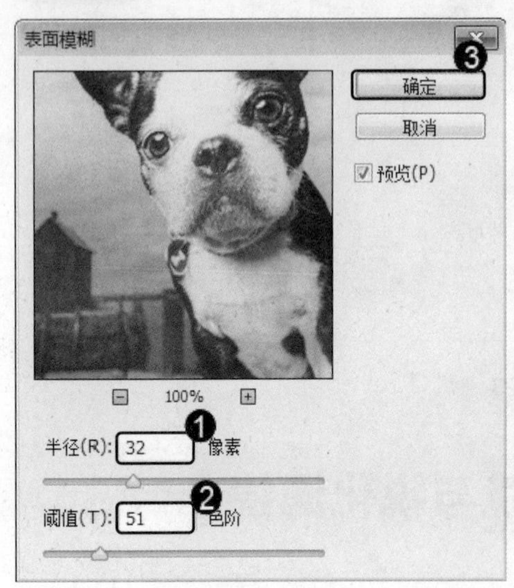

图 12-25

图 12-26

12.3.2　动感模糊

动感模糊滤镜可以通过设置模糊角度与强度，产生移动拍摄图像的效果。下面介绍使用动感模糊滤镜的方法。

第 1 步 打开图像文件后，1. 单击【滤镜】主菜单，2. 在弹出的菜单中选择【模糊】菜单项，3. 在弹出的子菜单中选择【动感模糊】菜单项，如图 12-27 所示。

第 2 步 弹出【动感模糊】对话框，1. 在【角度】文本框中输入图像角度的数值，2. 在【距离】文本框中输入距离的数值，3. 单击【确定】按钮，如图 12-28 所示。

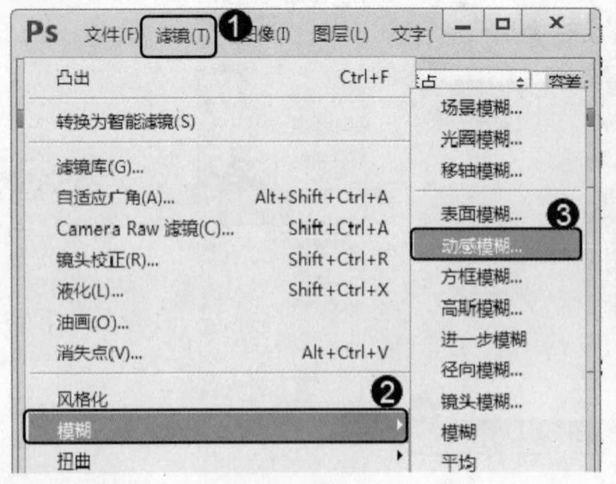

图 12-27

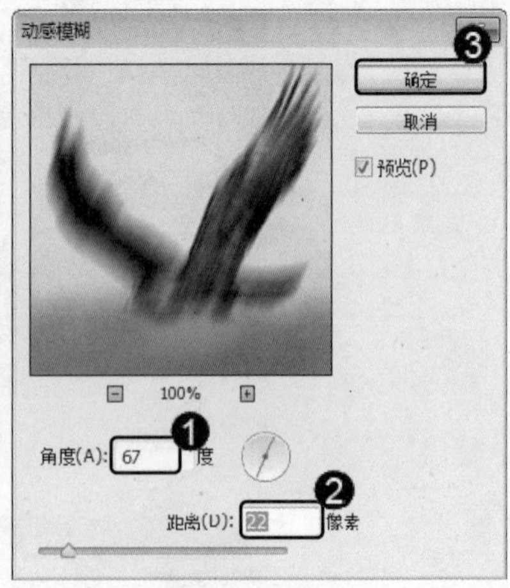

图 12-28

第 3 步 通过以上方法即可完成使用动感模糊滤镜的操作，如图 12-29 所示。

图 12-29

知识精讲

在【动感模糊】对话框中，在【角度】文本框中可以输入准备设置的动感模糊角度值，或调节指针调整模糊角度。在【距离】文本框中可以输入以像素为单位的移动距离，或调节滑块调整模糊距离。

12.3.3　方框模糊

方框模糊滤镜是使用图像中相邻像素的平均颜色模糊图像，在【方框模糊】对话框中可以设置模糊的区域范围。下面介绍使用方框模糊滤镜的方法。

第 1 步　在 Photoshop CC 中打开图像文件后，1. 单击【滤镜】主菜单，2. 在弹出的菜单中选择【模糊】菜单项，3. 在弹出的子菜单中选择【方框模糊】菜单项，如图 12-30 所示。

第 2 步　弹出【方框模糊】对话框，1. 在【半径】文本框中输入图像模糊半径的数值，2. 单击【确定】按钮，如图 12-31 所示。

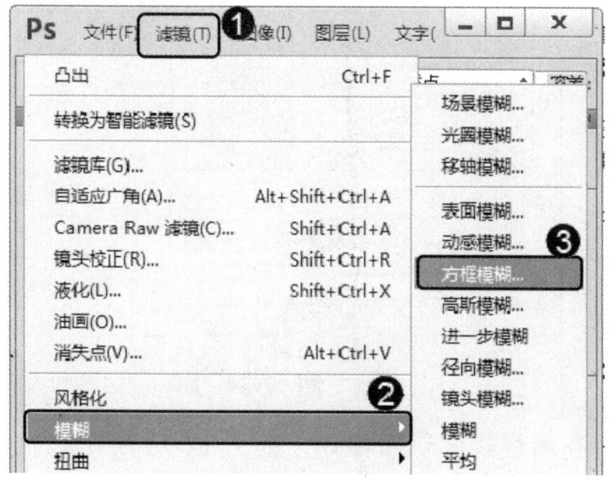

图 12-30

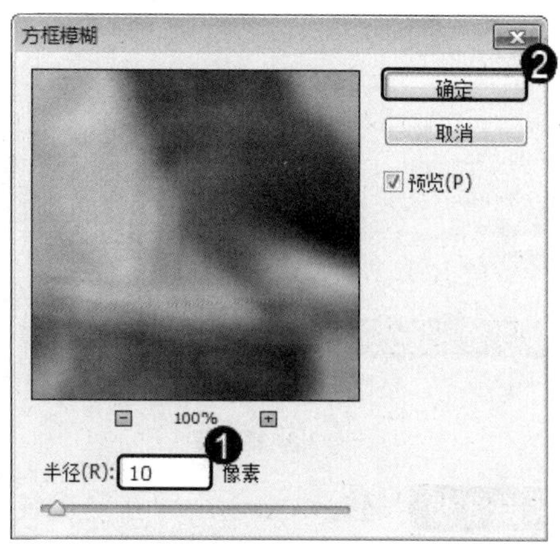

图 12-31

第 3 步 通过以上方法即可完成使用方框模糊滤镜的操作，如图 12-32 所示。

图 12-32

12.3.4 高斯模糊

在 Photoshop CC 中，高斯模糊滤镜是通过在图像中添加一些细节，使图像产生朦胧的感觉。下面介绍使用高斯模糊滤镜的方法。

第 1 步 在 Photoshop CC 中打开图像文件，1. 单击【滤镜】主菜单，2. 在弹出的菜单中选择【模糊】菜单项，3. 在弹出的子菜单中选择【高斯模糊】菜单项，如图 12-33 所示。

第 2 步 弹出【高斯模糊】对话框，1. 在【半径】文本框中输入图像模糊半径的数值，2. 单击【确定】按钮，如图 12-34 所示。

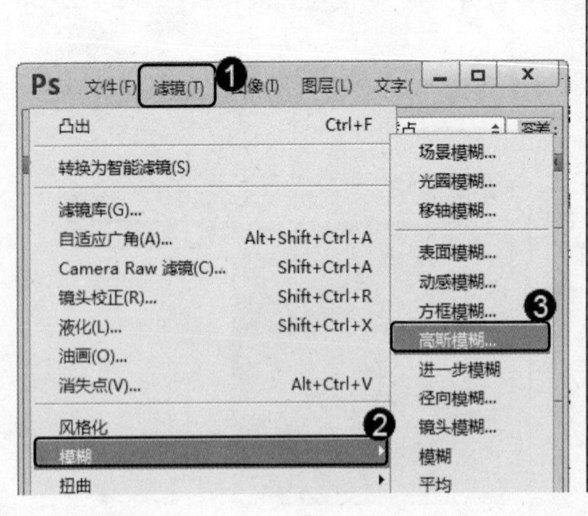

图 12-33

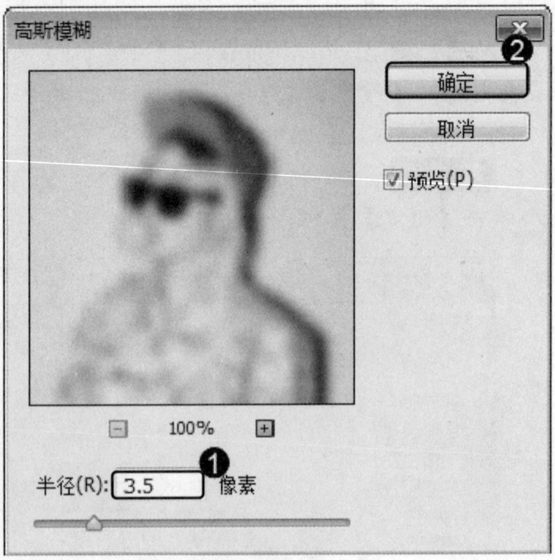

图 12-34

第 3 步 通过以上方法即可完成使用高斯模糊滤镜的操作，如图 12-35 所示。

图 12-35

12.3.5　径向模糊

径向模糊滤镜是通过模拟相机的缩放和旋转，产生模糊的效果。下面介绍使用径向模糊滤镜的方法。

第 1 步 在 Photoshop CC 中打开图像文件，1. 单击【滤镜】主菜单，2. 在弹出的菜单中选择【模糊】菜单项，3. 在弹出的子菜单中选择【径向模糊】菜单项，如图 12-36 所示。

第 2 步 弹出【径向模糊】对话框，1. 在【数量】文本框中输入 40，2. 在【模糊方法】区域中选中【旋转】单选按钮，3. 在【品质】区域中选中【最好】单选按钮，4. 单击【确定】按钮，如图 12-37 所示。

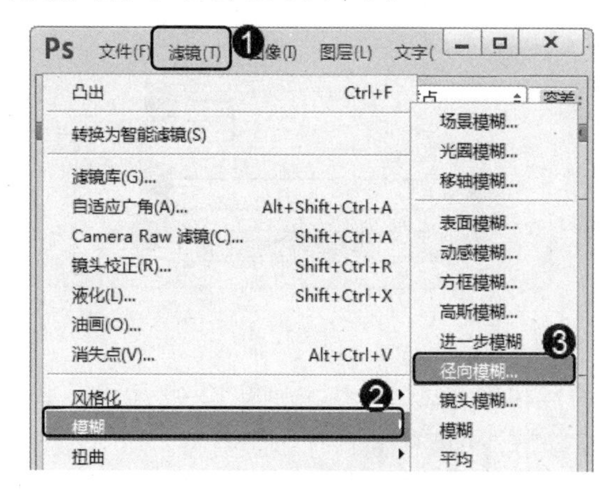

图 12-36

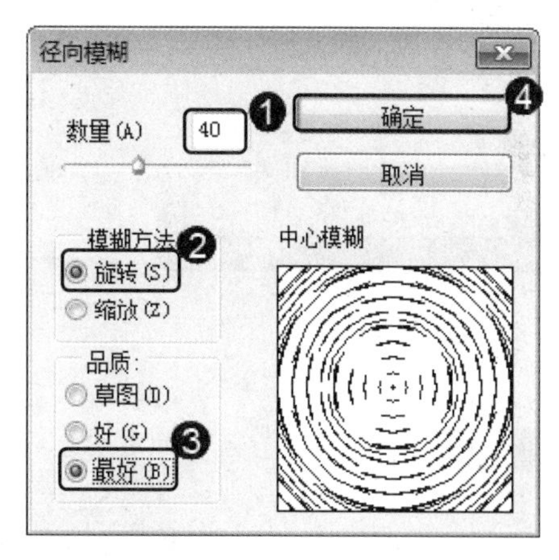

图 12-37

第 3 步 通过以上方法即可完成使用径向模糊滤镜的操作，如图 12-38 所示。

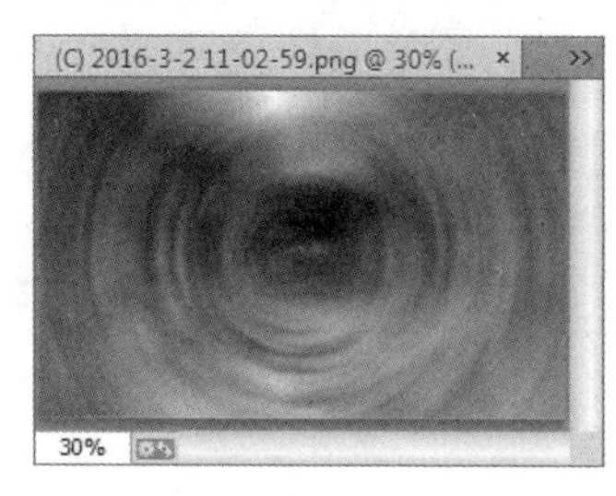

图 12-38

12.3.6 特殊模糊

特殊模糊滤镜是通过对半径、阈值、品质和模式等选项的设置，精确地模糊图像。下面介绍使用特殊模糊滤镜的方法。

第 1 步 在 Photoshop CC 中打开图像文件，1. 单击【滤镜】主菜单，2. 在弹出的菜单中选择【模糊】菜单项，3. 在弹出的子菜单中选择【特殊模糊】菜单项，如图 12-39 所示。

第 2 步 弹出【特殊模糊】对话框，1. 在【半径】文本框中输入 7.7，2. 在【阈值】文本框中输入 31.4，3. 在【品质】下拉列表框中选择【低】选项，4. 在【模式】下拉列表框中选择【仅限边缘】选项，5. 单击【确定】按钮，如图 12-40 所示。

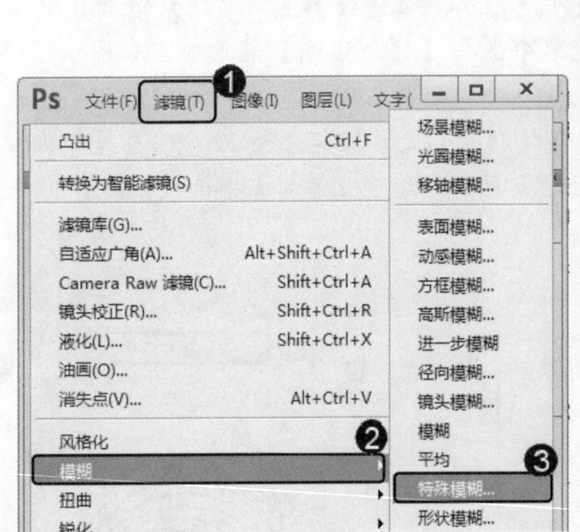

图 12-39

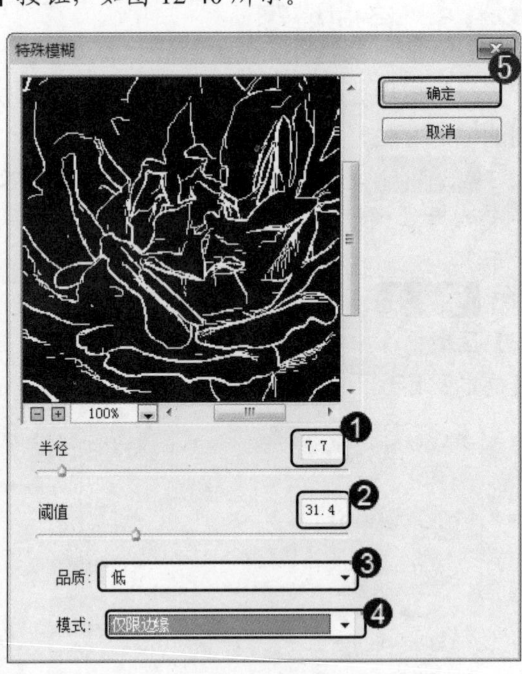

图 12-40

第 3 步 通过以上方法即可完成使用特殊模糊滤镜的操作，如图 12-41 所示。

图 12-41

12.3.7　USM 锐化

在 Photoshop CC 中，USM 锐化滤镜可以调整边缘细节的对比度。下面介绍运用 USM 锐化滤镜的方法。

第 1 步 在 Photoshop CC 中打开图像文件，**1.** 单击【滤镜】主菜单，**2.** 在弹出的菜单中选择【锐化】菜单项，**3.** 在弹出的子菜单中选择【USM 锐化】菜单项，如图 12-42 所示。

第 2 步 弹出【USM 锐化】对话框，**1.** 在【数量】文本框中输入图像锐化的数量值，**2.** 在【半径】文本框中输入图像锐化的半径数值，**3.** 在【阈值】文本框中输入图像锐化的阈值，**4.** 单击【确定】按钮，如图 12-43 所示。

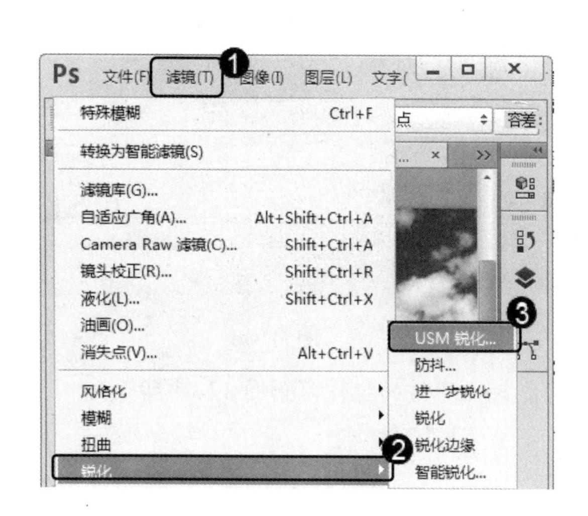

图 12-42

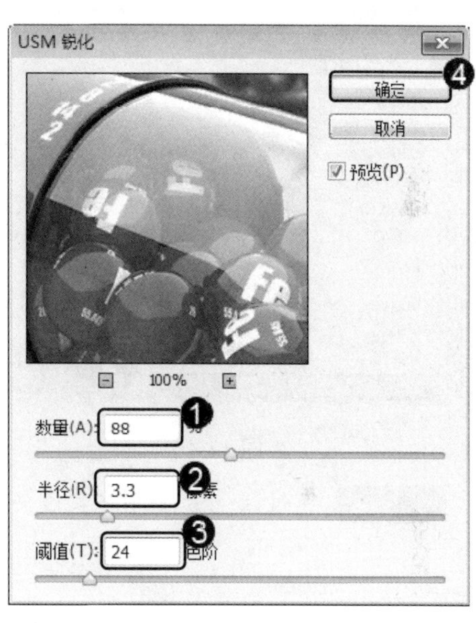

图 12-43

第 3 步 通过以上方法即可完成使用 USM 锐化滤镜的操作，如图 12-44 所示。

图 12-44

12.3.8　智能锐化

在 Photoshop CC 中，智能锐化滤镜可以设置锐化的计算方法，或控制锐化的区域，如阴影、高光区等。下面介绍使用智能锐化滤镜的方法。

第 1 步 在 Photoshop CC 中打开图像文件，1. 单击【滤镜】主菜单，2. 在弹出的菜单中选择【锐化】菜单项，3. 在弹出的子菜单中选择【智能锐化】菜单项，如图 12-45 所示。

第 2 步 弹出【智能锐化】对话框，1. 在【数量】文本框中输入图像锐化的数量值，2. 在【半径】文本框中输入图像锐化的半径数值，3. 在【移去】下拉列表框中选择【镜头模糊】选项，4. 单击【确定】按钮，如图 12-46 所示。

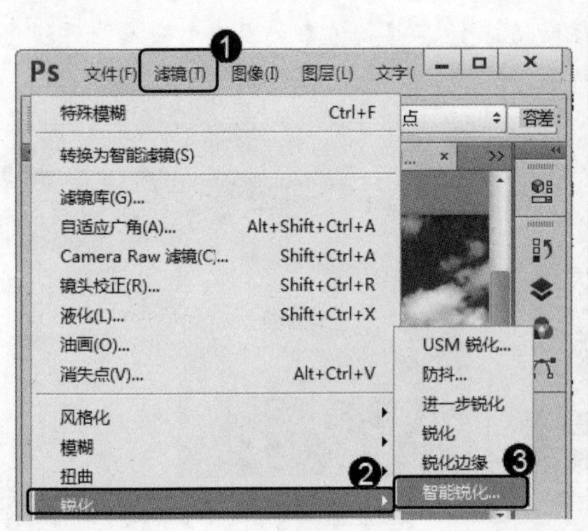

图 12-45

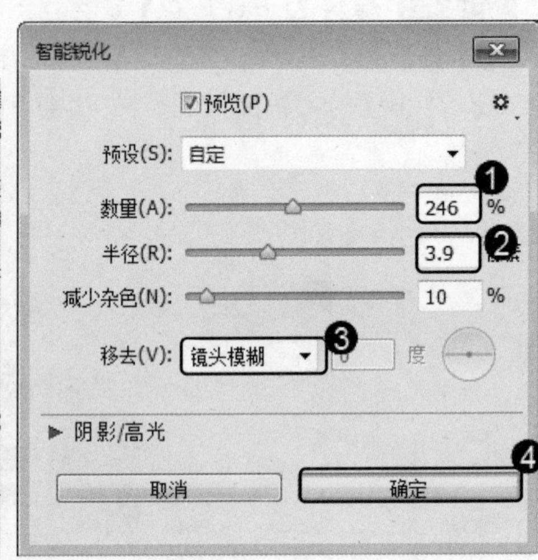

图 12-46

第 3 步 通过以上方法即可完成使用智能锐化滤镜的操作，如图 12-47 所示。

图 12-47

12.4 扭曲滤镜

在 Photoshop CC 中，使用扭曲滤镜，用户可以对图像进行扭曲化处理。本节将重点介绍扭曲滤镜与素描滤镜方面的知识。

12.4.1 波浪

波浪滤镜是通过设置生成器数、波长、波幅和比例等参数，在图像中创建波状起伏的图案。下面介绍使用波浪滤镜的方法。

第 1 步 在 Photoshop CC 中打开图像文件，1. 单击【滤镜】主菜单，2. 在弹出的菜单中选择【扭曲】菜单项，3. 在弹出的子菜单中选择【波浪】菜单项，如图 12-48 所示。

第 2 步 弹出【波浪】对话框，1. 在【生成器数】文本框中输入 5，2. 在【波长】区域中的【最大】与【最小】文本框中分别输入 120 和 10，3. 在【波幅】区域中的【最大值】与【最小】文本框中分别输入 35 和 5，4. 单击【确定】按钮，如图 12-49 所示。

图 12-48

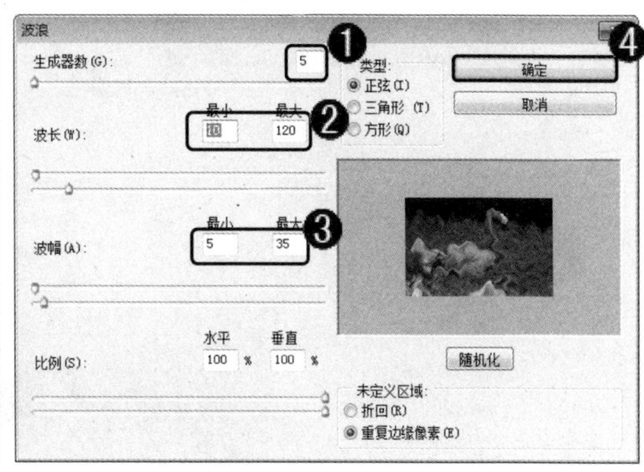

图 12-49

第 3 步 通过以上方法即可完成使用波浪滤镜的操作，如图 12-50 所示。

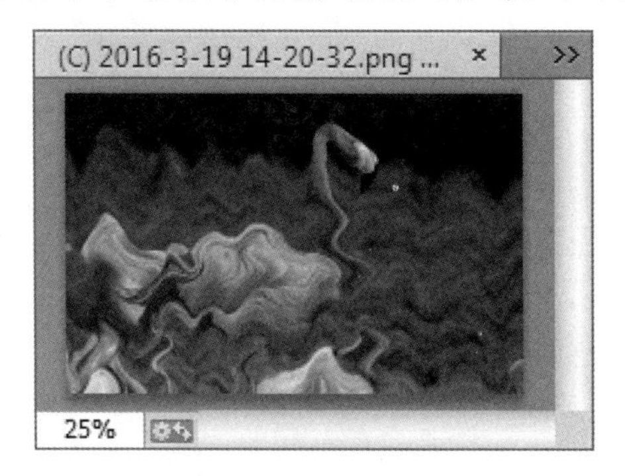

图 12-50

12.4.2 波纹

波纹滤镜同波浪滤镜功能相同，但仅可以控制波纹的数量和波纹的大小。下面介绍使用波纹滤镜的方法。

第 1 步 在 Photoshop CC 中打开图像文件，1. 单击【滤镜】主菜单，2. 在弹出的菜单中选择【扭曲】菜单项，3. 在弹出的子菜单中选择【波纹】菜单项，如图 12-51 所示。

第 2 步 弹出【波纹】对话框，1. 在【数量】文本框中输入 659，2. 在【大小】下拉列表框中选择【大】选项，3. 单击【确定】按钮，如图 12-52 所示。

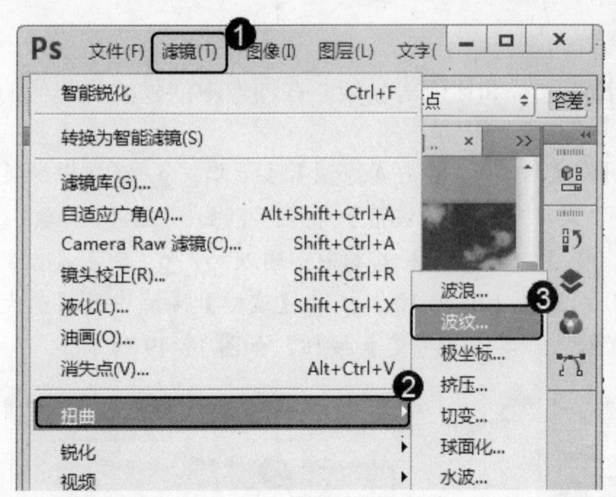

图 12-51

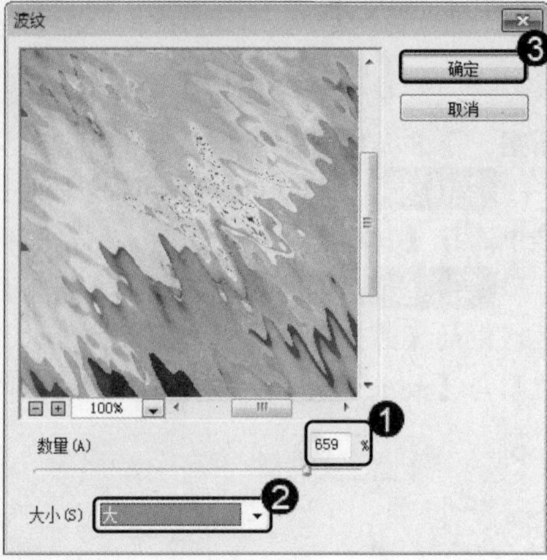

图 12-52

第 3 步 通过以上方法即可完成使用波纹滤镜的操作，如图 12-53 所示。

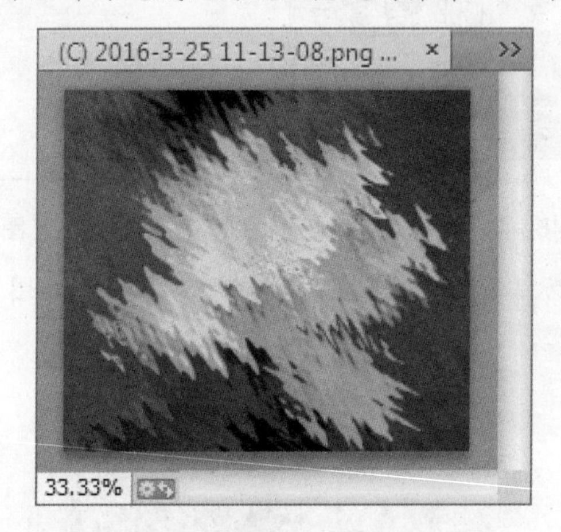

图 12-53

12.4.3 极坐标

极坐标滤镜可以使图像像素发生位移。设置极坐标滤镜的方法非常简单。下面介绍运用极坐标滤镜的方法。

第 1 步 在 Photoshop CC 中打开图像文件，1. 单击【滤镜】主菜单，2. 在弹出的菜单中选择【扭曲】菜单项，3. 在弹出的子菜单中选择【极坐标】菜单项，如图 12-54 所示。

第 2 步 弹出【极坐标】对话框，1. 选中【平面坐标到极坐标】单选按钮，2. 单击【确定】按钮，如图 12-55 所示。

第 3 步 通过以上方法即可完成使用极坐标滤镜的操作，如图 12-56 所示。

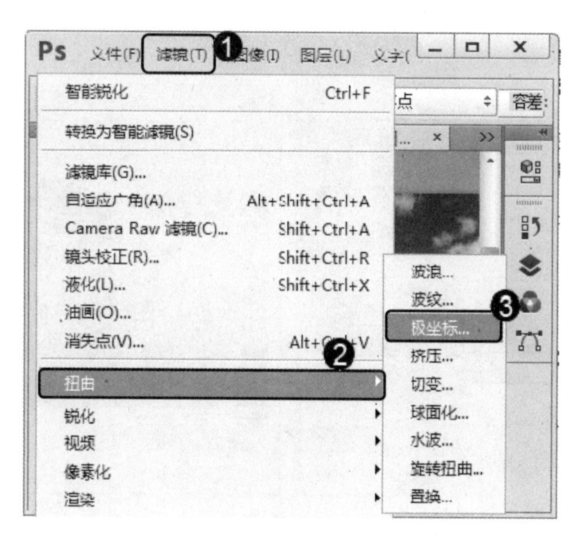

图 12-54

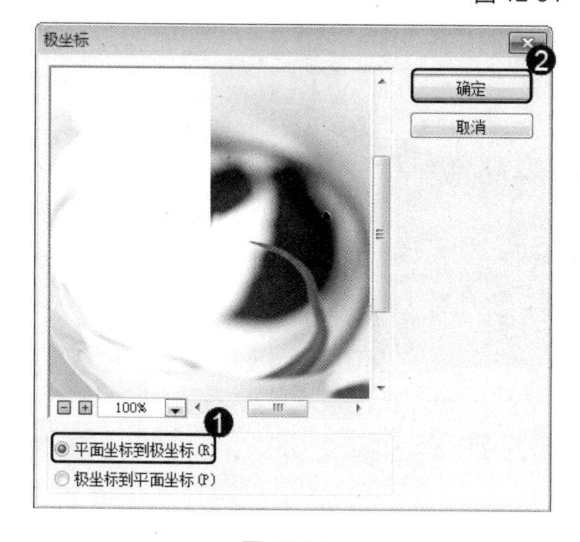

图 12-55

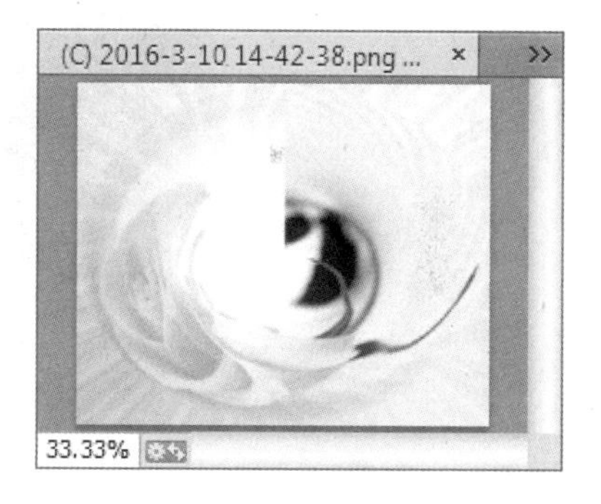

图 12-56

12.4.4　挤压

挤压滤镜是将图像或选区中的内容向外或向内挤压，使图像产生向外凸出或向内凹陷的效果。下面介绍运用挤压滤镜的方法。

第 1 步 在 Photoshop CC 中打开图像文件，*1.* 单击【滤镜】主菜单，*2.* 在弹出的菜单中选择【扭曲】菜单项，*3.* 在弹出的子菜单中选择【挤压】菜单项，如图 12-57 所示。

第 2 步 弹出【挤压】对话框，*1.* 在【数量】文本框中输入 80，*2.* 单击【确定】按钮，如图 12-58 所示。

第 3 步 通过以上方法即可完成使用挤压滤镜的操作，如图 12-59 所示。

图 12-57　　　　图 12-58

图 12-59

12.4.5　切变

在 Photoshop CC 中，切变滤镜可以按照用户的想法设定图像的扭曲程度。下面介绍运用切变滤镜的方法。

第 1 步　在 Photoshop CC 中打开图像文件，*1.* 单击【滤镜】主菜单，*2.* 在弹出的菜单中选择【扭曲】菜单项，*3.* 在弹出的子菜单中选择【切变】菜单项，如图 12-60 所示。

第 2 步　弹出【切变】对话框，*1.* 选中【重复边缘像素】单选按钮，*2.* 在【切变】区域中设置图像切变的折点，*3.* 单击【确定】按钮，如图 12-61 所示。

第 3 步　通过以上方法即可完成使用切变滤镜的操作，如图 12-62 所示。

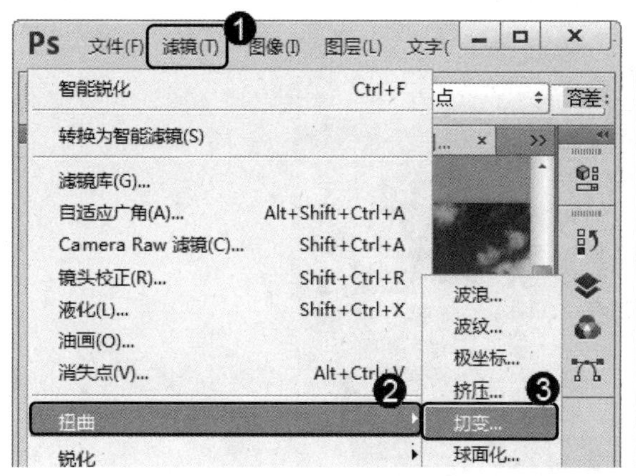

图 12-60

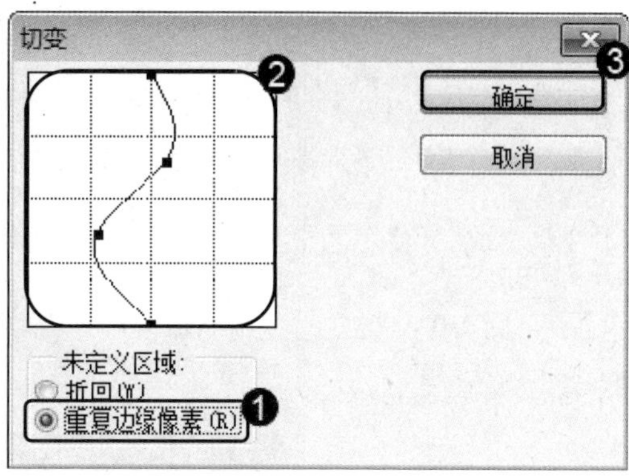

图 12-61

图 12-62

12.5　像素化滤镜

在 Photoshop CC 中，使用像素化滤镜，用户可以对图像的像素进行特殊化处理。本节将重点介绍纹理滤镜与像素化滤镜方面的知识。

12.5.1　马赛克

马赛克滤镜是通过渲染图像，形成类似由小的碎片拼贴图像的效果。下面介绍运用马赛克滤镜的方法。

第 1 步 在 Photoshop CC 中打开图像文件，1. 单击【滤镜】主菜单，2. 在弹出的菜单中选择【像素化】菜单项，3. 在弹出的子菜单中选择【马赛克】菜单项，如图 12-63 所示。

第 2 步 弹出【马赛克】对话框，1. 在【单元格大小】文本框中输入 8，2. 单击【确定】按钮，如图 12-64 所示。

第 3 步 通过以上方法即可完成使用马赛克拼贴滤镜的操作，如图 12-65 所示。

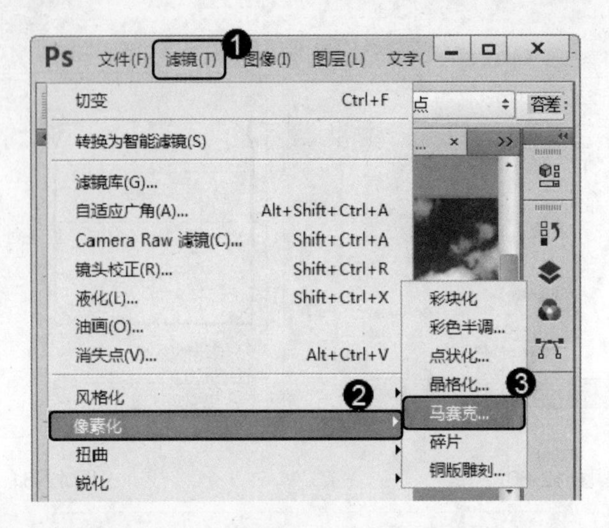

图 12-63

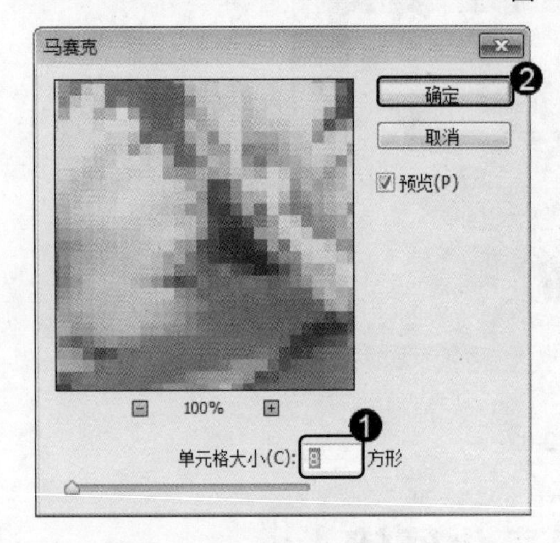

图 12-64

图 12-65

12.5.2 彩块化

彩块化滤镜是通过使用纯色或颜色相近的像素结成块，使图像看上去类似手绘制的效果。下面介绍运用彩块化滤镜的方法。

第 1 步 在 Photoshop CC 中打开图像文件，*1.* 单击【滤镜】主菜单，*2.* 在弹出的菜单中选择【像素化】菜单项，*3.* 在弹出的子菜单中选择【彩块化】菜单项，如图 12-66 所示。

第 2 步 通过以上方法即可完成使用彩块化滤镜的操作，如图 12-67 所示。

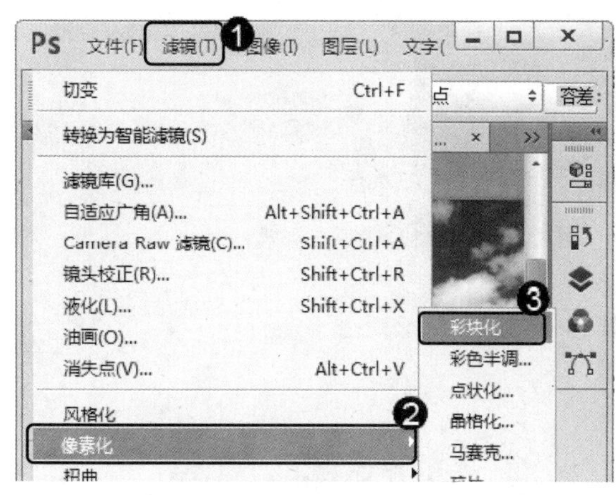

图 12-66

图 12-67

12.5.3　彩色半调

彩色半调滤镜通过设置通道划分矩形区域，使图像形成网点状效果，高光部分的网点较小，阴影部分的网点较大。下面介绍运用彩色半调滤镜的方法。

第 1 步 在 Photoshop CC 中打开图像文件，1. 单击【滤镜】主菜单，2. 在弹出的菜单中选择【像素化】菜单项，3. 在弹出的子菜单中选择【彩色半调】菜单项，如图 12-68 所示。

第 2 步 弹出【彩色半调】对话框，1. 在【最大半径】文本框中输入 8，2. 在【通道 1】文本框中输入 108，3. 在【通道 2】文本框中输入 162，4. 在【通道 3】文本框中输入 90，5. 在【通道 4】文本框中输入 45，6. 单击【确定】按钮，如图 12-69 所示。

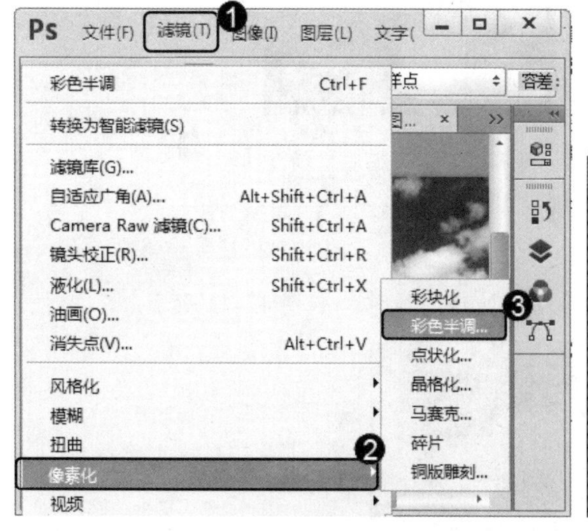

图 12-68

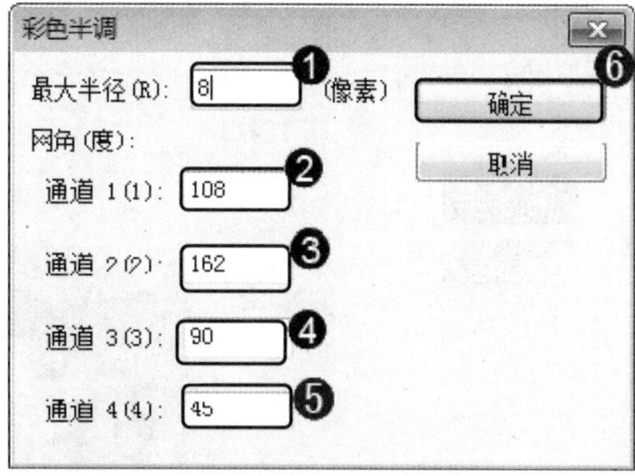

图 12-69

第 3 步 通过以上方法即可完成使用彩色半调滤镜的操作，如图 12-70 所示。

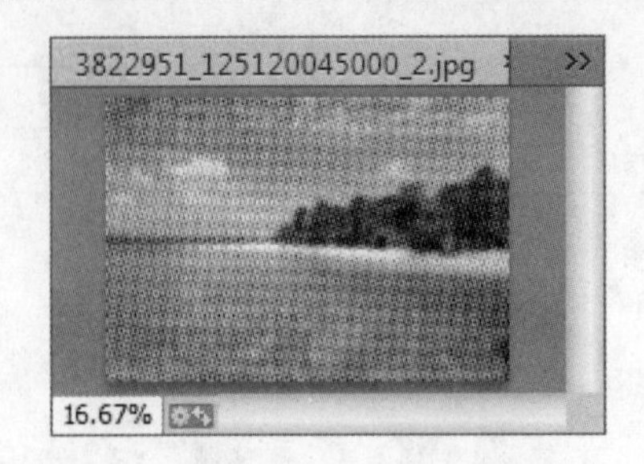

图 12-70

12.5.4 晶格化

晶格化滤镜是通过将图像中相近像素集中到多边形色块中，产生结晶颗粒的效果。下面介绍运用晶格化滤镜的方法。

第 1 步 在 Photoshop CC 中打开图像文件，1. 单击【滤镜】主菜单，2. 在弹出的菜单中选择【像素化】菜单项，3. 在弹出的子菜单中选择【晶格化】菜单项，如图 12-71 所示。

第 2 步 弹出【晶格化】对话框，1. 在【单元格大小】文本框中输入 10，2. 单击【确定】按钮，如图 12-72 所示。

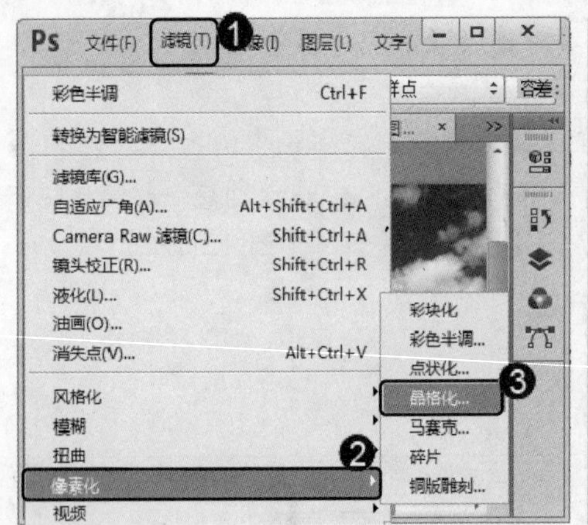

图 12-71

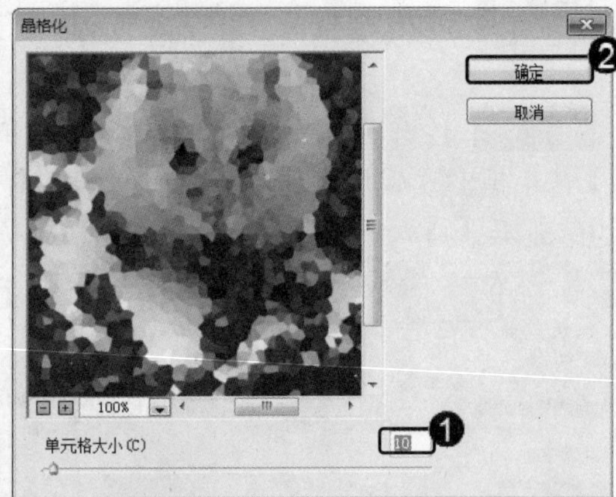

图 12-72

第 3 步 通过以上方法即可完成使用晶格化滤镜的操作，如图 12-73 所示。

图 12-73

12.6 渲染滤镜

在 Photoshop CC 中，使用渲染滤镜，用户可以创建 3D 图形、云彩图案、折射图案和模拟反光效果等。本节将重点介绍渲染滤镜方面的知识。

12.6.1 分层云彩

分层云彩滤镜是将云彩数据与像素混合，创建类似大理石纹理的图案。下面介绍运用分层云彩滤镜的方法。

第 1 步 在 Photoshop CC 中打开图像文件，1. 单击【滤镜】主菜单，2. 在弹出的菜单中选择【渲染】菜单项，3. 在弹出的子菜单中选择【分层云彩】菜单项，如图 12-74 所示。

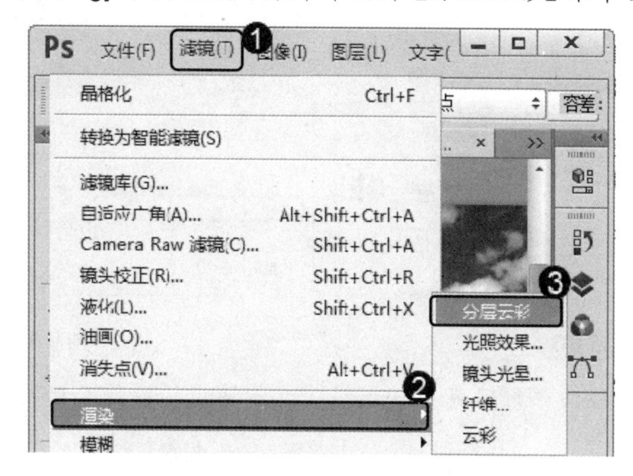

图 12-74

第 2 步 通过以上方法即可完成使用分层云彩滤镜的操作，如图 12-75 所示。

图 12-75

12.6.2 镜头光晕

镜头光晕滤镜是通过模拟亮光照射到相机镜头后，产生折射的效果，可以创建玻璃或金属等反射的光芒。下面介绍运用镜头光晕滤镜的方法。

第 1 步 在 Photoshop CC 中打开图像文件，1. 单击【滤镜】主菜单，2. 在弹出的菜单中选择【渲染】菜单项，3. 在弹出的子菜单中选择【镜头光晕】菜单项，如图 12-76 所示。

第 2 步 弹出【镜头光晕】对话框，1. 在【镜头类型】区域中，选中【50-300 毫米变焦】单选按钮，2. 在【亮度】文本框中输入 100，3. 单击【确定】按钮，如图 12-77 所示。

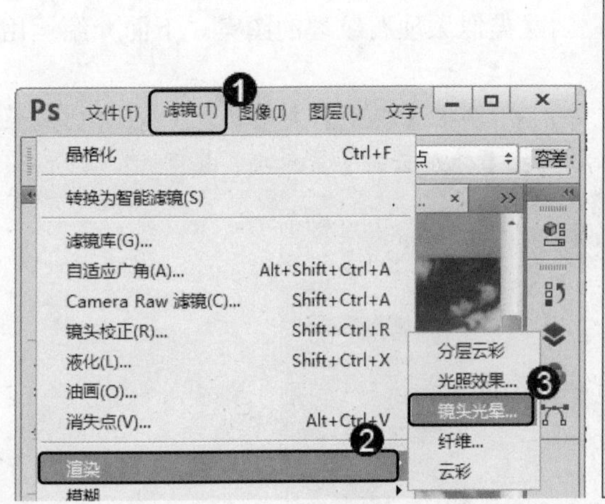

图 12-76

图 12-77

第 3 步 通过以上方法即可完成使用镜头光晕滤镜的操作，如图 12-78 所示。

图 12-78

12.7 杂色滤镜与其他滤镜

在 Photoshop CC 中，使用杂色滤镜，用户可以创建与众不同的纹理去除有问题的区域；使用其他滤镜，用户可以进行修改蒙版和快速调整颜色等操作。本节将重点介绍杂色滤镜与其他滤镜方面的知识。

12.7.1 蒙尘与划痕

蒙尘与划痕滤镜是通过更改不同像素来减少杂色，该滤镜对去除图像中的杂点与折痕最为有效。下面介绍运用蒙尘与划痕滤镜的方法。

第 1 步 在 Photoshop CC 中打开图像文件，1. 单击【滤镜】主菜单，2. 在弹出的菜单中选择【杂色】菜单项，3. 在弹出的子菜单中选择【蒙尘与划痕】菜单项，如图 12-79 所示。

第 2 步 弹出【蒙尘与划痕】对话框，1. 在【半径】文本框中输入 34，2. 在【阈值】文本框中输入 112，3. 单击【确定】按钮，如图 12-80 所示。

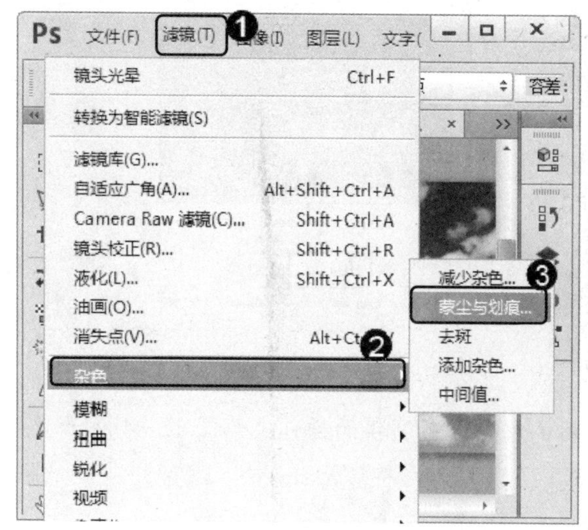

图 12-79

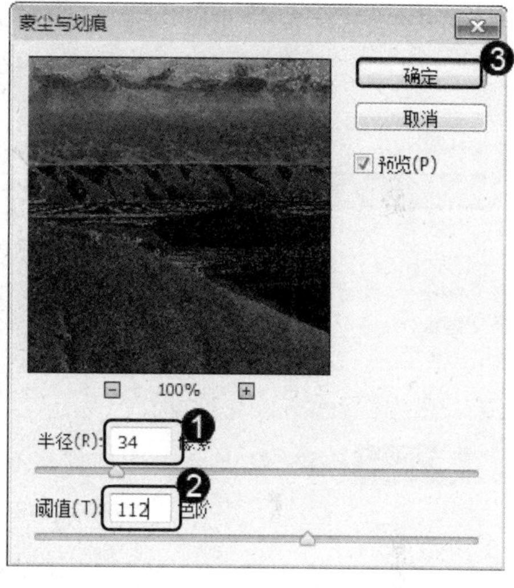

图 12-80

第 3 步 通过以上方法即可完成使用蒙尘与划痕滤镜的操作，如图 12-81 所示。

图 12-81

12.7.2 高反差保留

高反差保留滤镜是通过在颜色强烈变化的位置按照指定的半径保留边缘细节，设置的半径越大，保留的像素越多。下面介绍运用高反差保留滤镜的方法。

第 1 步 在 Photoshop CC 中打开图像文件，1. 单击【滤镜】主菜单，2. 在弹出的菜单中选择【其它】菜单项，3. 在弹出的子菜单中选择【高反差保留】菜单项，如图 12-82 所示。

第 2 步 弹出【高反差保留】对话框，1. 在【半径】文本框中输入高反差保留的半径值，2. 单击【确定】按钮，如图 12-83 所示。

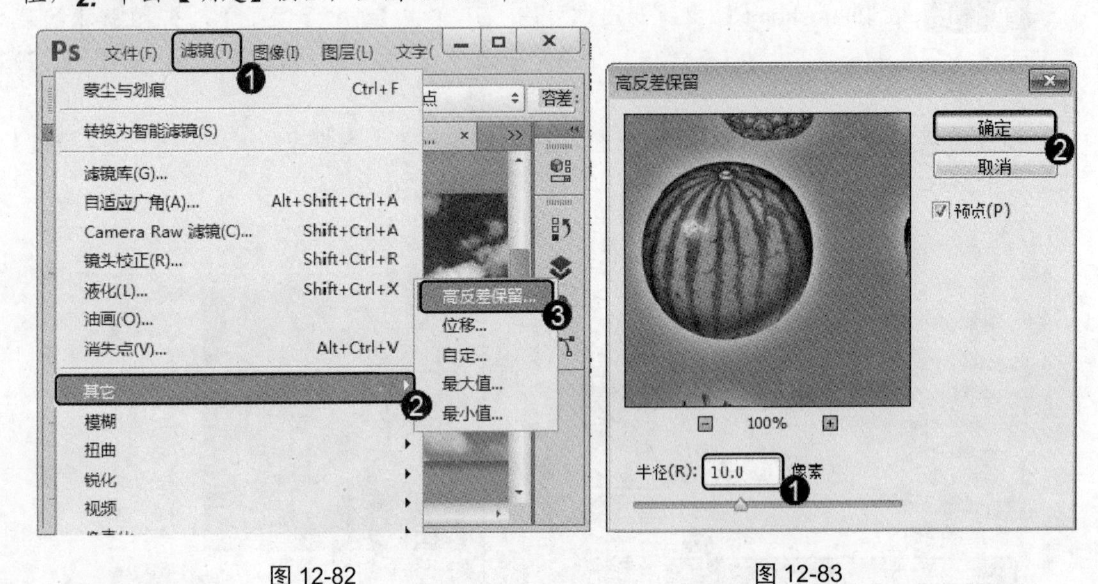

图 12-82　　图 12-83

第 3 步 通过以上方法即可完成使用高反差保留滤镜的操作，如图 12-84 所示。

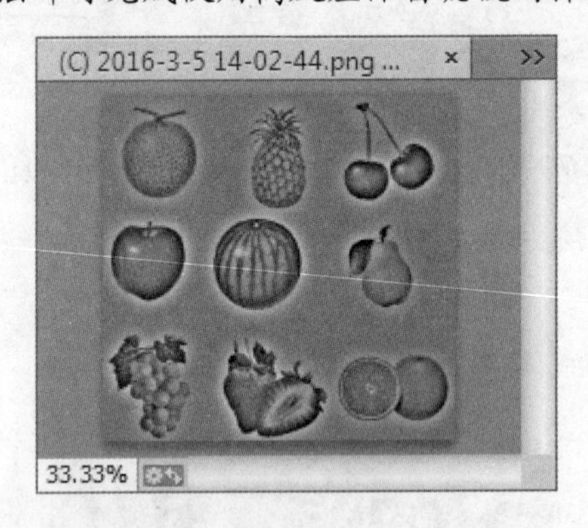

图 12-84

12.8 智能滤镜

智能滤镜是一种非破坏性的滤镜。本节将详细介绍有关智能滤镜方面的知识。

12.8.1 智能滤镜与普通滤镜的区别

普通滤镜通过修改像素来呈现特效，智能滤镜也可以呈现相同的效果，但不会真正改变像素，因为是作为图层效果出现在【图层】面板中的，并且还可以随时修改参数或删除滤镜。

除【液化】和【消失点】等少数滤镜外，其他的都可以作为智能滤镜使用，其中也包括支持智能滤镜的外挂滤镜。

12.8.2　使用智能滤镜制作照片

第 1 步 在 Photoshop CC 中打开图像文件，*1.* 单击【滤镜】主菜单，*2.* 在弹出的菜单中选择【转换为智能滤镜】菜单项，如图 12-85 所示。

第 2 步 弹出提示对话框，单击【确定】按钮，如图 12-86 所示。

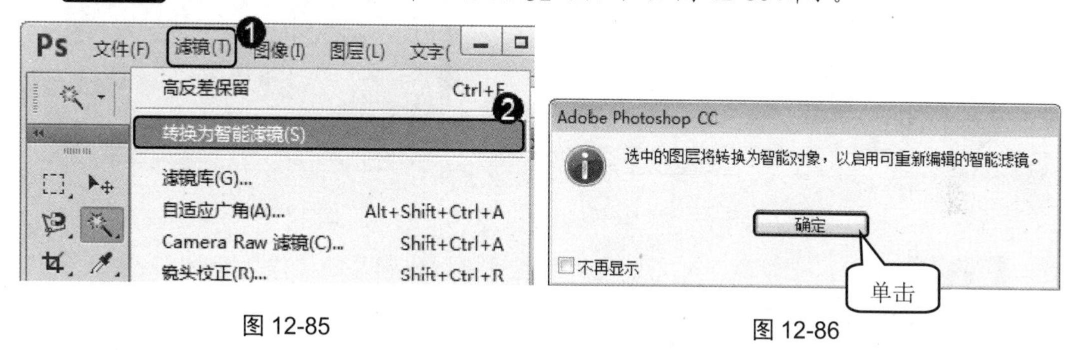

图 12-85　　　　图 12-86

第 3 步 按 Ctrl+J 组合键复制图层，如图 12-87 所示。

第 4 步 在 Photoshop CC 中打开图像文件，*1.* 单击【滤镜】主菜单，*2.* 在弹出的菜单中选择【锐化】菜单项，*3.* 在弹出的子菜单中选择【USM 锐化】菜单项，如图 12-88 所示。

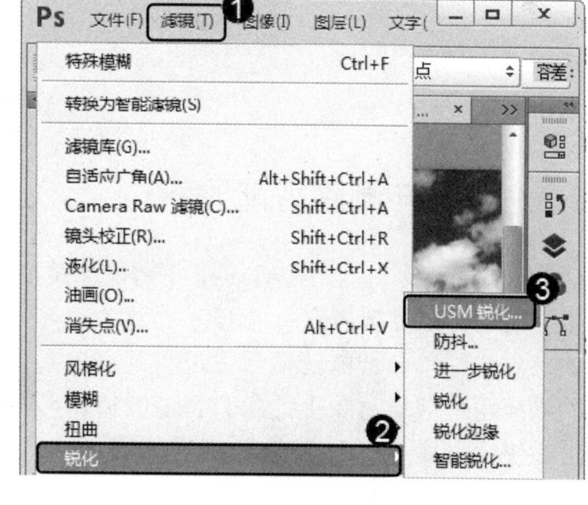

图 12-87　　　　图 12-88

第 5 步 弹出【USM 锐化】对话框，*1.* 在【数量】文本框中输入 500，*2.* 在【半径】文本框中输入 3.0，*3.* 在【阈值】文本框中输入 0，*4.* 单击【确定】按钮，如图 12-89 所示。

第 6 步 在【图层】面板中，将图层 0 副本的混合模式设置为【正片叠底】选项，如图 12-90 所示。

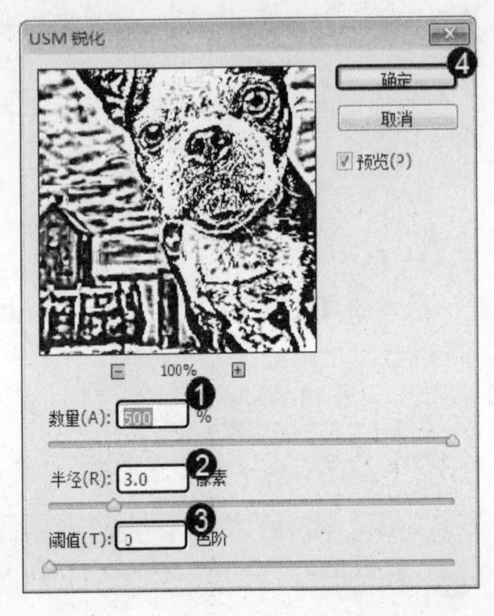

图 12-89

图 12-90

第 7 步 通过以上步骤即可完成使用智能滤镜制作照片的操作，如图 12-91 所示。

图 12-91

12.8.3 复制与删除智能滤镜

在【图层】面板中，按住 Alt 键，将智能滤镜从一个智能对象拖曳到另一个智能对象上，释放鼠标后，可以复制所有智能滤镜。

如果要删除单个智能滤镜，可以将其拖曳到【图层】面板底部的【删除】按钮上；如果要删除应用于智能对象上的所有智能滤镜，可以用鼠标右键单击选择该智能对象图层，在弹出的快捷菜单中选择【清除智能滤镜】命令。

12.9 实践案例与上机指导

通过本章的学习，读者可以掌握滤镜的基本知识以及一些常见的操作方法。下面通过练习操作，以达到巩固学习、拓展提高的目的。

12.9.1 曝光过度

曝光过度滤镜可以混合负片和正片图像，模拟出摄影中增加光线强度而产生的过度曝光效果。下面详细介绍使用曝光过度滤镜的方法。

第 1 步 在 Photoshop CC 中打开图像文件，1. 单击【滤镜】主菜单，2. 在弹出的菜单中选择【风格化】菜单项，3. 在弹出的子菜单中选择【曝光过度】菜单项，如图 12-92 所示。

第 2 步 通过上述操作即可完成使用曝光过度滤镜的操作，如图 12-93 所示。

图 12-92

图 12-93

12.9.2 纤维

纤维滤镜可以使用前景色和背景色随机创建编制纤维效果。下面详细介绍使用纤维滤镜的操作方法。

第 1 步 在 Photoshop CC 中打开图像文件，1. 单击【滤镜】主菜单，2. 在弹出的菜单中选择【渲染】菜单项，3. 在弹出的子菜单中选择【纤维】菜单项，如图 12-94 所示。

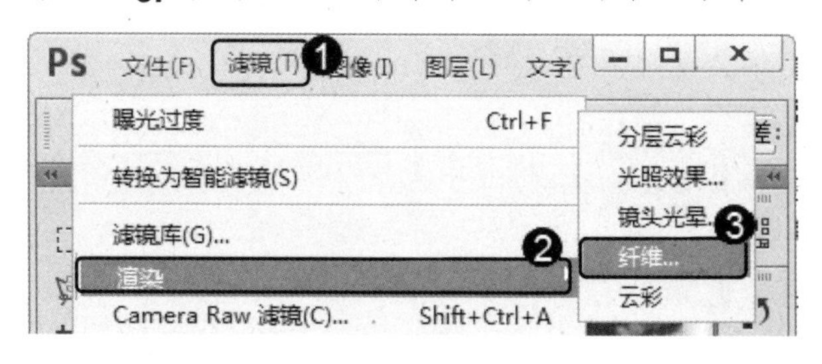

图 12-94

第 2 步 弹出【纤维】对话框，在【差异】文本框中输入 16，在【强度】文本框中输入 4，单击【确定】按钮，如图 12-95 所示。

第 3 步 通过上述操作即可完成使用纤维滤镜的操作，如图 12-96 所示。

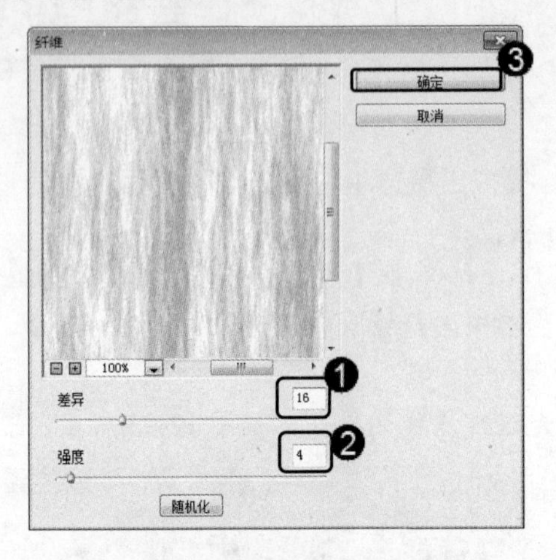

图 12-95

图 12-96

12.10 思考与练习

一、填空题

1. Photoshop 滤镜基本可以分为__________、____________两种。
2. 表面模糊滤镜是通过保留______时模糊图像，使用该滤镜可以创建______的效果。
3. 使用渲染滤镜，用户可以创建________、________、________和________等。

二、判断题

1. 在 Photoshop CC 中，用户可以查看程序已经安装的滤镜的信息。 (　　)
2. 动感模糊滤镜可以通过设置模糊角度与强度，产生静态拍摄图像的效果。 (　　)
3. 波浪滤镜是通过设置生成器数、波长、波幅和比例等参数，在图像中创建直线图案。 (　　)

三、思考题

1. 如何进行彩色半调的操作？
2. 如何使用分层云彩滤镜的操作？

第 13 章

Web 图形处理

本章要点

- 了解 Web 安全色
- 创建与编辑切片
- 优化图像
- Web 图形优化选项
- 输出 Web 图形

本章主要内容

本章主要介绍 Web 安全色、创建与编辑切片、优化图像、Web 图形优化选项方面的知识与技巧，同时还讲解如何输出 Web 图形。在本章的最后还针对实际的工作需求，讲解将切片优化为 WBMP 格式、组合切片与导出切片以及转换为用户切片的方法。通过本章的学习，读者可以掌握 Web 图形处理的知识，为深入学习 Photoshop CC 知识奠定基础。

13.1 了解 Web 安全色

Photoshop 在网页制作中是必不可少的工具，不仅可以用于制作页面广告、边框、装饰灯，还能够通过 Web 工具进行设计和优化 Web 图形或页面元素，以及制作交互式按钮图形和 Web 照片画廊。

颜色是网页设计的重要内容。然而，我们在计算机屏幕上看到的颜色却不一定都能够在其他系统上的 Web 浏览器中以同样的效果显示。为了使 Web 图形的颜色能够在所有的显示器上看起来一模一样，在制作网页时，就需要使用 Web 安全颜色。Web 安全色是指在不同操作系统和不同浏览器中能够正常显示的颜色。

在 Photoshop CC 的【颜色】面板或【拾色器】中调整颜色时，如果出现警告图标，可单击该图标，将当前颜色替换为与其最接近的 Web 安全颜色，如图 13-1 和图 13-2 所示。

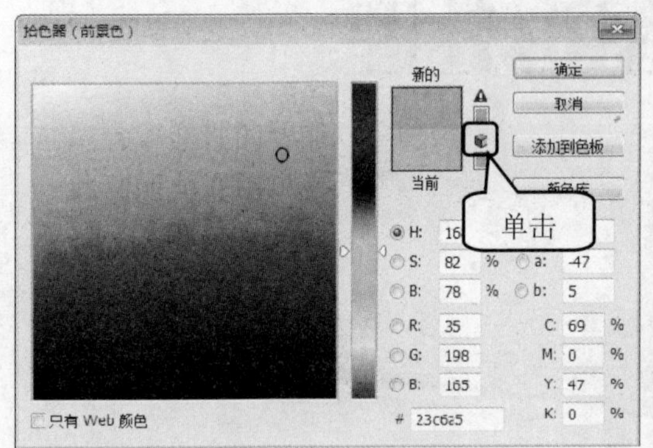

图 13-1

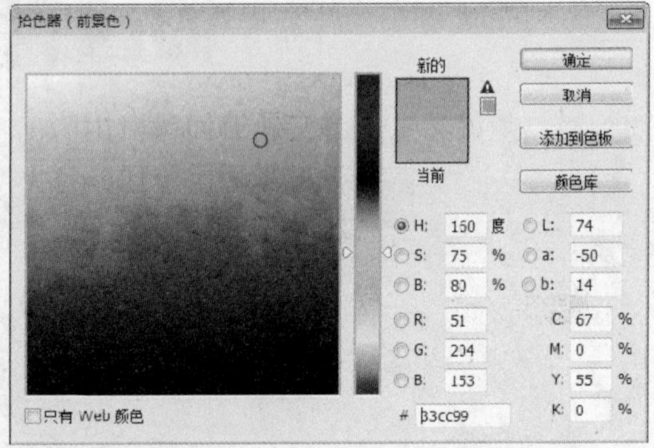

图 13-2

在【拾色器】中勾选【只有 Web 颜色】复选框，可以始终在 Web 安全色下工作，如图 13-3 所示。

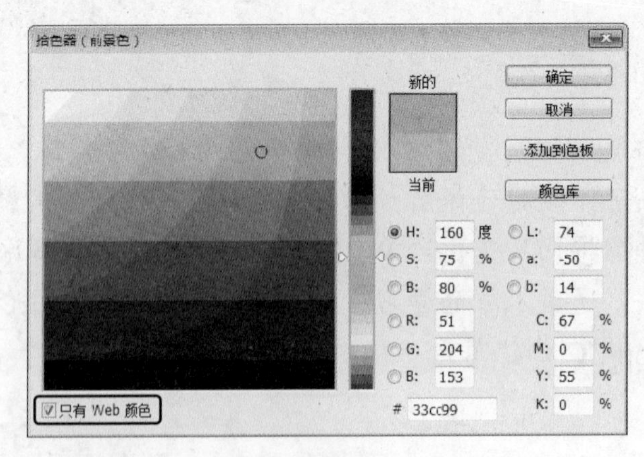

图 13-3

13.2　创建与编辑切片

在制作网页时，通常要对页面进行分割，即制作切片。通过优化切片可以对分割的图像进行不同程度的压缩，以便减少图像的下载时间。另外，还可以为切片制作动画，链接到 URL 地址，或者使用它们制作翻转按钮等。本节将详细介绍创建与编辑切片的知识。

13.2.1　什么是切片

在 Photoshop 中存在两种切片，分别是“用户切片”和“基于图层的切片”。“用户切片”是使用切片工具创建的切片，“基于图层的切片”是通过图层创建的切片。“用户切片”和“基于图层切片”由实线定义，而自动切片则由虚线定义。创建新的切片时会生成附加的自动切片来占据图像的区域，自动切片可以填充图像中用户切片或基于图层的切片未定义的空间。每一次添加或编辑切片时，都会重新生成自动切片。

13.2.2　使用切片工具创建切片

用户可以使用切片工具创建切片，方法非常简单。下面详细介绍使用切片工具创建切片的方法。

第 1 步 在 Photoshop CC 中打开图像文件，在工具箱中单击【切片工具】按钮，当光标变为形状时，与绘制选取的方法相似，在图像中单击并拖动鼠标创建一个矩形选框，如图 13-4 所示。

第 2 步 释放鼠标左键，通过以上步骤即可完成使用切片工具创建切片的操作，如图 13-5 所示。

图 13-4

图 13-5

13.2.3　基于参考线创建切片

用户还可以基于参考线创建切片，方法非常简单。下面详细介绍基于参考线创建切片的方法。

第 1 步 在 Photoshop CC 中打开图像文件，按 Ctrl+R 组合键显示出标尺，分别从水平标尺和垂直标尺上拖曳出参考线，如图 13-6 所示。

第 2 步 在工具箱中，*1.* 单击【切片工具】按钮，*2.* 在工具选项栏中单击【基于参考线的切片】按钮，如图 13-7 所示。

图 13-6

图 13-7

第 3 步 通过上述操作即可完成基于参考线创建切片的操作，如图 13-8 所示。

图 13-8

13.2.4 基于图层创建切片

用户还可以基于图层创建切片，方法非常简单。下面详细介绍基于图层创建切片的方法。

第 1 步 在 Photoshop CC 中打开图像文件，在【图层】面板中选中图层 1，如图 13-9 所示。

图 13-9

第 2 步　1. 单击【图层】主菜单，2. 在弹出的菜单中选择【新建基于图层的切片】菜单项，如图 13-10 所示。

第 3 步　通过上述操作即可完成基于图层创建切片的操作，如图 13-11 所示。

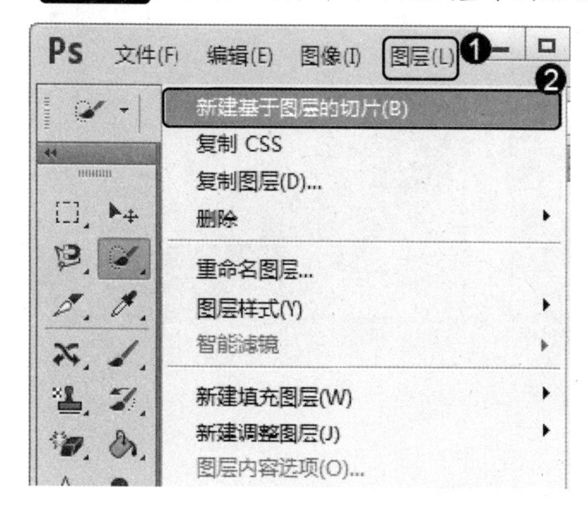

图 13-10

图 13-11

13.2.5　选择、移动与删除切片

创建完切片后，用户可以对切片进行选择、移动和删除操作。下面详细介绍选择、移动与删除切片的方法。

第 1 步　在图像中创建切片，1. 单击切片工具箱中的【切片选择工具】按钮，2. 在图片中单击选择一个切片，如图 13-12 所示。

第 2 步　如果要移动切片，拖曳选中的切片到指定位置即可，如图 13-13 所示。

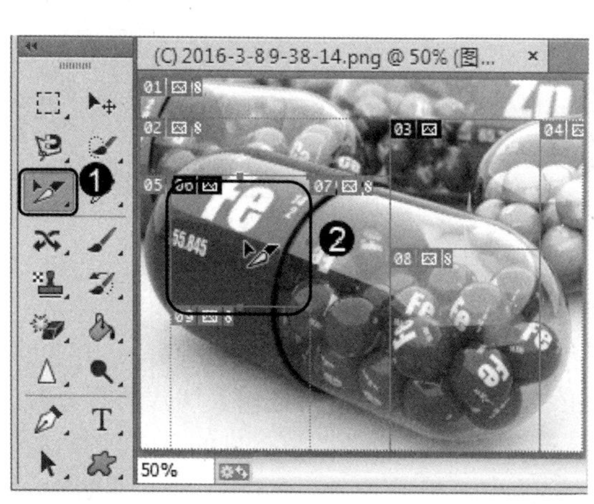

图 13-12

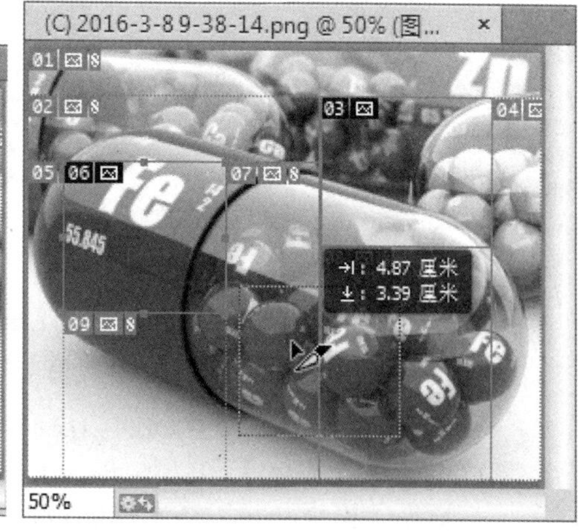

图 13-13

第 3 步　选中准备删除的切片，1. 单击【视图】主菜单，2. 在弹出的菜单中选择【清除切片】菜单项即可删除切片，如图 13-14 所示。

第 4 步　完成删除切片的操作，如图 13-15 所示。

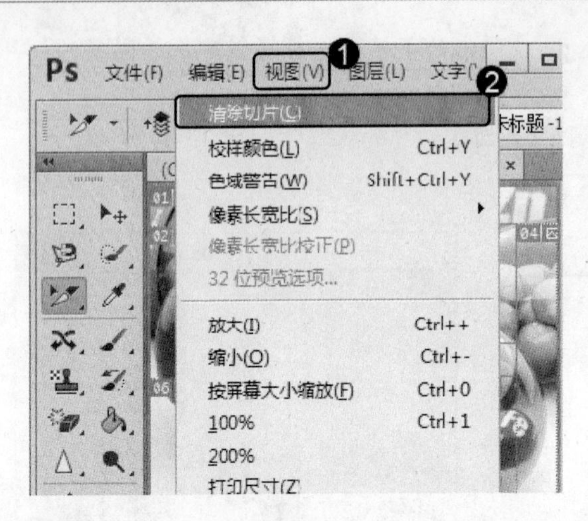

图 13-14

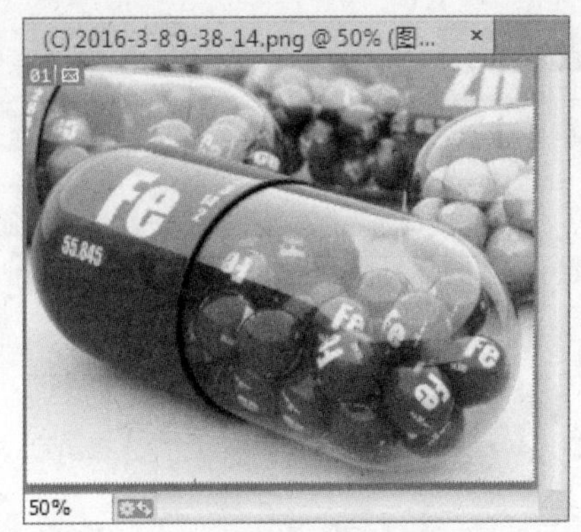

图 13-15

13.2.6 划分切片

使用工具箱中的【切片选择工具】按钮，单击选项栏中的【划分】按钮，可以在打开的【划分切片】对话框中设置切片的划分方式，如图 13-16 和图 13-17 所示。

图 13-16

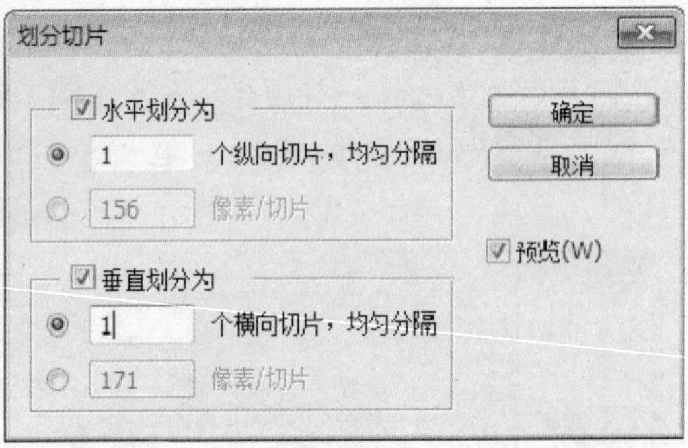

划分切片

☑ 水平划分为
◉ 1 个纵向切片，均匀分隔
○ 156 像素/切片

☑ 垂直划分为
◉ 1 个横向切片，均匀分隔
○ 171 像素/切片

确定
取消
☑ 预览(W)

图 13-17

在【划分切片】对话框中，各选项的功能如下。

- 【水平划分为】复选框：勾选该复选框后，可在水平方向上划分切片。其包含两种划分方式，选中【个纵向切片，均匀分隔】单选按钮，可输入切片的划分数目；选中【像素/切片】单选按钮，可输入一个数值，基于指定数目的像素创建切片，如果按该像素数目无法平均地划分切片，则会将剩余部分划分为另一个切片。
- 【垂直划分为】复选框：勾选该复选框后，可在垂直方向上划分切片。其也包含两种划分方式，与【水平划分为】复选框相同。
- 【预览】复选框：在画面中预览切片划分结果。

13.3 优化图像

创建切片后，需要对图像进行优化，以减小文件的大小。在 Web 上发布图像时，较小的文件可以使 Web 服务器更高效地存储和传输图像，用户能够更快地下载图像。

在 Photoshop CC 中单击【文件】主菜单，在弹出的菜单中选择【存储为 Web 所用格式】菜单项，在弹出的【存储为 Web 所用格式】对话框中可以对图像进行优化和输出，如图 13-18 所示。

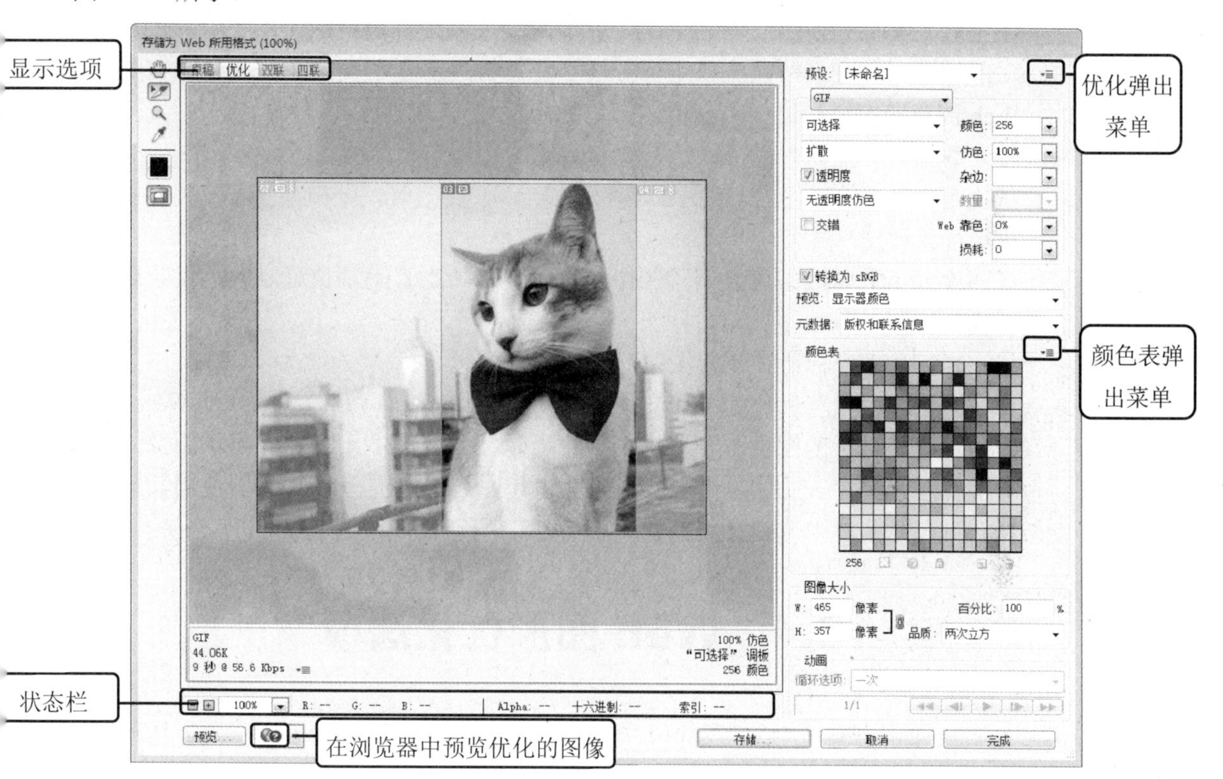

图 13-18

- 【显示选项】区域：单击【原稿】标签，可在窗口中显示没有优化的图像；单击【优化】标签，可在窗口中显示应用了当前优化设置的图像；单击【双联】标签，可并排显示图像的两个版本，即优化前和优化后的图像；单击【四联】标签，可并排显示图像的 4 个版本，通过对比可以找出最佳的优化方案。
- 【抓手工具】按钮：使用该工具可以移动查看图像。
- 【切片选择工具】按钮：当图像包含多个切片时，可使用该工具选择窗口中的切片，以便对其进行优化。
- 【缩放工具】按钮：使用该工具单击可以放大图像的显示比例，按住 Alt 键单击则缩小显示比例。
- 【吸管工具】按钮：使用吸管工具在图像中单击，可以拾取单击点的颜色，并显示在吸管颜色图标中。

- 【切换切片可视性】按钮：单击该按钮可以显示或者隐藏切片的定界框。
- 【优化弹出菜单】按钮：包含【存储设置】、【链接切片】和【编辑输出设置】等选项。
- 【颜色表弹出菜单】按钮：包含与颜色表有关的选项，可新建颜色、删除颜色以及对颜色进行排序等。
- 【转换为 sRGB】复选框：如果使用 sRGB 以外的嵌入颜色配置文件来优化图像，应勾选该复选框，将图像的颜色转换为 sRGB，然后再存储图像以便在 Web 上使用。这样可以确保在优化图像中看到的颜色与其他 Web 浏览器中的相同。
- 【预览】下拉列表：可以预览图像以不同的灰度系数值显示在系统中的效果，并对图像做出灰度系数调整以进行补偿。计算机显示器的灰度系数值会影响图像在 Web 浏览器中显示的明暗程度。
- 【元数据】下拉列表：可以选择要与优化的文件一起存储的元数据。
- 颜色表：将图像优化为 GIF、PNG-8 和 WBMP 格式时，可在颜色表中对图像颜色进行优化设置。
- 【图像大小】区域：可以调整图像的宽度(W)和高度(H)，也可以通过百分比值进行优化设置。
- 状态栏：显示光标所在位置图像的颜色值等信息。
- 【在浏览器中预览优化的图像】按钮：单击该按钮可在系统默认的 Web 浏览器中预览优化后的图像。预览窗口中会显示图像的题注，其中列出了图像的文件类型、像素尺寸、文件大小、压缩规格和其他 HTML 信息。如果要使用其他浏览器，可在此菜单中选择【其他】菜单项。

13.4 Web 图形优化选项

Web 图形格式可以是位图，也可以是矢量图。位图格式与分辨率有关，因此图像的尺寸会随显示器分辨率的不同而发生变化，图像品质也可能会发生变化。矢量格式与分辨率无关，对图像进行放大或缩小不会降低图像品质。

13.4.1 优化为 GIF 和 PNG-8 格式

GIF 是适用于压缩具有单调颜色和清晰细节的图像的标准格式，是一种无损的压缩格式。PNG-8 格式与 GIF 格式一样，也可以有效地压缩纯色区域，同时保留清晰的细节。这两种格式都支持 8 位颜色，因此可以显示 256 种颜色。在【存储为 Web 所用格式】对话框中的【文件格式】下拉列表框可以选中这两种格式，如图 13-19 和图 13-20 所示。

- 【减低颜色深度算法】下拉列表框/【颜色】下拉列表框：指定用于生成颜色查找表的方法和想要在颜色查找表中使用的颜色数量。
- 【仿色算法】下拉列表框/【仿色】下拉列表框：仿色是指通过模拟计算机的颜色

来显示系统中未提供的颜色的方法。较高的仿色百分比会使图像中出现更多的颜色和细节，但也会增加文件占用的存储空间。

图 13-19　　　　图 13-20

- ➢ 【透明度】复选框：确定如何优化图像中的透明像素。
- ➢ 【交错】复选框：当图像正在下载时，在浏览器中显示图像的低分辨率版本，使用户感觉下载时间更短，但这会增加文件的大小。
- ➢ 【Web 靠色】下拉列表框：指定将颜色转换为最接近的 Web 面板等效颜色的容差级别。该值越高，转换的颜色越多。
- ➢ 【损耗】下拉列表框：通过有选择地扔掉数据来缩小文件大小，可以将文件缩小 5%～40%。在通常情况下，应用 5～10 的损耗值不会对图像产生太大影响，数值较高时，文件虽然会更小，但图像的品质就会变差。

13.4.2　优化为 JPEG 格式

JPEG 是用于压缩连续色调图像的标准格式。将图像优化为 JPEG 格式时采用的是有损压缩，它会有选择性地扔掉数据以缩小文件大小，如图 13-21 所示。

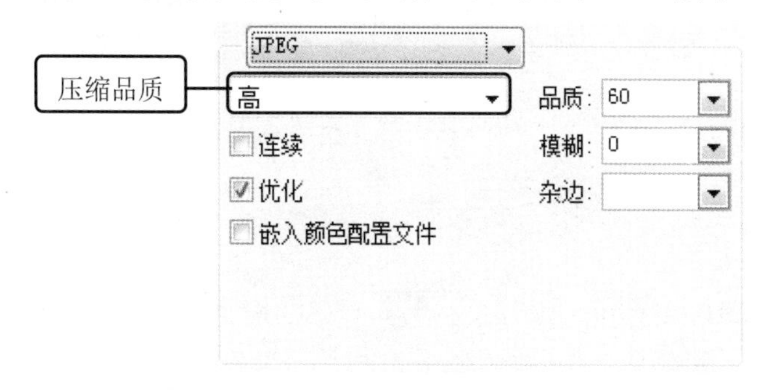

图 13-21

- ➢ 【压缩品质】/【品质】下拉列表框：用来设置压缩程度，品质设置越高，图像的细节越多，但生成的文件也越大。
- ➢ 【连续】复选框：在 Web 浏览器中以渐进方式显示图像。
- ➢ 【优化】复选框：创建文件稍小的增强 JPEG。如果要最大限度地压缩文件，建议使用优化的 JPEG 格式。

- 【嵌入颜色配置文件】复选框：在优化文件中保存颜色配置文件。某些浏览器会使用颜色配置文件进行颜色的校正。
- 【模糊】下拉列表框：指定应用于图像的模糊量。可创建与【高斯模糊】滤镜相同的效果，并允许进一步压缩文件以获得更小的文件。建议使用 0.1～0.5 之间的设置。
- 【杂边】下拉列表框：为原始图像中透明的像素指定一个填充颜色。

13.4.3 优化为 PNG-24 格式

PNG-24 适合于压缩连续色调图像，其优点是可在图像中保留多达 256 个透明度级别，但生成的文件要比 JPEG 格式生成的大得多，如图 13-22 所示为 PNG-24 优化选项。

图 13-22

13.5 输出 Web 图形

优化 Web 图形后，还可以编辑输出设置，单击【存储为 Web 和设备所用格式】对话框右上角的【优化菜单】按钮，在弹出的菜单中选择【编辑输出设置】菜单项，即可弹出【输出设置】对话框。在【输出设置】对话框中可以控制如何设置 HTML 文件的格式、如何命名文件和切片，以及在存储优化图像时如何处理背景图像等，如图 13-23 和图 13-24 所示。

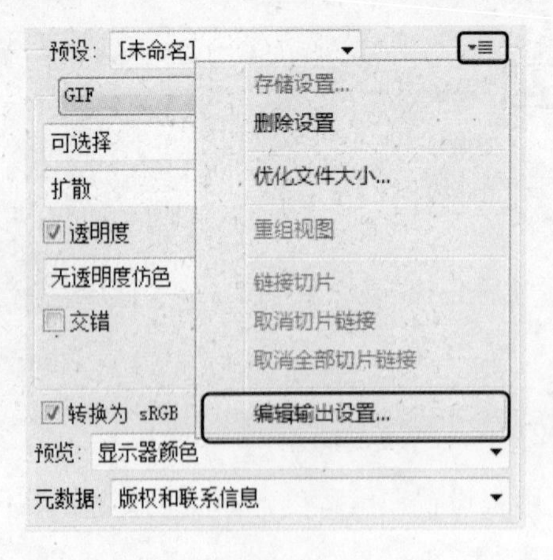

图 13-23

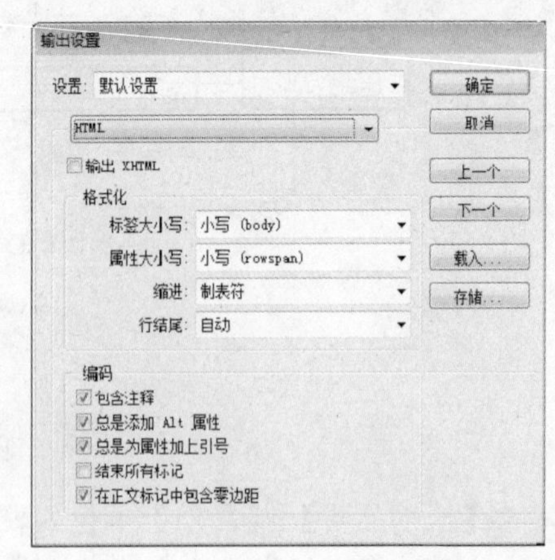

图 13-24

直接在对话框中单击【确定】按钮，既可以使用默认的输出设置，也可以选择其他预设进行输出。

13.6 实践案例与上机指导

通过本章的学习，读者可以掌握 Web 图形处理的基本知识以及一些常见的操作方法。下面通过练习操作，以达到巩固学习、拓展提高的目的。

13.6.1 优化为 WBMP 格式

WBMP 格式是用于优化移动设备(如移动电话)图像的标准格式，如图 13-25 所示。使用该格式优化后，图像中只含有黑色和白色像素。

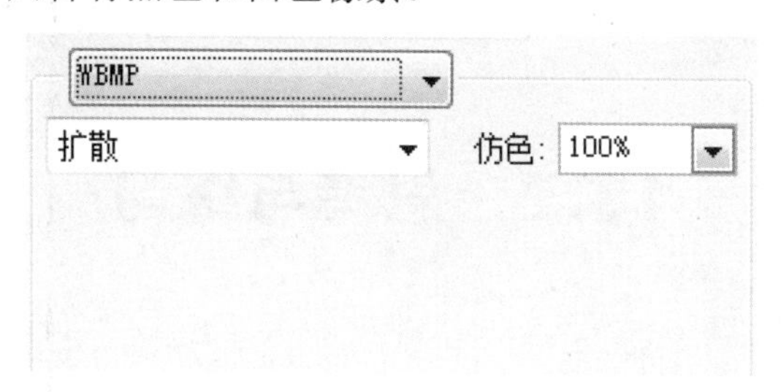

图 13-25

13.6.2 组合切片与导出切片

使用【切片选择】工具选择两个或更多的切片，单击鼠标右键，在弹出的快捷菜单中选择【组合切片】命令，可以将所选切片组合为一个切片，如图 13-26 和图 13-27 所示。

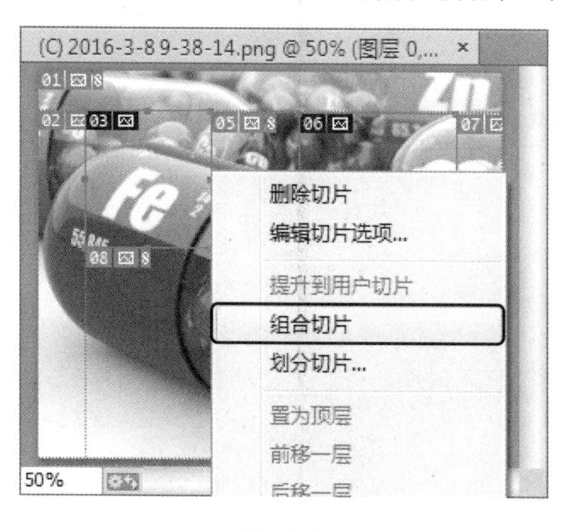

图 13-26

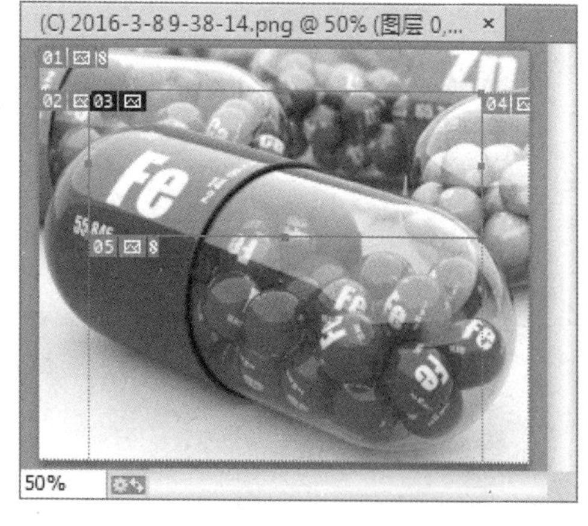

图 13-27

13.6.3 转换为用户切片

使用【切片选择】工具选择要转换的切片，单击工具栏中的【提升】按钮，即可将其转换为用户切片，如图 13-28 和图 13-29 所示。

图 13-28

图 13-29

13.7 思考与练习

一、填空题

1. Web 安全色是指能够在__________和__________中同时正常显示的颜色。
2. 在制作网页时，通常要对页面进行分割，即__________。
3. 通过优化切片可以对分割的图像进行__________，以便减少图像的下载时间。

二、判断题

1. 在 Photoshop 中只存在两种切片，分别是“用户切片”和“基于图层的切片”。 (　　)
2. “用户切片”和“基于图层切片”由虚线定义，而自动切片由实线定义。 (　　)
3. 每一次添加或编辑切片时，都会重新生成自动切片。 (　　)

三、思考题

1. 如何转换为用户切片？
2. 如何使用切片工具创建切片？

第14章

动作与任务自动化

本章要点

- 动作的基本原理
- 创建与设置动作
- 编辑与管理动作
- 批处理与图像编辑自动化

本章主要内容

本章主要介绍动作的基本原理、创建与设置动作、编辑与管理动作的知识与技巧，同时还讲解批处理与图像编辑自动化的知识。在本章的最后还针对实际的工作需求，讲解条件模式更改、重新排列动作顺序和复位动作的方法。通过本章的学习，读者可以掌握动作与任务自动化方面的知识，为深入学习Photoshop CC知识奠定基础。

14.1 动作的基本原理

在 Photoshop CC 中，动作用来记录 Photoshop 的操作步骤，便于再次回放以提高工作效率和标准化操作流程。本节将介绍动作基本原理方面的知识。

14.1.1 【动作】面板

在 Photoshop CC 中，【动作】面板用于执行对动作的编辑操作，如创建和修改动作等。在【窗口】主菜单中，单击【动作】菜单项即可显示【动作】面板，如图 14-1 所示。

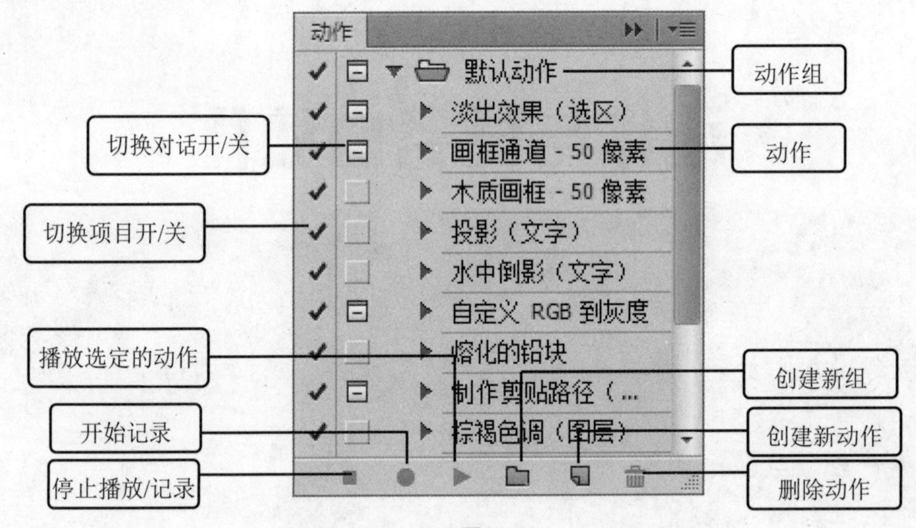

图 14-1

- 动作组/动作/已记录的命令：动作组是一系列动作的集合，动作是一系列操作命令的集合，单击【向下箭头】按钮，可以展开命令列表，显示命令的具体参数。
- 切换项目开/关：如果目前的动作组、动作和已记录的命令中显示✔标志，表示这个动作组、动作和已记录的命令可以执行；如果无该标志，则动作组和已记录的命令不能执行；如果某一命令前有该标志，表示该命令不能执行。
- 切换对话开/关：如果该命令前有▣标志，表示动作执行到该命令时暂停，并打开相应命令的对话框，可以修改相应命令的参数，单击【确定】按钮可以继续执行后面的动作；如果动作组和动作前出现该标志，并显示为红色，则表示该动作中有部分命令设置了暂停。
- 【停止播放/记录】按钮■：用来停止播放动作和停止记录动作。
- 【开始记录】按钮●：单击该按钮可以进行录制动作操作。
- 【播放选定的动作】按钮▶：选择一个动作后，单击该按钮可播放该动作。
- 【创建新组】按钮：单击该按钮，将创建一个新的动作组。
- 【创建新动作】按钮：单击该按钮，可以创建一个新动作。
- 【删除动作】按钮：单击该按钮将删除动作组、动作和已记录命令。

14.1.2　动作的基本功能

在 Photoshop CC 中，动作是指在单个文件或一批文件上执行的一系列任务，如菜单命令、面板选项、工具动作等。例如，可以创建这样一个动作，首先更改图像大小，对图像应用效果，然后按照所需格式存储文件。

动作可以包含相应步骤，同时可以执行无法记录的任务(如使用绘画工具等)。动作也可以包含模态控制，使用户可以在播放动作时在对话框中输入值。可以记录、编辑、自定义和批处理动作，也可以使用动作组来管理各组动作。

14.2　创建与设置动作

在 Photoshop CC 中，用户可以对当前动作进行编辑，这样可以使动作根据用户自定义的设置进行文件处理的操作。本节将重点介绍动作应用技巧方面的知识。

14.2.1　录制与应用动作

在 Photoshop CC 中，处理图像时，如果经常使用某个动作，用户可以将该动作进行录制，这样可以方便日后重复使用。下面介绍录制新动作的方法。

第 1 步 在 Photoshop CC 的【动作】面板中，单击【创建新动作】按钮，如图 14-2 所示。

第 2 步 弹出【新建动作】对话框，1. 在【名称】文本框中输入动作名称，2. 单击【记录】按钮，如图 14-3 所示。

图 14-2

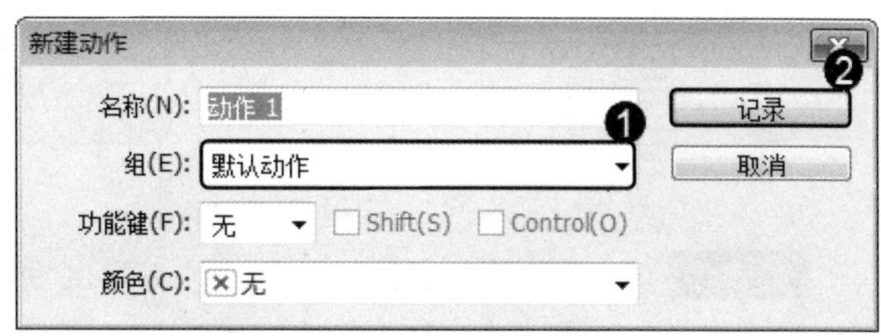

图 14-3

第 3 步 进入记录状态后，1. 单击【图像】主菜单，2. 在弹出的菜单中选择【自动

颜色】菜单项，如图 14-4 所示。

第 4 步 完成图像的编辑操作，单击【停止播放/记录】按钮■，通过以上方法即可完成录制新动作的操作，如图 14-5 所示。

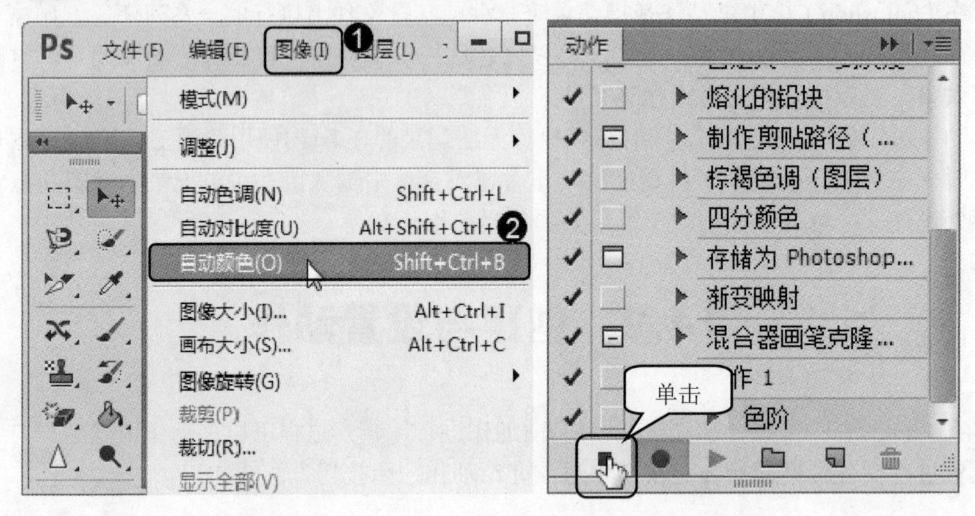

图 14-4　　图 14-5

14.2.2 在动作中插入项目

记录完成的动作也可以进行调整，例如可以向动作中插入菜单项目、停止和路径。下面详细介绍在动作中插入项目的方法。

第 1 步 在【动作】面板中，1. 选中准备插入项目的命令，2. 单击面板右上角的面板菜单按钮，3. 在弹出的菜单中选择【插入菜单项目】菜单项，如图 14-6 所示。

第 2 步 打开【插入菜单项目】对话框，如图 14-7 所示。

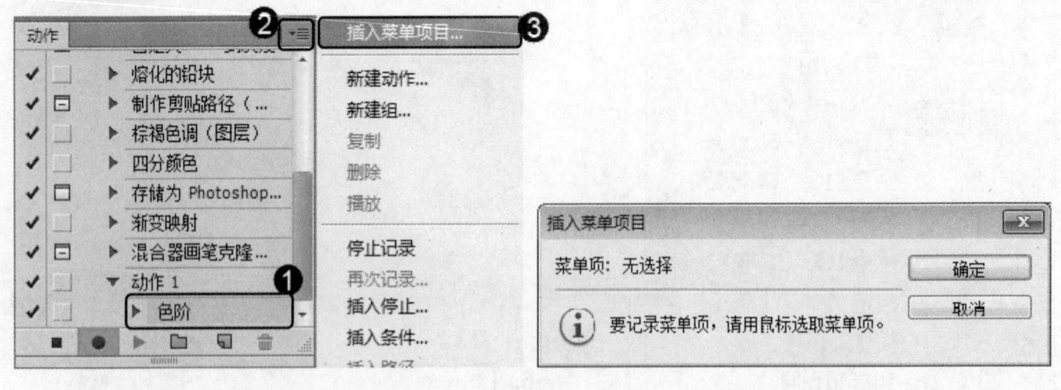

图 14-6　　图 14-7

第 3 步 1. 单击【图像】主菜单，2. 在弹出的菜单中选择【调整】菜单项，3. 在弹出的子菜单中选择【曝光度】菜单项，如图 14-8 所示。

第 4 步 在【插入菜单项目】对话框中单击【确定】按钮，如图 14-9 所示。

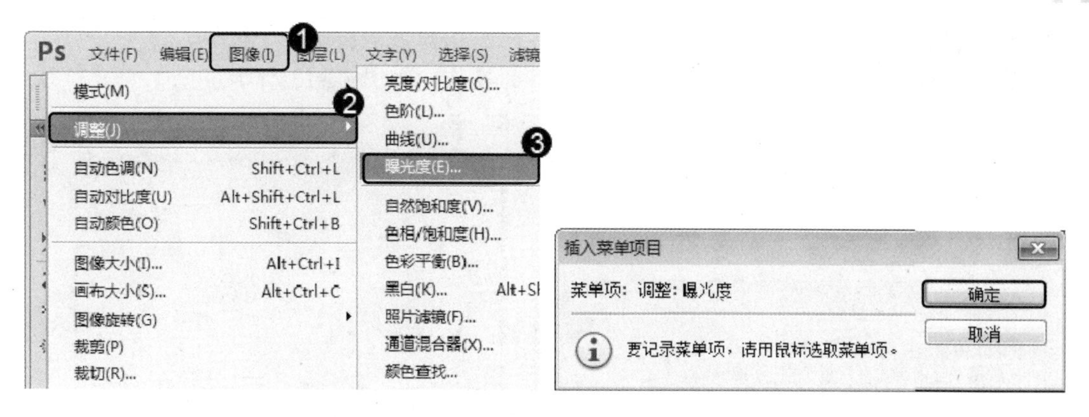

图 14-8　　　　图 14-9

第 5 步 通过以上步骤即可完成添加项目菜单的操作，如图 14-10 所示。

图 14-10

14.2.3 播放动作

在 Photoshop CC 中，创建完动作后，用户可以运用该动作对其他图像进行设置。下面介绍播放录制的动作的操作方法。

第 1 步 在 Photoshop CC 中打开图像文件，*1.* 在【动作】面板中，选中需要播放的动作，*2.* 单击【播放选定的动作】按钮▶，如图 14-11 所示。

图 14-11

第 2 步 弹出【信息】对话框，单击【继续】按钮，如图 14-12 所示。

第 3 步 通过以上步骤即可完成播放动作的操作，如图 14-13 所示。

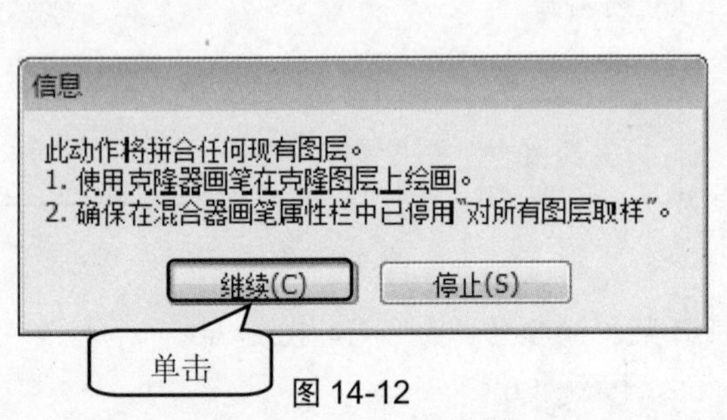

图 14-12

图 14-13

14.2.4 指定回放速度

在 Photoshop CC 中，录制动作后，用户可以调整动作的回放速度，或者进行暂停操作，这样便于对动作进行调整。下面介绍设置回放选项的方法。

第 1 步 在【动作】面板中，*1.* 单击面板菜单按钮，*2.* 在弹出的菜单中选择【回放选项】菜单项，如图 14-14 所示。

第 2 步 弹出【回放选项】对话框，*1.* 选中【加速】单选按钮，*2.* 单击【确定】按钮，通过以上方法即可完成设置回放选项的操作，如图 14-15 所示。

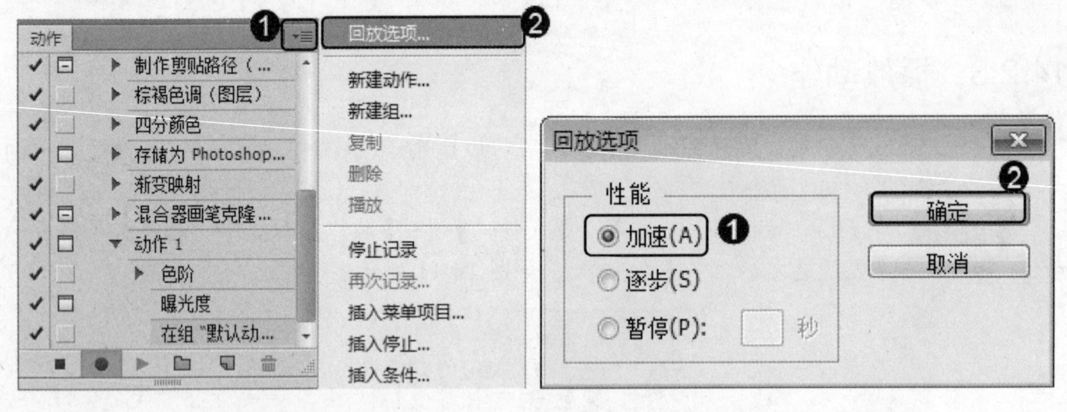

图 14-14

图 14-15

智慧锦囊

在 Photoshop CC 中，长而复杂的动作有时不能正确播放，但是难以断定问题发生在何处。【回放选项】命令提供了加速、逐步和暂停 3 种播放动作的速度，使用户可以看到每一条命令的执行情况。

14.3　编辑与管理动作

在 Photoshop CC 中，录制动作后，用户可以对【动作】面板中的动作进行整理，使其更具条理性，方便用户操作。下面介绍编辑与管理动作方面的知识。

14.3.1　更改动作的名称

在 Photoshop CC 中，用户可以对创建的动作进行更改动作名称的操作。下面介绍更改动作名称的方法。

第 1 步 在【动作】面板中，选中需要更改名称的动作，**1.** 单击面板菜单按钮，**2.** 在弹出的菜单中选择【动作选项】菜单项，如图 14-16 所示。

第 2 步 弹出【动作选项】对话框，**1.** 在【名称】文本框中输入准备更改的动作名称，**2.** 单击【确定】按钮，如图 14-17 所示。

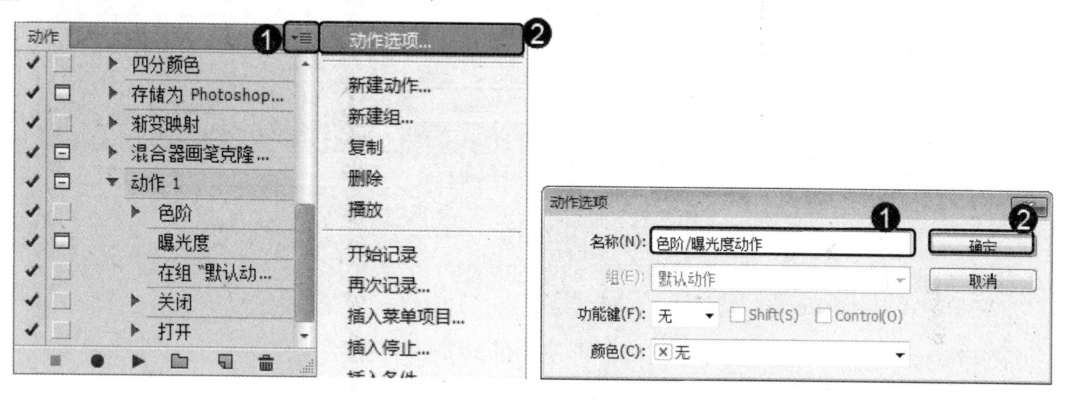

图 14-16　　　　图 14-17

第 3 步 通过以上方法即可完成更改动作名称的操作，如图 14-18 所示。

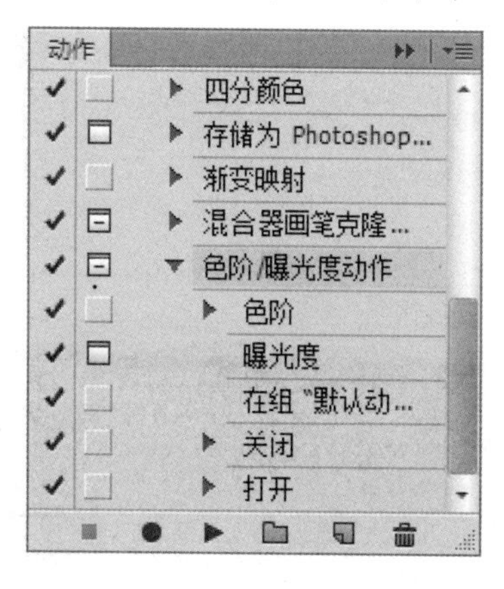

图 14-18

14.3.2 复制动作

在 Photoshop CC 中，用户可以对创建的动作命令进行复制操作。下面介绍复制动作的方法。

第 1 步 在【动作】面板中，选中需要复制的动作，**1.** 单击面板菜单按钮，**2.** 在弹出的菜单中选择【复制】菜单项，如图 14-19 所示。

第 2 步 通过以上方法即可完成复制动作的操作，如图 14-20 所示。

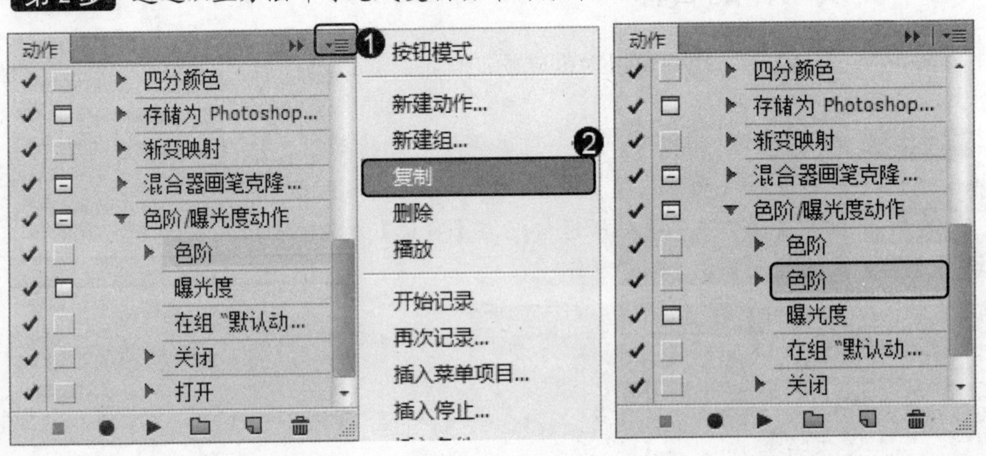

图 14-19　　　　图 14-20

14.3.3 删除动作

在 Photoshop CC 中，用户可以对不再使用的动作进行删除操作。下面介绍删除动作的方法。

第 1 步 在【动作】面板中，选中需要删除的动作，**1.** 单击面板菜单按钮，**2.** 在弹出的菜单中选择【删除】菜单项，如图 14-21 所示。

第 2 步 弹出 Adobe Photoshop CC 对话框，单击【确定】按钮，如图 14-22 所示。

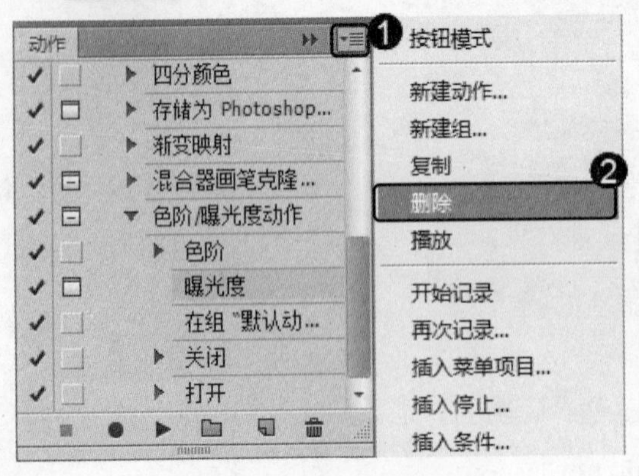

图 14-21

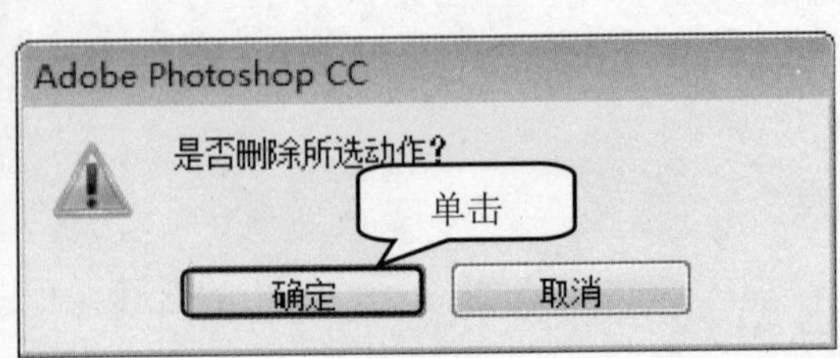

图 14-22

第 3 步 通过以上方法即可完成删除动作的操作，如图 14-23 所示。

图 14-23

14.3.4　插入停止

在 Photoshop CC 中，使用某一动作时，用户可以在该动作中插入停止，让动作播放到某一步时自动停止。下面介绍运用【插入停止】命令的方法。

第 1 步 在【动作】面板中，选择准备插入停止的命令选项，**1.** 单击面板菜单按钮，**2.** 在弹出的菜单中选择【插入停止】菜单项，如图 14-24 所示。

第 2 步 弹出【记录停止】对话框，**1.** 在【信息】文本框中输入信息文字，**2.** 单击【确定】按钮，如图 14-25 所示。

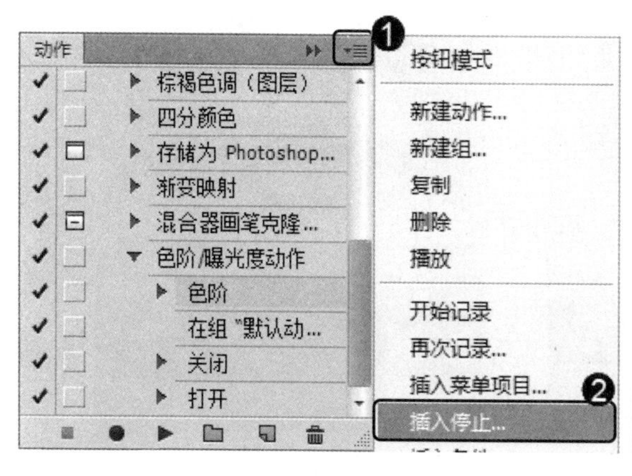

图 14-24

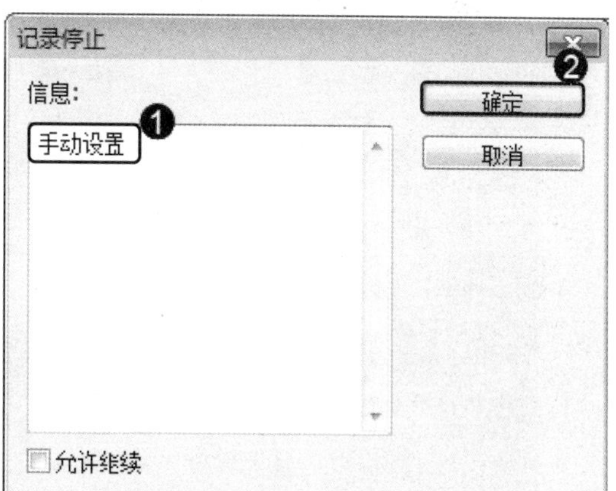

图 14-25

第 3 步 通过以上方法即可完成【插入停止】命令操作，**1.** 选中刚刚创建插入停止的动作，**2.** 单击【播放选定的动作】按钮，如图 14-26 所示。

第 4 步 系统弹出【信息】对话框，提示用户输入的信息，单击【停止】按钮即可停止播放动作，如图 14-27 所示。

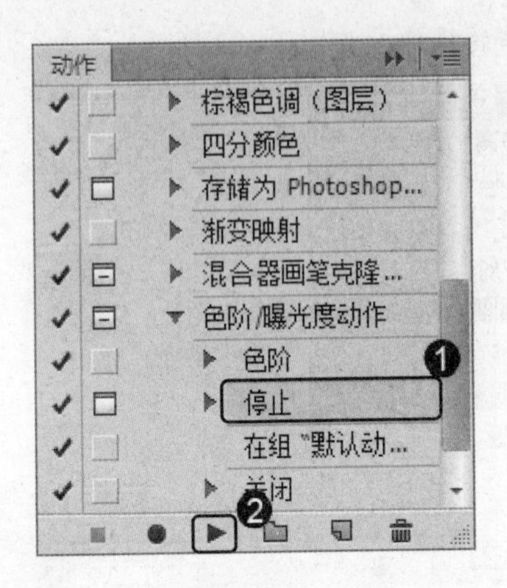

图 14-26

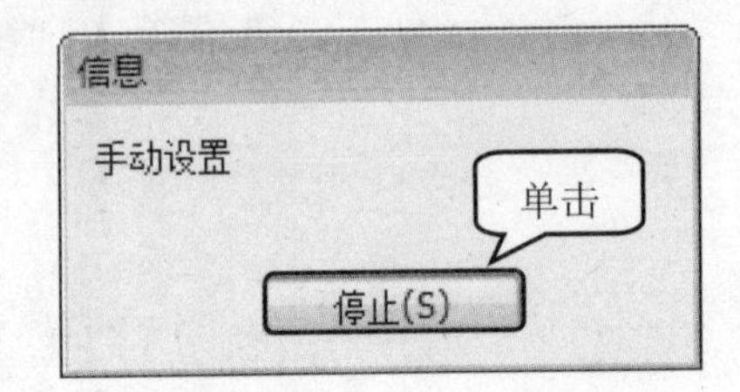

图 14-27

14.3.5　插入路径

由于在自动记录时，路径形状是不被记录的，使用【插入路径】命令可以将路径作为动作的一部分包含在动作中。下面详细介绍插入路径的操作方法。

第 1 步　在图像中创建路径，在【动作】面板中选中一个命令，**1.** 单击面板菜单按钮 ，**2.** 在弹出的菜单中选择【插入路径】菜单项，如图 14-28 所示。

第 2 步　通过以上步骤即可完成插入路径的操作，如图 14-29 所示。

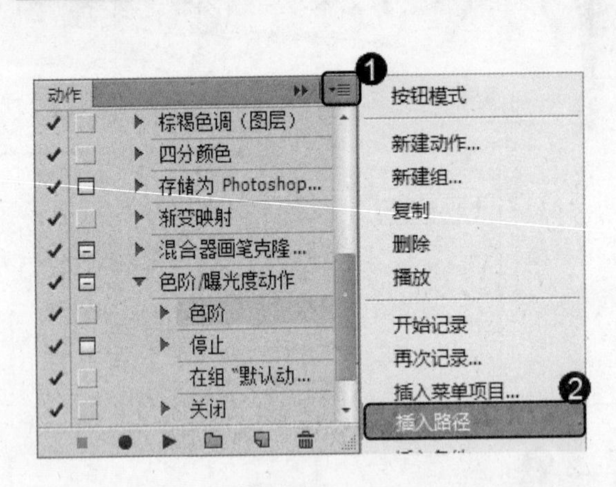

图 14-28

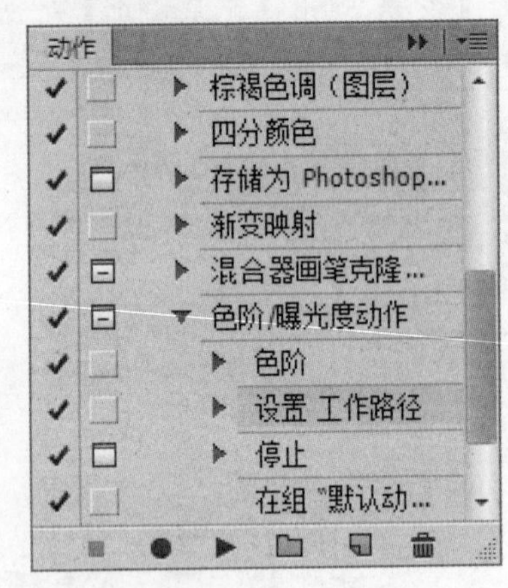

图 14-29

14.4　批处理与图像编辑自动化

批处理是指将动作应用于目标文件，可以帮助用户完成大量的、重复性的操作，以节省时间，提高工作效率，并实现图像处理的自动化。本节将详细介绍批处理与图像编辑自动化方面的知识。

14.4.1　批处理图像文件

在进行批处理之前，首先应将需要批处理的文件保存在一个文件夹中。下面详细介绍批处理图像文件的方法。

第 1 步　在 Photoshop CC 中的菜单栏中，1. 单击【文件】主菜单，2. 在弹出的菜单中选择【自动】菜单项，3. 在弹出的子菜单中选择【批处理】菜单项，如图 14-30 所示。

第 2 步　打开【批处理】对话框，1. 在【播放】区域下的【组】下拉列表框中选择准备应用的动作，2. 单击【源】区域下的【选择】按钮，如图 14-31 所示。

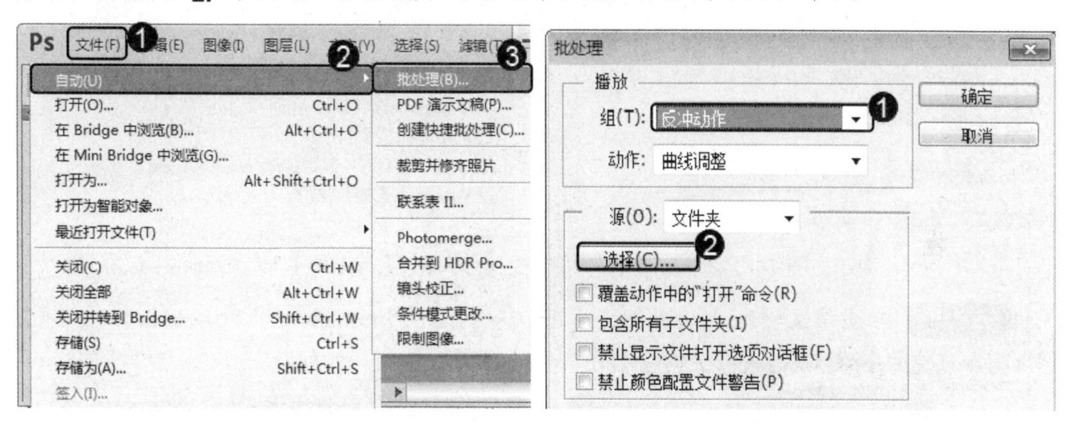

图 14-30　　　　图 14-31

第 3 步　打开【浏览文件夹】对话框，1. 选择图片所在的文件夹，2. 单击【确定】按钮，如图 14-32 所示。

第 4 步　返回到【批处理】对话框，1. 在【目标】下拉列表框中选择【文件夹】选项，2. 单击【选择】按钮，如图 14-33 所示。

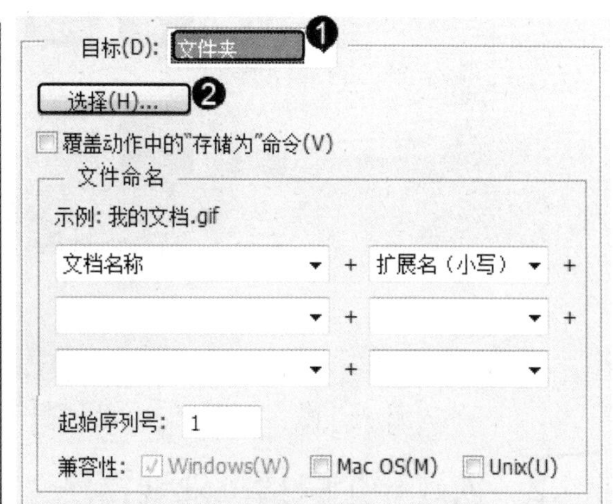

图 14-32　　　　图 14-33

第 5 步　打开【浏览文件夹】对话框，1. 选定完成批处理后文件的保存位置，2. 单击【确定】按钮，如图 14-34 所示。

第 6 步 返回到【批处理】对话框，单击【确定】按钮，如图 14-35 所示。

图 14-34

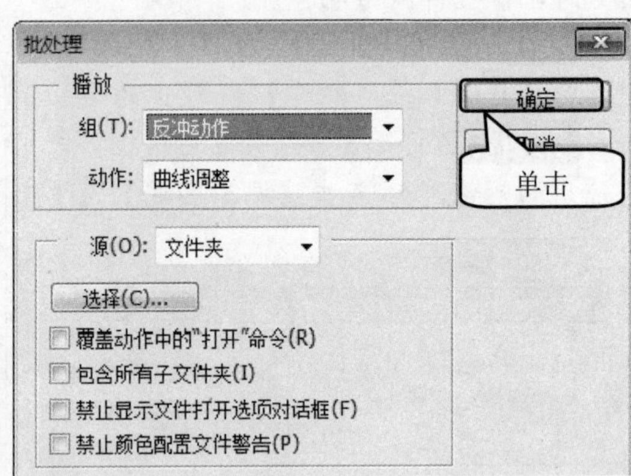

图 14-35

第 7 步 在图像文件所在的文件夹，可以看到经过 Photoshop 批处理的图像，通过以上步骤即可完成批处理文件的操作，如图 14-36 所示。

图 14-36

14.4.2 创建一个快捷批处理程序

快捷批处理是能够快速完成批处理的小应用程序，它可以简化批处理操作的过程。下面详细介绍创建一个快捷批处理程序的方法。

第 1 步 在 Photoshop CC 中的菜单栏中，*1.* 单击【文件】主菜单，*2.* 在弹出的菜单中选择【自动】菜单项，3. 在弹出的子菜单中选择【创建快捷批处理】菜单项，如图 14-37 所示。

第 2 步 打开【创建快捷批处理】对话框，1. 在【播放】区域下的【组】下拉列表框中选择准备应用的动作，2. 单击【将快捷批处理存储为】区域下的【选择】按钮，如图 14-38 所示。

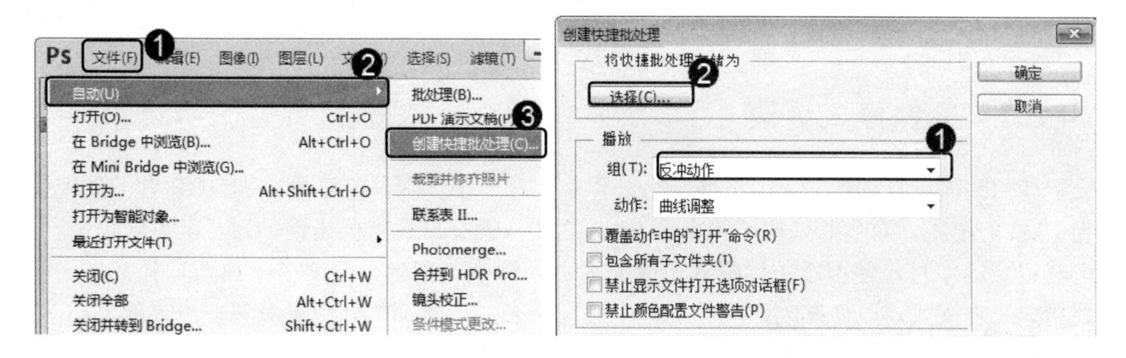

图 14-37　　　　图 14-38

第 3 步 打开【另存为】对话框，1. 选择保存位置，2. 在【文件名】文本框中输入名称，3. 单击【保存】按钮，如图 14-39 所示。

第 4 步 返回到【创建快捷批处理】对话框，单击【确定】按钮，如图 14-40 所示。

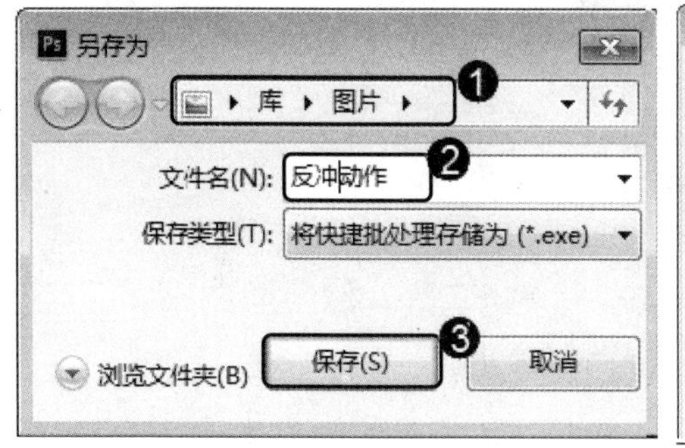

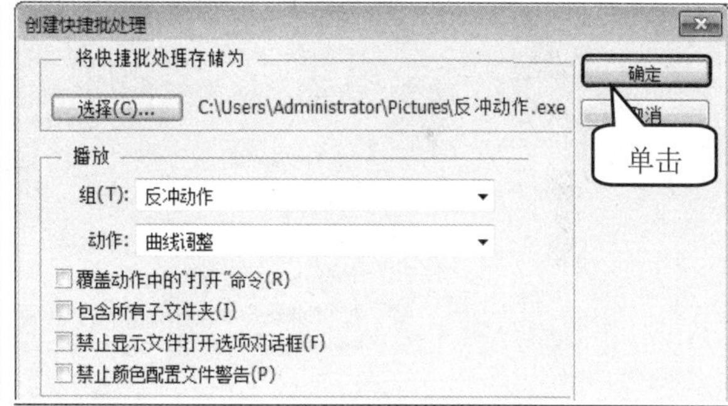

图 14-39　　　　图 14-40

第 5 步 快捷批处理程序的图标为，只需将图像或文件夹拖曳到该图标上，便可直接对图像进行批处理，即使没有运行 Photoshop，也可以完成批处理操作，如图 14-41 所示。

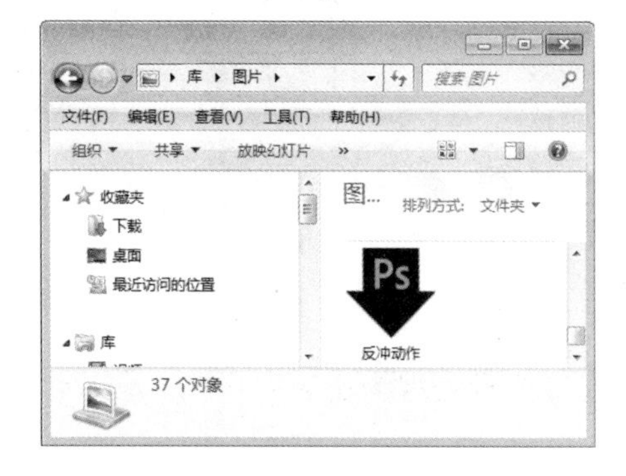

图 14-41

14.5 实践案例与上机指导

通过本章的学习，读者基本可以掌握动作与任务自动化的基本知识以及一些常见的操作方法。下面通过练习操作，以达到巩固学习、拓展提高的目的。

14.5.1 条件模式更改

使用动作处理图像时，如果在某个动作中，有一个步骤是将源模式为 RGB 的图像转换为 CMYK 模式，而当前处理的图像非 RGB 模式，就会导致出现错误。为了避免这种情况，可在记录动作时，使用【条件模式更改】命令为源模式指定一个或多个模式，并为目标模式指定一个模式，以便在动作执行过程中进行转换。下面详细介绍更改条件模式的方法。

第 1 步 在 Photoshop CC 的菜单栏中，*1.* 单击【文件】主菜单，*2.* 在弹出的菜单中选择【自动】菜单项，*3.* 在弹出的子菜单中选择【条件模式更改】菜单项，如图 14-42 所示。

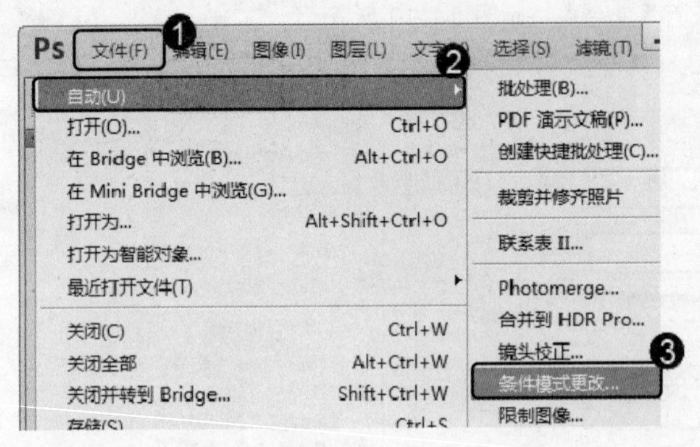

图 14-42

第 2 步 打开【条件模式更改】对话框，*1.* 勾选【RGB 颜色】复选框，*2.* 单击【确定】按钮即可完成更改，如图 14-43 所示。

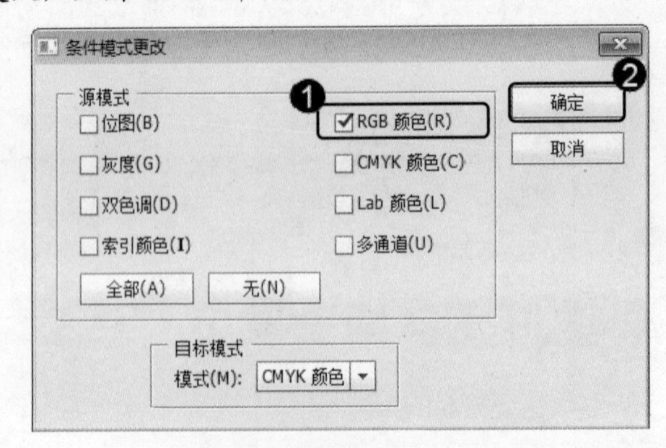

图 14-43

14.5.2　重新排列动作顺序

在【动作】面板中，将动作或命令拖曳至同一动作或另一动作中的新位置，即可重新排列动作和命令，如图 14-44 所示。

图 14-44

14.5.3　复位动作

在【动作】面板菜单中选择【复位动作】命令，可以将【动作】面板中的动作恢复到默认的状态，如图 14-45 所示。

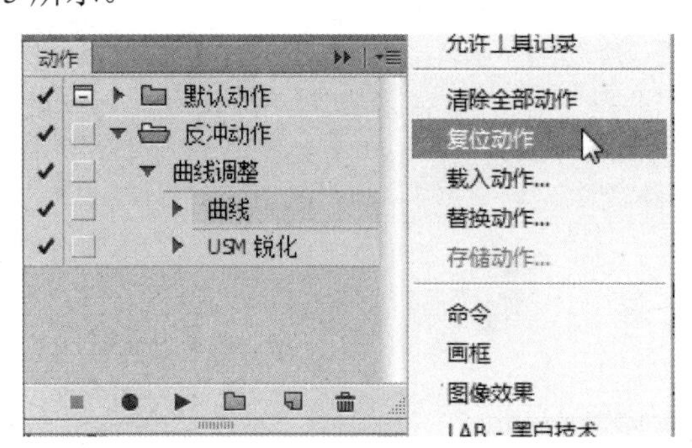

图 14-45

14.6　思考与练习

一、填空题

1. ____________用来记录 Photoshop 的操作步骤，从而便于再次____________以提高工作效率和__________操作流程。

2. 处理图像时，如果经常使用____________，用户可以将该动作进行__________。

3. 录制动作后，用户可以对____________中的动作进行__________，这样可以使其更具____________，方便用户操作。

二、 判断题

1. 录制动作后，用户可以调整动作的回放速度，或者将其进行暂停操作。　　（　　）

2. 在 Photoshop CC 中，用户不可以对创建的动作进行更改动作名称的操作。 ( )
3. 在 Photoshop CC 中，用户可以对创建的动作命令进行复制的操作。 ( )

三、 思考题

1. 如何播放录制的动作?
2. 如何复制动作?

思考与练习答案

第1章

一、填空题

1. 图像扫描　图像制作　图像输入与输出
2. 位图　像素　失真
3. 菜单栏　工具箱　面板组
4. 顶部　左侧　位置

二、判断题

1. √
2. ×
3. ×
4. √
5. √

三、思考题

1. 启动 Photoshop CC 并打开图像文件后，单击【窗口】主菜单，在弹出的菜单中选择【工作区】菜单项，在弹出的子菜单中选择 3D 菜单项。

返回到 Photoshop CC 主程序，程序自动将工作区切换至【摄影】工作区模式。通过以上方法即可完成切换工作区的操作。

2. 启动 Photoshop CC，单击【视图】主菜单，在弹出的菜单中选择【标尺】菜单项。

返回到 Photoshop CC 主界面中，在图像文档窗口顶部和左侧显示标尺刻度器。通过以上方法即可完成启动标尺的操作。

第2章

一、填空题

1. 图像　保存　丢失
2. 某个部分　缩放工具　或缩小
3. 置入文件　结合编辑
4. 硬盘空间　打开速度　格式
5. 视频帧到图层　注释　导入

二、判断题

1. ×
2. √
3. ×
4. √
5. √

三、思考题

1. 打开 Photoshop CC 图像文件后，单击【文件】主菜单，在弹出的下拉菜单中选择【关闭】菜单项。

通过以上操作方法即可完成使用【关闭】菜单项关闭图像文件的操作。

2. 启动 Photoshop CC 并打开图像文件后，在【窗口】主菜单中，调出【导航器】面板，在预览窗口中，将鼠标拖动到准备查看的图像部分。

通过以上方法即可完成用【导航器】面板查看图像的操作。

第3章

一、填空题

1. 像素 分辨率
2. 【历史记录】面板 单击 记载
3. 剪切 拷贝与合并拷贝 清除图像

二、判断题

1. √
2. √
3. √

三、思考题

打开图像文件后，选择准备移动图像的图层，在工具箱中选择移动工具。

通过以上操作方法即可完成移动图像的操作。

第4章

一、填空题

1. 复制 移动 填充 颜色校正
2. 起点 终点 不规则选区
3. 明显 清晰 磁性套索工具
4. 快速选择工具 图像边缘
5. 普通选区 羽化选区 选框工具 套索工具 柔化 羽化的范围

二、判断题

1. √
2. ×
3. ×
4. √
5. √
6. √

三、思考题

1. 在Photoshop CC中打开图像文件，单击左侧工具箱中的【矩形选框工具】按钮，在图像中创建一个矩形选区，鼠标右键单击选区，在弹出的快捷菜单中选择【填充】菜单项。

弹出【填充】对话框，在【使用】下拉列表框中选择【50%灰色】选项，在【混合】区域下的【模式】下拉列表框中选择【正常】选项，单击【确定】按钮，通过上述操作即可完成对选区进行填充的操作。

2. 在Photoshop CC中打开图像文件，单击左侧工具箱中的【矩形选框工具】按钮，在图像中创建一个矩形选区，鼠标右键单击选区，在弹出的快捷菜单中选择【取消选择】菜单项。通过以上步骤即可完成取消选区的操作。

第5章

一、填空题

1. 修复画笔工具 修补工具 污点修复画笔 红眼工具 颜色替换工具
2. 橡皮擦工具 背景橡皮擦工具 魔术橡皮擦工具
3. 仿制图章工具 图案图章工具
4. 模糊工具 涂抹工具 减淡工具

二、判断题

1. √
2. √
3. √
4. ×

三、思考题

1. 打开图像后，在工具箱中，单击【涂抹工具】按钮，在文档窗口中，对准备涂抹的图像区域进行涂抹操作。

对图像进行反复的涂抹操作后，达到用户满意的制作效果后释放鼠标。通过以上方法即可完成使用涂抹工具的操作。

2. 打开图像文件后，在工具箱中，单击【背景橡皮擦工具】按钮，在文档窗口中，当鼠标指针变形时，在需要擦除图像的位置，拖动鼠标进行擦除操作。

对图像进行反复的涂抹操作后，此时图像中的部分区域已经转成透明区域，通过以上方法即可完成使用背景橡皮擦工具的操作。

第 6 章

一、填空题

1. 阴影 高光 像素
2. 中间调 阴影 高光 偏色
3. 自动调整色调 自动调整对比度 自动校正图像偏色

二、判断题

1. √
2. ×
3. ×
4. √

三、思考题

1. 在 Photoshop CC 中打开图像文件，单击【图像】主菜单，在弹出的菜单中选择【调整】菜单项，在弹出的子菜单中选择【曝光度】菜单项。

弹出【曝光度】对话框，分别在【曝光度】文本框、【位移】文本框、【灰度系数校正】文本框中输入合适的数值，单击【确定】按钮，通过以上方法即可完成运用【曝光度】命令的操作。

2. 在 Photoshop CC 中打开图像文件，单击【图像】主菜单，在弹出的菜单中选择【调整】菜单项，在弹出的子菜单中选择【色相/饱和度】菜单项。

弹出【色相/饱和度】对话框，分别在【色相】文本框、【饱和度】文本框中输入合适的数值，单击【确定】按钮，通过以上方法即可完成运用【色相/饱和度】命令的操作。

第 7 章

一、填空题

1. 前景色 背景色 文本颜色
2. 前景色 颜色 图案 历史记录 50%灰色
3. RGB 颜色模式 灰度模式 双色调模式

二、判断题

1. √
2. ×
3. √
4. √

三、思考题

1. 打开图像文件后，单击【图像】主菜单，在弹出的菜单中，选择【模式】菜单项，在弹出的子菜单中，选择【CMYK 颜色】菜单项。

弹出 Adobe Photoshop CC 对话框，单击【确定】按钮。

通过以上方法即可完成进入 CMYK 颜色模式的操作。

2. 打开图像文件后，单击工具箱中的吸管工具按钮，当鼠标指针变形后，在文档窗口中，在准备选取颜色的位置单击。

通过以上方法即可完成使用吸管工具选取颜色的操作，用户可以在【前景色】处查看选取的颜色。

第 8 章

一、填空题

1. 图层不透明度　栅格化图层　盖印图层

2. 投影　内阴影　凹陷

二、判断题

1. ×
2. √
3. √

三、思考题

1. 在 Photoshop CC 中，在【图层】面板中，单击【创建新图层】按钮。

通过以上方法即可完成创建普通透明图层的操作。

2. 打开图像文件，在【图层】面板中，右键单击任意一个可见图层，在弹出的快捷菜单中选择【合并可见图层】命令。

通过以上方法即可完成合并可见图层的操作。

一、填空题

1. 内置滤镜　外挂滤镜
2. 图像　选区　凸起　凹陷

二、判断题

1. √
2. ×
3. √

三、思考题

1. 启动 Photoshop CC 并打开图像文件后，单击【滤镜】主菜单，在弹出的菜单中，选择【风格化】菜单项，在弹出的子菜单中，选择【查找边缘】菜单项。

通过以上方法即可完成运用查找边缘滤镜的操作。

2. 打开图像文件后，单击【滤镜】主菜单，在弹出的菜单中，选择【渲染】菜单项，在弹出的子菜单中，选择【分层云彩】菜单项。

通过以上方法即可完成使用分层云彩滤镜的操作。

第 9 章

一、填空题

1. 段落文字　自动换行　可调文字区域大小
2. 段落编排格式　缩进量
3. 普通图层　形状　路径
4. 【查找和替换文本】

二、判断题

1. ×
2. ×
3. √
4. √

三、思考题

1. 将光标定位在文字中，在文字工具选项栏中单击【切换文本方向】按钮，通过以上方法即可完成切换文字方向的操作。

2. 在【图层】面板中，选中准备创建文字路径的文字图层。

在菜单栏中，单击【文字】主菜单，在弹出的菜单中选择【创建工作路径】菜单项。

第 10 章

一、填空题

1. 开放式路径　闭合式路径
2. 路径　平滑点　角点　曲线

3. 钢笔工具 形状工具 不规则的图形 较为规则的图形

4. “无颜色” “渐变”

二、判断题

1. √
2. ×
3. √
4. √

三、思考题

1. 在 Photoshop 工具箱中，单击【路径选择工具】按钮，在文档窗口中，拖动创建的路径至目标位置。

通过以上操作方法即可完成移动路径的操作。

2. 新建图像后，单击工具箱中的【矩形工具】按钮，在【矩形工具】选项栏中，选择 Path 选项，在文档窗口中，绘制一个矩形路径。

通过以上操作方法即可完成运用矩形工具的操作。

第 11 章

一、填空题

1. 快速蒙版 剪贴蒙版 矢量蒙版
2. 转换方便 修改方便
3. 图层蒙版 矢量蒙版

二、判断题

1. √
2. √
3. √
4. √

三、思考题

1. 在【图层】面板中，单击准备取消的【指示图层蒙版链接到图层】按钮，此时，在【图层】面板中，创建的图层蒙版链接已经被取消，通过以上方法即可完成取消链接蒙版的操作。

2. 在 Photoshop CC 中打开图像文件，在【通道】面板中，单击【创建新通道】按钮，通过以上方法即可完成创建 Alpha 通道的操作。

第 12 章

一、填空题

1. 内置滤镜 外挂滤镜
2. 图像边缘 特殊
3. 创建 3D 图形 云彩图案 折射图案 模拟反光效果

二、判断题

1. √
2. ×
3. ×

三、思考题

1. 在 Photoshop CC 中打开图像文件，单击【滤镜】主菜单，弹出的菜单中选择【像素化】菜单项，在弹出的子菜单中选择【彩色半调】菜单项。

弹出【彩色半调】对话框，在【最大半径】文本框中输入 8，在【通道 1】文本框中输入 108，在【通道 2】文本框中输入 162，单击【确定】按钮，通过以上方法即可完成使用彩色半调滤镜的操作。

2. 在 Photoshop CC 中打开图像文件，单击【滤镜】主菜单，弹出的菜单中选择【渲染】菜单项，在弹出的子菜单中选择【分层云彩】菜单项，通过以上方法即可完成使用分层云彩滤镜的操作。

第 13 章

一、填空题

1. 不同操作系统　不同浏览器
2. 切片
3. 不同程度的压缩

二、判断题

1. √
2. ×
3. √

三、思考题

1. 使用【切片选择】工具选择要转换的切片，单击工具栏中的【提升】按钮，即可将其转换为用户切片。

2. 在 Photoshop CC 中打开图像文件，在工具箱中单击【切片工具】按钮，当光标变为形状时，与绘制选区的方法相似，在图像中单击并拖动鼠标创建一个矩形选框。

释放鼠标左键，通过以上步骤即可完成使用切片工具创建切片的操作。

第 14 章

一、填空题

1. 动作 回放 标准化
2. 动作 录制
3. 【动作】面板 整理 条理性

二、判断题

1. √
2. ×
3. √

三、思考题

1. 打开图像文件后，在【动作】面板中，选中需要播放的动作，单击【播放选定的动作】按钮。

通过以上操作方法即可完成播放动作的操作。

2. 打开图像文件后，在【动作】面板中，选中需要复制的动作，单击面板菜单按钮，在弹出的菜单中，选择【复制】菜单项。

通过以上操作方法即可完成复制动作的操作。